계영희 교수의

명화와 함께 떠나는 수학사 여행

계영희 교수의

명화와 함께 떠나는 수학사 여행

계영희 지음

살림Friends

초등학교 때까지는 수학 공부에 흥미도 있고 자신감도 폭발했는데, 왜 중학생이 되면 수학이 딱딱하고 어렵게 느껴질까요? 고등학교에 올라가면 상황은 더욱 심각해져 수학은 포기하고 싶은 과목이 됩니다. 게다가 학부모에게는 사교육비 지출의 원흉이 되기도 하지요. 심지어 어떤 학생은 수학 문제만 보면 울렁증을 느낀다고 호소할 정도랍니다. 도대체 수학을 왜 공부해야 하는지, 수학은 어디에 써먹을 수 있는지, 수학이란 것이 처음에 어떻게 생겨났는지, 학교나 학원 선생님들은 시원한 답을 알려주기는커녕 수능의 문제 유형 풀이만 반복하고 또 반복할 뿐입니다.

필자는 학생들의 답답한 마음에 시원한 사이다 같은 것이 없을까 궁리하다가 수학의 역사를 탐구하기 시작했습니다. 1970년대 처음 교사가 되자 그동안 궁금했던 내용을 나에게 배우는 학생들에게 좀 더 쉽고 재미있게 가르쳐주고 싶었습니다. 꿈나무인 청소년들에게 수학이라는 재료로 맛있는 요리를 만들어주고 싶었지요. 40여 년 전 이화여대 교육대학원에서 쓴 「16세기 회화와 사영기하학」이라는 석사학위 논문이 씨앗이 되어 지금 정년퇴임을 하는 시점에 이 책의 개정판까지 낼 수 있어 그간 독자들의 사랑에 감사할 따름입니다.

개정판에서는 제1부~제5부까지 초판의 미흡한 부분을 수정했습니다. 제6부에서는 초현실주의의 선두주자인 에른스트의 〈유클리드〉, 르네상스 회화의 정점인 라파엘로의 〈아테네 학당〉을 초현실주의 화풍으로 패러디한 달리의 작품을 소개합니다. 호모사피엔스가 한계로 마주한 패러독스를 인지 과학자 호프스태더의 1단계, 2단계의 순환 논리를 차용해 마그리트의 그림과 연결시켜보았습니다. 서양 미술가들의 수학을 사랑하는 마음이 오롯이 느껴지는 것은 슈펭글러가 말한 서양의 시대정신에 우리가 수긍할 수밖에 없기 때문입니다.

여전히 서양 미술가들의 인기 있는 주제인 〈최후의 만찬〉을 초현실주의 화가 달리부터 데미안 허스트까지 수학적 관점과 시대정신으로 살펴보았고, 유명세를 타고 있는 한국 김동유 작가의 〈이중 초상〉 역시 '원근법'의 시각으로 설명해보았습니다.

제7부에서는 동양과 서양의 화풍 및 수학을 비교했습니다. 서양의 원근법은 수학적 마인드를 가진 화가들에 의해 중세 말 '다점'에서 출발하여 16세기 '한 점 투시화법'으로 발전했습니다. 동양에도 '삼원법'이라는 중국 고유의 원근법이 있었습니다. 그런데 동양과 서양의 원근법이 차이가 나는 이유는, 서양인이 분석적이라면 동양인은 사물을 종합적으로 바라보기 때문이고, 동양인과 서양인의 빛에 대한 인식이 다르기 때문입니다.

한편, 조선 시대 화가 겸재 정선은 〈금강전도〉에서 중국과는 다른 매우 독특한 화풍을 창안하기도 했습니다. 동·서양 수학관의 차이처럼 동·서양 화풍의 차이를 살펴보는 일은 매우 흥미롭습니다. 필자는 강세황과 윤두서의 〈자화상〉

을 렘브란트의 〈자화상〉과 비교해보았고, 조영석, 김홍도, 김득신의 작품을 서양의 바로크미술과 비교해 공통점과 차이점을 설명했습니다.

12~13세기 중국의 선승 화가 양해의 그림과 17세기 조선의 화가 김명국의 〈달마도〉를 마티스의 〈나부〉와 비교해보면 논리적 설명이 막히고 궁금증이 가중됩니다. 이 차이점을 필자는 슈펭글러의 이론과 김용운 박사의 '범패러다임' 이론을 차용해 설명했습니다. 이 책을 통해 여러분이 동·서양의 사유 형식이 어떻게 다른지 흥미를 갖고 확연하게 구별할 수 있는 안목을 가진다면 저자로서는 더 바랄 나위가 없겠습니다.

참고로, 개정판의 추가 부분은 2011년부터 3년간 한국연구재단의 지원(No. 2011-0014390)으로 동·서양의 수학과 미술에 관해 연구한 결과물입니다.

끝으로 개정판이 나올 수 있도록 함께해준 분들에게 감사의 말씀을 전하고 싶습니다. 지금까지 기도와 사랑의 후원자가 되어주신 친정어머니, 유치원생 때 그린 그림을 기꺼이 제공해주고 어느새 영어 강사로 성장한 늠름한 딸, 수학과 미술로 융합 연구의 씨앗을 심어주시고 범패러다임의 시각을 갖게 해주신 김용운 박사님, 기독교 세계관으로 학문의 틀을 정립할 수 있도록 가르침을 주신 전 고신대학교 김성수 총장님, 크리스천의 시각으로 학문의 지경을 넓힐 수 있도록 길잡이가 되어주신 은혜샘물교회 박은조 목사님, 고신대학교의 교양과목

‘문화와 수학’을 청강하면서 학문의 융합을 함께 즐거워해준 학생들, 개정판 편집을 맡아주신 박일귀 팀장님과 살림출판사 심만수 대표님께 감사의 마음을 전합니다.

2019년 2월

수리산 봉우리가 보이는 산본 도서관에서

계영희

수학을 공부하다보면 '사람은 왜 수학을 공부해야 되지?' '수학은 어떻게 만들어졌을까?'라는 생각에 도달하게 됩니다. 수학에 대한 막연한 질문은 자연스럽게 수학의 역사에 대한 호기심으로 이어지고 일반 역사와 관련지어 생각하게도 합니다. 필자는 역사 속에서 도형을 다루는 기하학에 대한 탐구심이 그림이나 조각 등 미술 작품과 밀접한 관련이 있다는 사실을 알게 되었지요. 그래서 고대 오리엔트 시대부터 현대에 이르기까지 수학과 미술의 역사를 일반 역사 속에서 탐험해보기로 했습니다.

오리엔트 지역은 지중해의 동부와 동남부 지방을 가리키는데, 보통 고대 '동방 지역'을 의미합니다. 이 지역은 고대 문명의 발상지로서 기원전 1,000년경까지 문명이 발달한 지역이었답니다. 필자는 문명이 발생할 때 이미 인간은 수를 사용하기 시작했고, 수의 개념이 만들어지기 훨씬 전에 그림을 그렸다는 사실을 여러분에게 알리고 싶습니다. 자! 이제 해리포터처럼 마법의 지팡이를 타고 고대 오리엔트부터 21세기까지 인류의 역사 속으로 여행해볼까요? 왜 마법의 지팡이냐고요? 어렵고 딱딱해 머리에 쥐가 나는 수학이 아니라 신바람 나게 5,000년 수학의 역사를 배울 수 있으니 제가 드리는 지팡이가 바로 마법의 지팡이이지요. 하나 더! 전혀 관련 없어 보이는 미술을 수학이라는 프리즘으로 들여다보게 되었으니 이것이 바로 마법의 세계가 아닐까요?

이 책의 제1부에서는, 구석기와 신석기의 미술을 시작으로, 고대 이집트의 벽화와 파피루스를 통해 파라오와 왕궁의 삶을 구경하고 이집트의 미술과 수학을 탐험합니다. 메소포타미아의 수학은 당시의 교과서인 점토판을 통해 엿볼 것입니다.

제2부에서는, 피타고라스와 플라톤이 살던 그리스 시대는 포도주를 담는 술잔부터 신들이 머무는 신전에 이르기까지 철저하게 기하학적 정신을 바탕으로 이루어졌다는 사실을 설명합니다. 인류 최초로 철학과 유클리드기하학이라는 아름다운 유산을 물려준 그리스인의 역사를 에게문명의 신화를 바탕으로 전개합니다. 아테네와 스파르타 이야기, 올림픽에 관한 재미있는 에피소드를 곁들인 일반 세계사를 큰 줄기로 해서, 유클리드기하학의 토대가 되었던 그리스의 철학을 생각해보고, 또 기하학의 정신이 반영된 그리스 미술을 감상할 수 있습니다.

제3부에서는, 중세 문화의 키워드인 크리스트교를 설명하기 위해 로마를 다루어야 하므로, 필자는 클레오파트라와 카이사르의 러브 스토리를 가지고 이야기를 풀어보았습니다. 심지어 미치광이 황제 네로의 가계까지 거론된답니다. 로마의 식민지 팔레스타인에서 탄생한 청년 예수의 십자가 처형 사건은 세계사를 뒤바꾸었으므로, 크리스트교에 영향을 받은 중세의 수학과 미술을 다른 시대와 비교하면서 이야기를 전개했지요. 크리스트교 신앙을 우선순위로 놓았던 중세 유럽인의 단조롭고 평면적인 그림들과, 논리와 합리성이 결여된 수도원 수학을 이해할 수 있습니다.

제4부에서는, '고대 그리스·로마 문화의 부활'이라는 명제를 수학과 미술과 연관시켜 새록새록 재미를 더하도록 다양한 접근을 시도해보았습니다. 구텐베르크의 금속활자 이야기, 화가들에 의해 사영기하학이 태동하게 된 이야기뿐만 아니라, 보티첼리, 미켈란젤로, 다빈치 등 거장의 작품을 수학의 프리즘으로 감상할 수 있습니다. 또한 근대 수학의 기초가 되었던 방정식에 관한 수학자들의 애증이 얽힌 이야기가 재미를 더해주지요.

제5부에서는, 과학혁명 시대인 17세기의 위대한 수학의 업적을 비롯해 근대 수학자인 뉴턴, 라이프니츠, 데카르트, 페르마 등을 만날 수 있고 당시의 역동적인 바로크 미술을 감상할 수 있습니다. 또 최초의 여류 화가 젠틸레스키도 만날 수 있지요. 물론 과학혁명이 일어나게 된 사회적 배경도 차근차근 풀어놓았답니다.

제6부에서는, 19세기 말 칸토어의 집합론을 출발점으로 추상화로 치닫는 수학과 미술의 시대정신을 살펴보고, 현대의 다양한 화풍의 작품들과 함께 새로운 기하학인 토폴로지(topology: 위상기하학)를 소개합니다. 최근 유행하는 트렌드가 토폴로지적 발상으로 보이기 때문이지요.

이 책에서 필자는 일반 세계사를 중심 가닥으로 놓고, 수학사와 미술사라는 두 가닥을 세계사와 한데 엮어보았습니다. 어린 딸의 머리를 예쁘게 땋아주던 엄마의 심정으로 가능한 한 쉽고 재미있게 세 줄기의 역사를 엮은 것이지요.

끝으로 이 책이 출판되기까지 도와준 이들에게 감사의 말을 전하고 싶습니다. 초등학교에 들어가기 전부터 늘 가을마다 연중행사처럼 대한민국미술전람회(현 대한민국미술대전)에 데려가 그림을 보여주셨던 하늘에 계시는 친정아버지, 지금까지 마다하지 않고 뒷바라지해주시는 친정어머니, 「16세기 회화와 사영기하학」으로 석사학위 논문을 지도해주셨던 은사 김용운 박사님, 이 책의 틀이 된 원고를 1년 동안 연재할 기회를 제공해주었던 『수학사랑』의 주소연 전 편집장님, 〈수학문화사〉 시간에 강독을 해주고 편집을 도왔던 고신대학교 정보미디어학부 학생 여러분께 감사의 말씀을 드립니다. 마지막으로 게으른 필자에게 독촉과 재촉으로 악역을 담당했던 살림출판사 강심호, 배주영, 한지은 세 분 선생님과 예쁜 책을 만들어주신 홍은정 선생님께도 감사의 마음을 전합니다.

2006년 11월

영도 앞바다가 보이는 봉래산 언덕에서

계영희

차 례

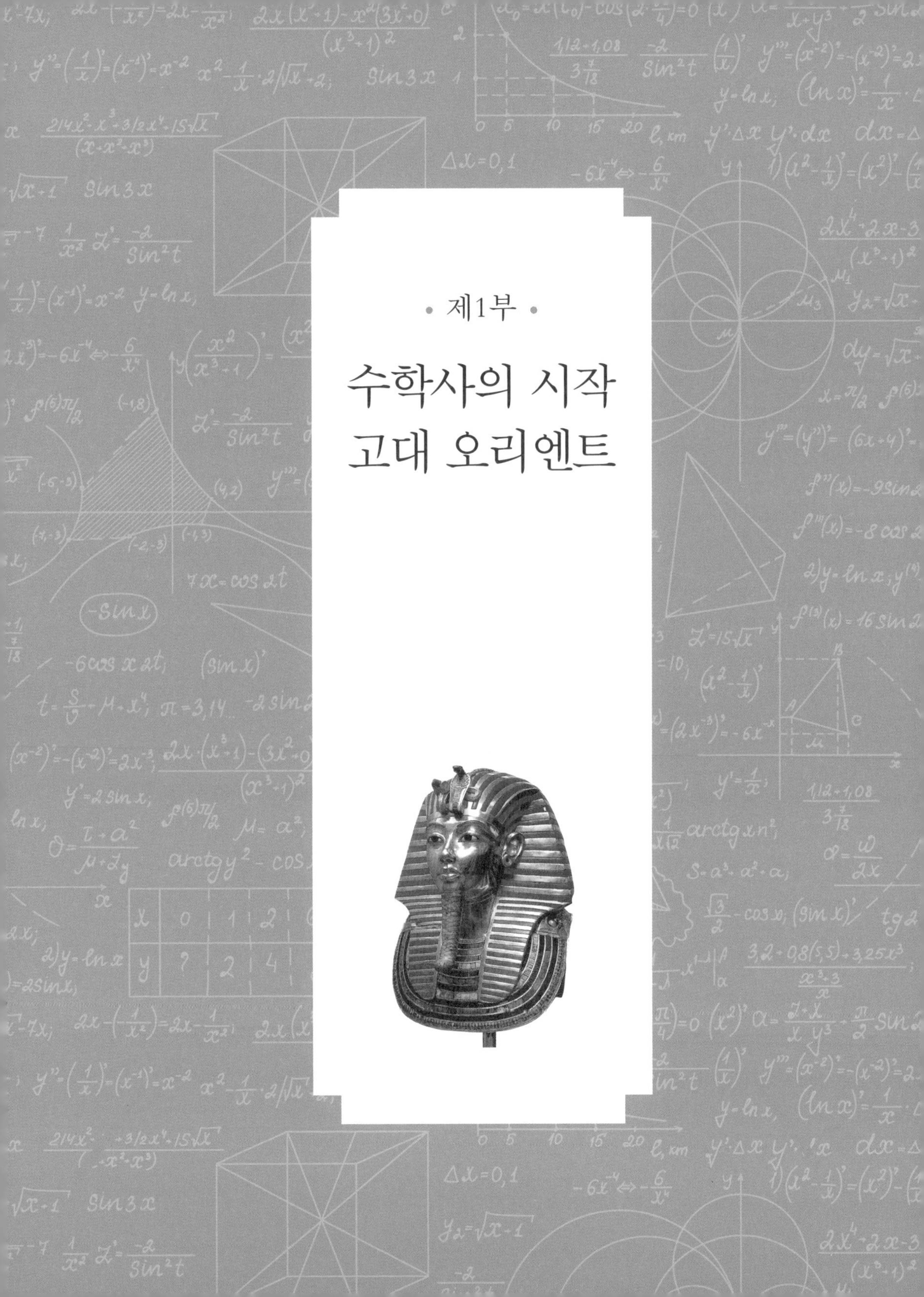

• 제1부 •

수학사의 시작
고대 오리엔트

오리엔트 수학 훑어보기

오리엔트 지역은 일반적으로 고대 동방 지역을 지칭합니다. 따라서 오리엔트 수학이란 고대 이집트와 메소포타미아의 수학을 가리키지요. 수학이 학문적인 체계를 갖춘 것은 고대 그리스 시대부터지만, 그리스 수학이 그토록 아름답고 완벽하게 학문적 체계를 갖춘 것은 단시일에 이루어진 일이 아닙니다. 나일강 유역에서는 이집트문명이, 유프라테스강·티그리스강 유역에서는 메소포타미아문명이 생겨나면서 축척된 수학적 지식은, 개인의 자율성을 중요시해 토론문화가 발달했던 그리스 지역에 많은 영향을 미칩니다.

매년 6월이 되면 규칙적으로 발생하는 나일강의 홍수는 수학의 발생과 밀접한 관계가 있습니다. 그러니 이집트문명은 '나일강의 선물'이라는 말이 설득력 있게 들립니다. 영양분이 많은 나일강 상류의 검붉은 흙이 하류로 쓸려 내려오면 농작물이 잘 자랐습니다. 홍수로 허물어진 땅의 경계선 때문에 **측량술**이 발달하면서 기하학도 발달하게 되었고, 가을에 추수를 하면 나라에서 거두어야 할 세금을 산출하면서 **산술**이 발달했습니다.

이집트인들은 아름다운 상형문자를 사용하고 성각 숫자(또는 신관 숫자)도 그림으로 표시했지요. 또 나일강 유역에 무성하게 자라는 파피루스로 종이를 만들고 그 위에 뾰족하게 만든 갈대 펜으로 문자를 기록했답니다. 10진법을 사용하면서도 지금과 같은 위치적 기수법은 사용하지 않았습니다. 가령 2,453은 다음과 같이 썼습니다. 요즘의 숫자와는 전혀 다른 모양이지요. 쓴 것이 아니라 그린 것 같습니다.

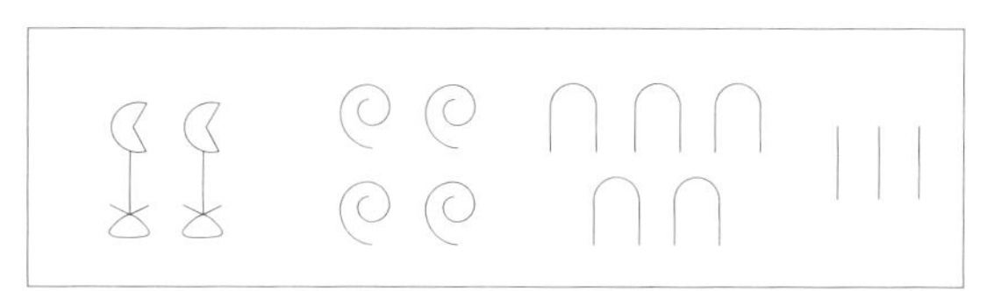

이집트인은 원기둥 모양인 곡식 창고의 부피도 계산하고 반구의 겉넓이도 계산했는데, 이때 원주율을 3.16으로 사용했다고 합니다. 이집트의 수학이 얼마나 발달했는지 짐작할 수 있겠지요? 분수도 능숙하게 사용했습니다. 특유의 독창적인 방법으로 항상 분자가 1인 단위분수를 이용했답니다.

$\frac{2}{5}=\frac{1}{3}+\frac{1}{15}$로, $\frac{2}{7}=\frac{1}{4}+\frac{1}{28}$ 등으로 말입니다.

한편, 메소포타미아가 이집트보다 수학이 더욱 발달했다는 증거가 점토판에서 발견됩니다. 메소포타미아인은 진흙으로 된 점토판을 만들어서 뾰족한 대나무 펜으로 쐐기 모양의 설형문자와 **설형숫자**를 사용했습니다. 진법은 60진법을 사용했지요. 예를 들어, 83은 다음과 같이 표시했습니다.

▽은 60을, ◀은 10을 의미하므로 60진법으로 80은 ▽◀◀이 되고, ▼은 1을

의미하므로 3은 ▼▼▼이 되는 것이지요. 메소포타미아인의 60진법은 현재 우리가 사용하는 각도와 시간 계산에 남아 있습니다. 이들은 **제곱, 제곱근, 세제곱근**까지 표를 만들었고, $\sqrt{2}$의 값은 소수점 아래 다섯째 자리까지 정확하게 사용했다고 합니다. 또 오늘날 '완전제곱꼴'과 거의 비슷한 방식으로 2차방정식을 풀었던 것으로 보입니다. 피타고라스가 태어나기 1,000년 전에 이미 고대 문명지에서는 직각삼각형에서 피타고라스의 정리를 만족하는 (3, 4, 5) (5, 12, 13) (7, 24, 25) 등의 수들을 사용했던 유적이 발굴되었답니다.

숫자보다 그림을 먼저 그린 인간

인간은 흔히 사회적 동물이라고 하지요. 사회적 동물 외에도 종교적 동물 또는 예술적 동물이라고도 말할 수 있습니다. 인류는 지금으로부터 2만 2,000년 전부터 그림을 그리기 시작했으니까요. 초기의 그림은 구석기시대에 그려진 동굴의 벽화로 알려져 있어요. 동굴 벽에 짐승을 그리고 그 그림을 창으로 찌르는 종교적인 의식을 행했는데, 이런 의식을 통해 실제로 사냥을 나갔을 때 동물이 잘 잡힐 것이라는 믿음을 가졌다고 합니다. 구석기인들은 현실과 가상의 세계를 자유롭게 넘나들었지요.

남자들은 대부분 컴퓨터 게임을 좋아하지요? 게임을 즐기는 사람 중에는 밥 먹는 것도 잊어버리고 잠도 안 자면서 게임에 몰입하는 경우가 있는데, 바로 가상의 세계에 흠뻑 빠진 증거이지요. 심한 경우는 일상생활이 힘들 정도입니다. 즐거운 가상 세계에서 팍팍한 현실 세계로 돌아오는 것이 싫기 때문이지요. 구석기인들은 현실과 가상의 세계를 자유롭게 왔다 갔다 하면서 동굴에 벽화를 그리고 떼를 지어 춤을 추면서 에너지를 발산하기도 했어요. 이때 사용한 악기는 무엇이었을까요? 동물을 잡을 때 사용하는 도구였겠지요. 이 도구를 가지고 사냥 동작을 연습하고 또 연습하면서 사냥할 때 짐승에게 겁먹지 않고 이길 것을 다짐했습니다. 이는 풍성하게 짐승을 잡기를 기원하는 종교적인 행위로 이어지기도 했답니다.

보이는 대로 그린 구석기인

구석기시대의 벽화가 처음 발견되었을 때, 벽화의 그림 수법이 너무나 사실적이어서 혹시 위작(僞作)이 아닌가 하고 의심스러울 정도였습니다. 어떻게 구석기인은 벽화를 사실적으로 그릴 수 있었을까요? 어린아이처럼 단순하기 그지없던 구석기인은 어떠한 고정관념이나 개념도 갖고 있지 않았기 때문이지요.

알타미라 동굴벽화

구석기시대의 대표적인 벽화인 라스코동굴과 알타미라동굴의 그림을 보면 매우 사실적입니다. 신석기시대의 이집트 벽화와는 매우 대조적이지요. 아직까지 구석기인은 문명을 만들지 못한 상태였으므로 대상을 그릴 때 '보이는 대로' 그릴 수밖에 없었답니다.

2000년에 개봉되었던 〈캐스트 어웨이(Cast Away)〉라는 영화를 보면, 주인공 척 놀랜드는 태평양 한가운데 추락해 무인도에서 혼자 살게 됩니다. 무인도에 도착한 그가 맨 처음 한 일은 비를 피해 동굴에서 자고, 열매를 따먹고, 나무껍질과 태양을 이용해 불을 만들고, 도구를 만들어 물고기를 잡아먹는 것이었지요. 해와 달, 바다를 관찰하면서 시간과 바다의 조수 변화를 기록했어요. 시간이 지나 생활이 안정되자 대화할 수 있는 정신적 대상을 필요로 합니다. 그는 비행기가 추락할 때 함께 떨어졌던 배구공을 친구 삼아 정신적으로 의지합니다. 인간의 생존 전략과 원초적 심리 상태를 적나라하게 표현한 영화라는 생각이 듭니다. 과학 문명이 발달한 현대에도 인간이 무인도에 떨어지면 생존하기 위해 구석기인이 살았던 방식을 그대로 따라할 수밖에 없는 것이지요.

구석기인은 주로 열매를 따먹거나, 바다와 강에서 물고기를 잡아 불에 구워 먹었어요. 뾰족한 돌로 짐승을 죽이다가 나중에는 돌을 갈아서 돌칼을 만들고 짐승의 뼈로 창의 촉을 만들면서 무기와 연장도 발달시킵니다. 바다나 강이 없는 지역에서 나무 열매가 없을 때는 어떻게 했을까요? 오직 동물 사냥에만 몰두했을 것입니다. 사냥은 다치거나 짐승에게 잡아먹힐 수도 있어 목숨을 걸고 해야 하는 일이었지요. 곧 구석기인의 사냥은 생명의 안전과 풍요로움을 바라는 종교를 발전시키기에 충분했답니다. 현실과 가상의 세계를 구별하지 못한 구석기인은 동굴 벽에 짐승의 이미지를 그려 창과 칼로 찌르는 행위를 연습하면서 풍성한 사냥물을 기대했던 것이지요. 따라서 **노동=예술 행위=종교의식**이 되는 셈입니다.

아는 대로 그린 신석기인

지금으로부터 1만 년 전 빙하기가 끝날 무렵, 떠돌아다니면서 나무 열매를 따먹고 동물을 사냥하던 구석기인들은 기후가 온난하고 살기 좋은 지역에 정착하기 시작합니다. 이제 수렵과 채집의 구석기 생활에서 목축과 농경의 신석기 생활로 서서히 변해갑니다. 야생동물을 잡아 우리에 가두어 가축으로 사육하고, 식물을 재배해 지속적으로 열매를 얻었지요. 이른바 **신석기 혁명**을 일으킨 것입니다. 이제 사람들은 움집을 짓고 촌락을 이룹니다. 음식을 저장하거나 끓이기 위한 토기를 만들었고, 따뜻한 옷도 만들기 시작하지요. 신석기 혁명으로 개인은 사유재산에 대한 욕망이 생겨 재산을 모으기 시작했고, 촌락의 지도자는 정치적인 생각도 갖습니다. 힘이 세거나 재산이 많은 남자가 여자를 거느리면서 남자의 가부장적 권위가 이때부터 시작되었다고 지적하는 여성학자들도 있답니

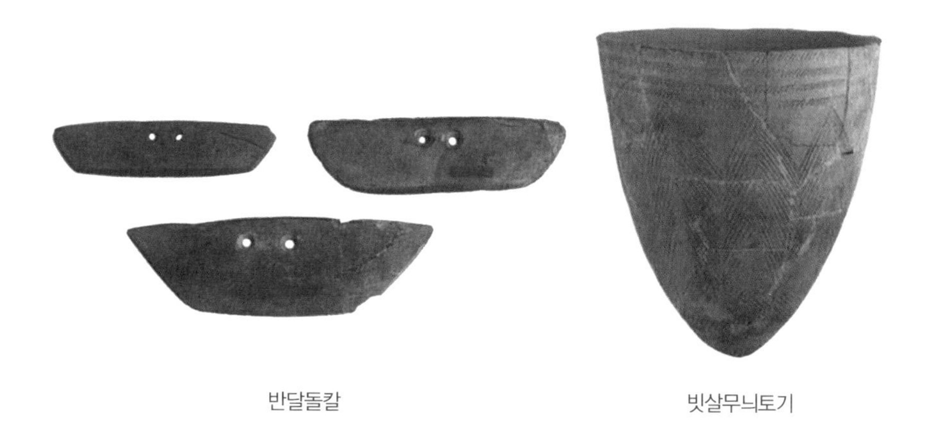

반달돌칼　　빗살무늬토기

다. 신석기시대에는 이처럼 정치적인 힘과 지배력, 그리고 농업에 필요한 사계절의 주기적인 순환 개념 등이 일상생활에 뿌리내립니다. 따라서 신석기시대의 그림은 구석기시대에 비해 추상적인 요소가 가미되었지요.

부산의 영도에는 신석기시대의 유물을 전시하는 패총박물관이 있습니다. 전시실에는 신석기시대의 우리 조상들이 가죽옷을 입고, 움집을 만들고, 음식 만드는 모습을 생생하게 볼 수 있도록 모형과 동영상 자료를 만들어놓았습니다. 조개로 만든 가면과 여성이 착용한 팔찌, 곡식을 베는 반달돌칼, 빗살무늬토기도 있습니다. 대마도박물관의 빗살무늬토기와 영도 패총박물관의 빗살무늬토기가 같은 무늬라는 사실은, 고대 한국과 일본이 하나의 대륙으로 이어져 있었다는 사실을 입증하는 증거이기도 합니다.

기하학의 출발은 측량에서

신석기시대에는 농사를 지을 때 기후에만 의존할 수밖에 없었습니다. 농사에서 가장 중요한 것은 당연히 하늘에서 내리는 비입니다. 농사를 지으면서 신석기 인들은 사계절의 순환 개념을 알게 되었는데, 이 순환 개념이 추상적인 개념으로 이어집니다. 이집트문명은 '나일강의 선물'이라고 합니다. 매년 6월이면 우기가 되어 나일강의 물이 불어나 마침내 범람이 일어나고, 10월이 되면 물이 줄어듭니다. 규칙적인 나일강의 수위 덕분에 이집트인은 시간이라는 개념에 도달하게 된 것이지요. 시간은 눈에 보이지 않는 것이니 곧 추상적인 개념입니다.

이 밖에도 나일강의 범람은 이집트인에게 기여하는 바가 컸어요. 강이 범람하면 농사짓던 땅의 경계선이 사라져 사람들이 네 땅이니 내 땅이니 하면서 싸우다보니까 자연스레 땅을 측량할 필요가 생겼고, 이러한 측량의 개념은 기하학이라는 학문을 발달시키는 원동력이 되었지요. 기하학은 geometry라고 하는데 **geo(땅)+metry(측량하다)**에서 이 용어가 유래했다는 설이 설득력 있게 들리지

요? 규칙적인 나일강의 범람은 기하학뿐만 아니라 또 다른 학문의 근거가 되기도 합니다. 바로 산술이지요. 농사를 지어 가을에 추수를 하면 왕이 하사한 땅의 대가, 즉 세금을 왕에게 바쳐야 합니다. 이때 추수한 곡물의 양을 계산하고 공평하게 분배하는 일은 중요한 문제였어요. 그래서 발생한 것이 산술의 개념이랍니다.

결국 신석기인은 구석기인보다 개념을 가지고 문명을 발달시켰기 때문에 구석기시대보다 추상적인 그림이 표현된 것입니다. 따라서 **구석기시대에는 보이는 대로 그렸다면, 신석기시대에는 아는 대로** 그렸다고 말할 수 있답니다.

추상화를 먼저 그리는 어린아이들

저명한 미술사가 에른스트 곰브리치(Ernst Gombrich, 1909~2001)는 인간이 사물을 지각할 때 오직 눈에만 의존하지 않고, 이미 자신이 가지고 있는 지식의 개념을 시·지각에 적용한다고 말했습니다. 필자의 딸이 유치원에 다닐 때 그린 그림을 소개하겠습니다. 다섯 살 때 그린 그림은 결코 눈에 보이는 대로 그린 그림이 아닙니다. 태양에 눈, 코, 입이 있고, 오른쪽의 오리는 발이 보이지 않으며 숫자 2의 형상을 하고 있지요. 잠자리채를 들고 있는 주인공은 오른팔이 없고 왼팔만 보입니다. 가운데 있는 사과나무에서는 다 익은 사과가 떨어지고 있으며, 잠자리는 사과나무와 비교하면 엄청나게 큰 슈퍼 잠자리로 표현되어 있습니다. 다섯 살 먹은 아이의 지식이 그대로 반영되어 있어요.

두 살 더 먹은 후에 그린 그림은 앞의 것과 비교할 때 더 단순해졌지요. 나무는 삼각형과 사각형의 기하학적 도형으로 표현되고 구름도 마찬가지입니다. 단순해지고 기하학적으로 표현된 것이 바로 추상화의 증거라고 할 수 있습니다.

필자의 딸 김일신의 5세 때 그림(좌)과 7세 때 그림(우)

이제 태양에는 눈, 코, 입이 없습니다. 일곱 살 먹은 아이의 상상력과 추상력의 산물이 그림을 비현실적으로 만든 것이지요.

여기서 한 가지 강조하고 싶은 점은 상상력과 추상력은 창조력의 원천이라는 것입니다. 이처럼 어린아이들의 그림이 피카소(Picasso, 1881~1973)의 그림같이 비현실적으로 보이는 이유는 바로 '추상'의 개념 때문입니다. 20세기 입체파의 거장 피카소는 "나는 어린아이처럼 그림을 그리는 데 한평생이 걸렸다"라는 유명한 말을 남겼습니다. 인지심리학과 발달 이론의 선구자 피아제(Piaget, 1896~1980)에 따르면, 어린아이들은 사물을 인식할 때 처음에는 토폴로지적으로 보다가 나중에 유클리드적으로 본다고 합니다. 그런데 재미있는 사실은 수학의 역사에서는 발전 순서가 정반대라는 것입니다. 유클리드기하학은 고대 그리스의 수학이고, 토폴로지는 20세기 현대의 추상 수학이니까요.

60진법을 개발한 메소포타미아문명

유프라테스강과 티그리스강 사이의 메소포타미아 지역에는 기원전 3500년경의 기록이 남아 있습니다. 메소포타미아 지역의 첫 주인공은 수메르인이라고 하는데, 이들은 벌써 상형문자를 가질 정도로 수준 높은 문명을 이루고 있었지요. 상형문자는 쓰는 데 시간이 많이 걸리고 내용을 표현하기에도 불편해 나중에 쐐기 모양의 **설형문자**로 발전합니다. 페니키아인은 이 설형문자를 간단한 알파벳으로 만들었고, 그리스인은 페니키아의 자음에 모음을 조합해 획기적인 **알파벳**을 만들어냅니다. 그러니까 오늘날 알파벳의 시조는 **페니키아문자**라고 할 수 있답니다. 메소포타미아 지역은 건축에 쓸 재료가 몹시 귀했으므로 수메르인은 특유의 건축 방법을 개발하지요. 메소포타미아 지역의 풍부한 진흙으로 벽돌을 만들어 대수로를 건설하면서 도시국가를 만듭니다. 도시국가 주변에는 성벽을 쌓았고, 아직 화폐가 없어 물물교환을 했습니다.

기원전 3000년경이 되면 바퀴 달린 전차를 만들어 전쟁을 하고 구리와 주석을 합금한 청동을 사용하기 시작하면서 이른바 **청동기시대**를 열어가지요. 수메르인은 우주 최고의 신 안(An)을 섬겼는데, 그의 아들 엔릴(Enlil)은 대기와 폭풍, 홍수의 신이라고 합니다. 고대 오리엔트 사회의 농업, 목축업에서 가장 중요한 요인은 기후였으므로 풍작과 흉년의 절대적 조건이 신앙의 대상이 된 것이겠지요. 안(An)의 고유 숫자를 60으로 정하면서 수메르인은 60진법의 체계를 발전시킵니다. 그러나 기원전 2000년경 동쪽으로부터 엘람, 서쪽으로부터 셈족의 아모리인이 침입하면서 수메르인의 영화는 막을 내리고 새로운 나라 바빌로니아왕국이 건설되지요.

어린 왕 투탕카멘의 저주

이집트의 미술은 살아 있는 사람이 아니라 죽은 사람을 위한 것이었습니다. 영혼 불멸 사상에 심취했던 이집트인은 사후 세계에 관심이 많아 왕의 무덤인 피라미드를 건축했고 그 안에 그림을 그렸지요. 피라미드는 세계 7대 불가사의에 속하는 건축으로만 의미가 있는 것이 아닙니다. 피라미드 건축에 사용된 수학의 원리는 정교하다 못해 신비스럽기까지 합니다. 내부의 벽화도 이집트 미술의 양식을 보여주므로 우리는 왕의 무덤을 자세히 들여다보아야겠지요? 이집트의 파라오 가운데 유명한 이를 꼽자면 단연 람세스 2세와 투탕카멘 왕이겠지요.

고대 이집트는 고왕국, 중왕국, 신왕국 시대로 구분합니다. 고왕국 시대에는 태양신 레(Re)를 숭배하는 사제들이 막강한 권력을 차지하다가, 신왕국 시대가 되면 아몬(Amon)과 레를 결합한 아몬-레 신을 숭배하는 사제들이 득세합니다.

투탕카멘의 황금 마스크

이들은 이크나톤 왕이 죽은 뒤에 어린 투탕카톤(살아 있는 아톤 신의 상)을 파라오로 세운 뒤에 옛날의 수도 테베로 환도합니다. 그리고 왕의 이름을 '살아 있는 아몬 신의 상'이란 뜻으로 투탕카멘(Tutankhamen)으로 고칩니다. 열 살배기 어린 왕은 늙은 사제들의 권력 앞에 어쩔 수 없이 꼭두각시 노릇을 하다가 열여덟 살에 세상을 떠나게 되었지요.

이집트 왕의 무덤 대부분이 도굴꾼에 의해 훼손되었는데, 오직 투탕카멘의 무덤만이 도굴을 면하고 원형 그대로 보전되었다고 하지요. 이 무덤은 1922년에 영국의 카나몬 경과 카터라는 사람이 처음 발견했는데, 3,000여 년 동안 보존된 황금 관과 조각품 등 이집트의 뛰어난 예술 수준에 경탄을 금치 못했다고 해요. 영화 〈인디아나 존스〉의 분위기가 연상되지요? 투탕카멘 무덤 입구에는 '왕을 방해하는 자에게는 죽음의 날개가 스치리라'라는 경고의 글이 새겨져 있는데, 문구대로 발굴 후 5개월 뒤 카나몬 경은 모기에 물려 죽었고, 그로부터 6개월 뒤에는 동생 허버트 대령이 죽었으며, 뒤이어 카나몬 경의 간호를 맡은 간호사까지 죽었다고 하는군요. 재앙은 여기서 끝나지 않고 발굴에 참여했던 사람들이 원인 모를 병이나 불의의 사고로 20여 명이나 더 죽어 사람들은 이를 '파라오의 저주'라고 불렀답니다.

피라미드의 수학적 비밀

돌이 풍부한 이집트에서는 피라미드를 돌로 건축했습니다. 가장 큰 피라미드인 기자의 피라미드는 총 5,900만 톤에 달하는 230만 개의 돌을 쌓아 만들었다고 합니다. 피라미드의 높이는 46.5m이고, 밑바닥은 정사각형으로 한 변이 230.4m입니다. 우리는 여기서 수학적으로 신비한 사실을 발견할 수 있어요. 높이를 반지름으로 하는 원둘레를 계산해보면 146.5×3.14×2=920m가 됩니다. 그런데 밑면의 정사각형 둘레를 계산하면 230.4×4=921.6m가 됩니다. 즉 피라미드의 높이를 반지름으로 하는 원둘레와 바닥의 정사각형의 둘레는 오차가 불과 약 1.6m라는 것입니다. 당시의 기하학과 건축 수준이 상당했다는 것을 알 수 있지요.

기원전 2575년경 기자 지역에 건축된 피라미드의 꼭짓점에서 아래 그림처럼 수선의 발을 내려 그으면, 빗변을 1이라 할 때 밑변의 길이는 황금비의 값과 근사한 0.618034가 됩니다. 더욱 놀라운 것은 높이는 0.78615가 되는데, 이 높이에 2×3.14를 곱하면 4.937022가 됩니다. 이 값은 바로 밑면 둘레의 길이와 매우 근사한 값입니다. 약간의 오차가 생기는 것은 π를 3.14로 계산했기 때문입니다. 다시 말해서, 피라미드의 높이는 구의 반지름인 셈이고, 밑면의 둘레는 구의 대원인 셈이지요. 즉, 단면의 직각삼각형에서 밑변의 길이를 x, 빗변의 길이를 1이라고 하면 밑변:높이:빗변=x:$\sqrt{x}$: 1의 비율이 된답니다. 피타고라스의 정리에 따르면 $x^2+x=1$이 되는데, 이 식은 황금비를 구할 때 얻어지는 식이거든요. 황금비는 뒤에 나올 그리스 수학에서 자세히 설명하겠습니다. 이집트는 왜 왕의 무덤을 거대하게 지었을까요? 메소포타미아에서는 왕을 신(神)의 대리인으로 여

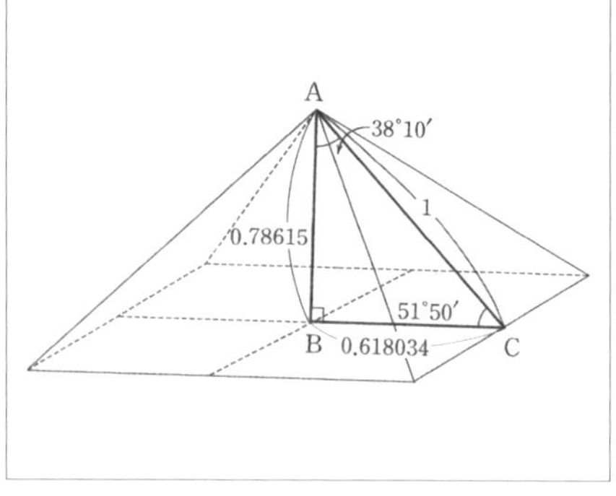

피라미드(좌)와 피라미드 단면도(우)

겼지만 이집트에서는 신의 화신(化身)으로 인식했습니다. 왕은 파라오('궁전' 또는 '큰집'이라는 뜻)라고 불렸는데 태양신 레의 아들이었고, 파라오는 죽고 나면 나일강의 신 오시리스와 결합해 한 몸이 된다고 믿었기 때문입니다. 심지어 파라오는 저승에서 신으로 부활해 나일강의 홍수를 조절하기 때문에 풍년을 가져온다고 믿었습니다.

북어처럼 마른 시체가 문화유산?

고대 이집트에서 발생한 신의 화신과 부활의 개념은 후에 유대교에서 파생된 크리스트교의 부활과 성자(하나님의 아들)라는 개념과 무관하지 않다는 생각이 드는군요. 영혼 불멸의 사상을 믿고 있던 이집트인은 저승에 가는 파라오의 시체를 썩지 않게 처리하기 위해 독특하게 미라 작업을 했답니다. 처음에는 시체의 콧구멍에 갈고리 모양의 가느다란 금속 봉을 집어넣어 뇌를 꺼내고, 돌칼로 배의 옆을 갈라서 심장과 신장, 내장 등을 꺼낸 뒤에 깨끗해진 배 속에 향료를 집어넣습니다. 그다음 절개 부분을 꿰매고, 시체를 소금물이나 소다 속에 70일간 담가서 완전히 수분을 제거합니다. 마지막으로 아마포를 감은 다음에 수지를 칠한답니다.

미라

우리나라에서는 기다란 직육면체 모양의 관을 사용하는 반면, 이집트에서는 사람 모양으로 관을 만들어 아마포로 감은 시체를 넣어서 눕히지 않고 벽에 세워

놓는다고 합니다. 물론 건조한 사막기후이기 때문에 가능합니다. 우리나라 같은 온대 몬순기후라면 부질없는 일이었겠지요. 그러니 기후는 문화 형성에 절대적인 조건이랍니다. 기후와 풍토를 기반으로 생성된 가치관에 의해 종교와 정치, 학문과 예술을 형성하고 또 그 영향력을 주고받으면서 문화가 발달하는 것이지요.

10진법과 60진법의 차이는?

기원전 2500년경 이집트와 바빌로니아에는 수학이 존재했던 것으로 추정됩니다. 이집트인은 물건의 개수를 셀 때 작은 돌을 사용해 물건 하나에 돌을 하나씩 대응시키면서 10개가 되면 한 단위를 올리는 10진법을 사용했던 것으로 보입니다. 인간의 손가락이 10개이기 때문에 10진법을 사용했다는 주장이 가장 설득력이 있습니다. 우리말에도 수를 세는 단위로 '다섯'과 '열'이 있는데, 손가락을 꼽으면서 셈을 하다가 다섯 번째에는 모두 '닫힌다'는 뜻에서 '다섯', 닫은 손가락을 하나씩 펴나가서 마침내 10이 되면 모두 '열린다'는 뜻에서 '열'이라고 부른 것 같다고 수학사가 김용운 교수는 피력했지요.

'셈하다'라는 뜻의 영어 단어가 calculus인데, 본래의 뜻이 '작은 돌'이었으니 이러한 추측은 매우 논리가 타당한 것 같습니다. 사막과 바다로 둘러싸여 외부에서 침입하기 어려운 이집트는 거의 2,500년간 왕국이 지속되어 기원전 6세기 후반 페르시아 왕국에 정복될 때까지 통일 국가를 유지했습니다. 실제로는 기원전 4세기 알렉산드로스대왕에게 정복될 때까지 이집트의 전통이 계승되었습니다.

한편 바빌로니아에서는 수메르인의 신앙에 따라 최고의 신 안(An)의 고유 숫자를 60으로 정하면서 60진법*을 발달시켰다는 설이 있습니다. 이들은 각도를 나타내는 단위로, 1회전을 360도로 정했지요. 왜 고유 숫자를 60으로 정하고

60진법을 만들었는지 정확한 이유는 알 수 없으나, 60의 약수가 많아 편리하기 때문이라고 추측한답니다. 60진법은 손가락을 여섯 번이나 쥐었다 폈다 하려면 꽤 번거롭고 불편해 손가락과는 무관했겠지요. 60의 약수는 1, 2, 3, 4, 5, 6, 10, 12, 15, 20, 30, 60으로 아주 많습니다. 약수가 많으니까 이 체계가 편리했을 것으로 보입니다. 60진법은 오늘날까지 살아남아 시간과 각을 측정하는 기준으로 사용되고 있지요.

***60진법**

메소포타미아 수학은 바빌로니아에서 발달했기 때문에 바빌로니아 수학으로도 부릅니다. 당시 수학의 내용을 엿볼 수 있는 점토판은 후세 인류에게 남겨준 귀한 유물입니다. 10진법의 원리는 낱개 1이 10개가 모이면 10의 자리가 하나 올라가고, 10이 10개 모이면 100의 자리가 하나 올라가지만, 60진법의 원리는 1이 10개 모이면 10의 자리가 하나 올라가고, 10이 6개 모이면 60의 자리가 하나 올라가는 원리입니다. 시계에서 60분이 한 시간으로 되는 것과 마찬가지 이치이지요. 예를 들어, 10진법에서 126은 100개짜리 한 묶음, 10개짜리 두 묶음과 1개짜리 6개를 의미하지만, 60진법에서는 60개짜리 두 묶음과 1개짜리 6개를 의미합니다. 시간 문제에서 126분이 2시간 6분인 것과 같습니다. 점토판 기록에 따르면, 기원전 2000년경에는 설형문자로 126을 ▽▽▼▼▼▼▼▼으로 표시했지요.

수학은 강력한 통치 수단

사람들이 물건을 사고파는 상거래를 하면서 도시가 발달했고, 왕의 권한이 점점 강해지면서 왕궁이나 신전, 피라미드 같은 무덤을 지을 때 수학이 필요했습니다. 건축을 담당할 청장년 남자들을 동원하려면 나라 전체의 인구를 파악해야 하고, 공평하게 지역을 분배해 남자들을 동원해야 하고, 나무나 돌을 채취해 운반해야 했으므로, 수학은 고대 문명사회에서 왕과 제사장들의 통치 수단이 되었지요. 또 수학은 개인끼리 물건을 사고파는 데 필요한 도구가 되기도 합니다. 돈을 빌려주면 그에 대한 대가로 이자를 받게 되는데 이자 계산이 곧 수학이었어요. 규칙적인 나일강의 홍수는 정착 생활을 하는 인간에게 '질서와 순환'이라는 개념을 깨닫게 합니다. 이로써 기원전 4200년경에는 달력을 만들게 됩니다. 또한 종교적인 나라 이집트는 공부를 할 수 있는 사제 계급이 많았습니다. 이는 나일강의 홍수와 더불어 기하학이 발생할 수 있는 중요한 요인이었다고 역사가들은 설명합니다.

이집트의 수학 노트 파피루스

고대 오리엔트 사회에서 수학의 오묘하고 막강한 힘은 제사장의 통제 아래 있었습니다. 수학은 실용적인 목적뿐만 아니라 종교적인 해석에 활용하기 위해 열심히 탐구되었습니다. 이집트문명이 4,000년간 번영한 데 비해 현재 남아 있는 기록이 빈약한 것은 파피루스 종이가 불에 약해 전쟁이 나면 흔적도 없이 타버렸기 때문이지요. 파피루스 두루마리 중 기원전 1250년경에 서기관 아니(Ani)가 남긴 것이 가장 상태가 좋은데, 길이는 약 23미터나 된다고 합니다. 수학책으로는 **『린드 파피루스』**와 **『모스크바 파피루스』**라고 불리는 것이 남아 있습니다. 세계 최초의 수학책 『린드 파피루스』는 발견자의 이름을 붙인 책입니다. 『린드 파피루스』에는 기원전 1650년경 아메스라는 사제가 사원의 서기로서 자료를 베껴 둔다는 설명과 함께 정삼각형의 면적을 구하는 방법, 물건을 일정한 수의 사람

들에게 나누어주는 방법 등을 기록했습니다.

인간은 처음에 어떻게 기하학적 도형, 아니 가장 기초적인 직선과 원, 수직선 등을 생각해냈을까요? 사람이 아침에 일어나면 맨 처음 하는 일은 하늘을 바라보는 일이지요. 떠오르는 태양을 보고, 또 칠흑같이 어두운 밤에 환한 보름달을 보고서 원을 생각해냈을 것입니다. 멀리 지평선을 바라보며 직선을 생각하고, 우뚝 서 있는 나무를 보며 수직선을 생각하지 않았을까요? 아주 간단한 도형인 직선과 원은 나중에 유클리드(Euclid, B.C. 330?~B.C. 275?)가 기하학 책을 쓸 때 다섯 가지 규칙을 정하면서 언급하는 기본 도형이기도 하지요. 『모스크바 파피루스』에는 각뿔대의 부피, 반구의 표면적 등을 구하는 문제가 실려 있습니다.

당시 파피루스에 기록하는 일을 담당한 사람을 서기관이라고 부르는데, 서기관은 권세와 영예를 누릴 수 있는 특권층이었답니다. 글을 읽을 수 있는 사람이 인구의 1퍼센트 미만이었다니까 나머지 99퍼센트는 문맹이었겠지요. 서기관들은 공식적인 발표문, 외교 문서, 법률 서류 등 행정 문서 외에 세금에 관한 서류, 귀족의 유서, 종교적인 문서 등을 작성하는 엘리트층이었습니다. 이때 사용된 공적인 문자는 상형문자입니다. 하지만 격식을 차리지 않은 일상적인 서신들은 **상형문자**를 약간 변형한 **신성문자**라는 흘림체로 썼다고 해요.

기록하고 있는 이집트 서기관

후기 왕조 시대에는 신성문자를 단순하게 변형한 약어를 사용했는데, 민중의 문자라고 불렸으며 여기서 **콥트어**가 파생되었지요. 로제타에서 발견된 유명한 문화유산 **로제타석**은 상형문자, 콥트어, 그리스어 등 세 가지 언어로 쓰인 비석으로 잊혔던 이집트의 상형문자를 해독할 수 있는 열쇠가 되었습니다. 상형문자와 콥트어 외에 그리스어는 왜 새겨놓았을까요? 당시에 그리스어는 지중해 연안에서 가장 강력한 언어였기 때문이지요. 서기관들은 어린 시절부터 '생명의 집' 또는 '영원의 집'이라고 불리는 학교에서 교육을 받았는데, 파피루스 종이 위에 갈대 펜으로 글쓰기 연습을 하면서 요즘 말로 '영재교육'을 받았습니다. 요즘도 수학과 언어 능력으로 영재를 식별하는데, 학습의 기초는 예나 지금이나 읽기와 쓰기였나보네요.

단위분수만 사용한 이집트인

고대 이집트에는 화폐가 없었으므로 상거래는 보통 **빵**과 **맥주**를 기준으로 했다고 합니다. 이집트인은 빵과 맥주가 식사의 기본이었으니까, 생활필수품인 두 물건을 상거래의 기준으로 삼은 것은 자연스러운 발상이지요. 이집트인은 파피루스에 현실적인 문제를 남겼는데, 이를테면 빵을 분배하는 문제를 들 수 있습니다.

가령, 2개의 빵을 3명이 나누려면 1명당 $\frac{2}{3}$가 정답이지요. 그런데 2명은 한 개에서 $\frac{2}{3}$를 잘라서 갖고 나머지 한 사람은 $\frac{1}{3}$짜리 조각 2개를 갖게 되면, 작은 조각을 먹는 사람은 공평치 못하다는 생각이 들겠지요? 파피루스에는 아래의 그림과 같이 빵 2개를 2등분해 3명이 모두 한 조각씩 먹고, 나머지 한 개를 3등분해 공평하게 나눈다고 설명합니다. $\frac{1}{2}+\frac{1}{6}=\frac{2}{3}$라는 식이 적혀 있는 것을 보면 고대 이집트인의 지혜로움을 엿볼 수 있습니다. 이들은 분수를 표시할 때 $\frac{2}{3}$를 빼고는 모두 분자가 1인 단위분수만 사용했답니다. 또 다른 예를 들어볼까요? 빵 9개를 10명이 나누는 문제의 경우, 우리는 1명당 $\frac{9}{10}$라고 할 텐데 이들은 $\frac{9}{10}=\frac{2}{3}+\frac{1}{5}+\frac{1}{30}$이라고 했답니다. 번거롭지만 여러 번 자르더라도 10명이 동일하게 같은 크기의 조각으로 빵을 분배하고자 했던 것이지요.

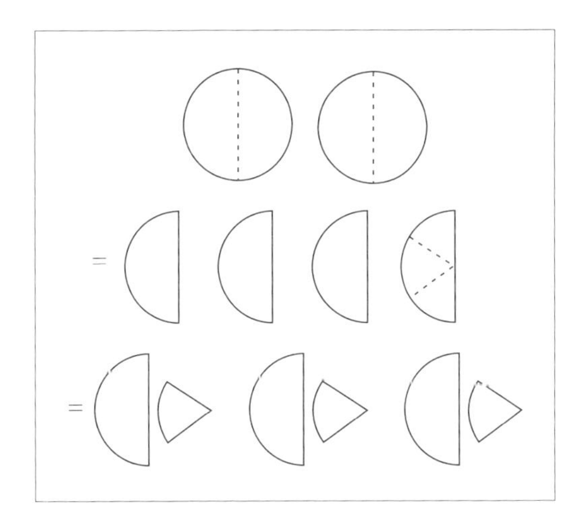

이집트인은 고도로 발달한 문명을 누리면서 살았습니다. 벽돌을 만들어서 집을 짓고 마루에는 타일을 깔았습니다. 귀족들의 침실에는 기도실과 샤워실이 딸려 있었고, 심지어 변기도 갖추고 있었다고 합니다. 정원에는 우물과 가축 우리, 곡식 창고가 있고 노예들의 숙소와 예배당까지 있었다고 하니 로마 시대 귀족의 저택이나 중세 시대 영주의 성과 잠시 헷갈리게 됩니다. 밀과 보리로 만든 빵은 40여 종류가 있었고, 돼지고기는 금기되었지만 소와 비둘기, 두루미, 거위, 오리 등의 고기를 먹었다고 해요.

메소포타미아의 수학 노트 점토판

점토판

빵과 맥주를 물물교환의 기준으로 삼았던 이집트인과는 대조적으로 메소포타미아인은 **은화**를 사용했고, 숫자를 세는 수단으로 문자를 만들었습니다. 이집트에 비해 수학적인 생각은 훨씬 앞선 것 같습니다. 나중에는 이러한 문자가 숫자 세기 말고도 사건이나 계약을 기록하는 수단으로 쓰였고, 나아가서 의사소통과 표현의 중요 수단이 되었습니다. 마침내는 **우편제도**를 발달시켜 진흙으로 봉투까지 만들었다고 합니다. 봉투만 진흙이 아니라 편지지도 진흙이었고, 수학 노트도 진흙판이었지요. 다른 말로 점토판이라고 한답니다.

이들은 문자를 기록할 때 처음에는 특정 대상이나 사물을 가리키는 원시 그림문자를 1,500개 정도 사용했으나, 이후에는 그림문자에서 사용하던 곡선을 없애고 주로 쐐기꼴의 설형문자를 만듭니다. 그래서 메소포타미아의 문자를 **쐐**

기문자 또는 **설형문자**라고 부르지요. 이집트와 마찬가지로 당시에 설형문자를 읽고 쓰는 것이 결코 쉬운 일이 아니었으므로, 메소포타미아에서도 지식은 권력자의 강력한 힘이었으며 설형문자를 기록하는 서기관은 전문적인 지식인이었습니다. 기원전 4000년경 메소포타미아의 우르 지역에서 출토된 점토판은 당시 수메르인이 사용했던 것으로, 농축산물의 수확량이 기록되어 있어 당시 농업과 목축업의 경제생활을 파악할 수 있습니다.

아브라함의 고향 우르

우르는 『구약성경』의 아브라함 이야기에 나오는 지역입니다. 이스라엘 민족의 신인 야훼 하나님이 아브라함을 불러 조상들과 함께 살던 우르를 떠나 젖과 꿀이 흐르는 가나안으로 가라고 명령합니다. 우르는 메소포타미아문명을 일으킨 수메르인의 고대 문명지입니다. 우르는 당시에 문명이 발달했던 지역이고 가나안은 그렇지 않았는데, 왜 하나님은 도시에서 불모지로 가라고 명령하셨을까요?

문화가 발달한 도시는 원래 상업이 활발한 지역입니다. 넘쳐나는 돈으로 건축과 예술과 학문이 발달하지요. 하지만 서로 이기고자 하는 경쟁심과 탐욕으로 사람들은 사치스러워지고 배부른 인간들의 원초적 욕구를 채우기 위해 성적으로도 타락하게 되는 법이지요. 그러니 하나님은 문화가 발달한 문명 도시에 살고 있는 아브라함을 자기의 음성을 잘 들을 수 있는 한적한 가나안으로 보내 그곳에서 훈련시키면서 이스라엘 족장의 지도자로 세우려 했던 것입니다.

$\sqrt{2}$를 다룬 메소포타미아 수학

이집트인은 나일강변에 무성하게 자라나는 파피루스 갈대로 종이를 만들어 편리하게 사용했지만, 아이러니하게도 역사의 수레바퀴 속에서 이집트의 책들은 거의 소멸되어 수학책은 『린드 파피루스』와 『모스크바 파피루스』만 남아 있습니다. 반면 메소포타미아인은 풍부했던 진흙으로 납작하게 판을 만들어 기록을 남겼는데, 글쓰기에는 파피루스보다 불편했지만 전쟁이 나서 불에 타면 더욱 단단하게 굳어졌답니다. 쪼개진 조각은 지금도 많은 고고학자와 역사학자에 의해 발굴되어 해독되고 있지요. 메소포타미아인은 태양을 보고 달력을 '원' 모양으로 만들어 사용했고, 자연스럽게 각을 발견했으며, 60진법을 사용했지요. 역수, 제곱, 세제곱에 대한 표도 만들었고, 빚에 대한 이자 계산에 유용한 거듭제곱표도 사용했습니다. $\sqrt{2}$를 60진법으로 1:24, 51, 10으로 표시한 점토판이 발견되기도 했는데, 이는 소수점 아래 다섯번째 자리까지 정확합니다.

1,000년 앞서 피타고라스의 정리를 사용한 이집트

메소포타미아인의 수학 실력이 대단하다고 말하는 것은, 이들이 2차 이상의 방정식을 풀었고 피타고라스가 태어나기 1,000년 전부터 피타고라스의 정리를 응용했기 때문입니다. 피타고라스가 태어나기 전에 어떻게 **피타고라스의 정리**를 알았냐고요? 메소포타미아인은 $a^2+b^2=c^2$을 증명하지는 못했지만 실제로 활용은 했습니다. '피타고라스'라는 이름이 붙은 이유는 피타고라스학파에서 이를 논증적으로 엄밀하게 증명했기 때문이지요. 이 정리는 사실 메소포타미아뿐만 아니라 이집트, 인도, 중국 등 고대 문명의 발생지에서는 모두 발견되는 내용이기도 합니다. 메소포타미아의 수학은 상거래의 회계, 국가 재정 관리, 무게와 길이 측량 등에서 매우 정확하고 엄밀하게 사용되었다고 합니다.

이집트의 아름다운 상형문자

수메르인의 설형문자는 기하학적이고 추상적인 문자인 데 반해, 이집트의 상형문자는 시적이고도 아름다운 문자입니다. 상형문자는 인간의 몸과 새, 동물, 꽃 등으로 표현하기 때문이지요. 가령 '춤을 추다'를 표현할 때는 아래와 같이 세 가지 기호를 썼습니다. 가운데 있는 다리는 다음에 나오는 단어가 발과 관련 있다는 것을 가리키는 한정 부호입니다. 문자와 더불어 필기구는 학문을 발달시키는 매우 중요한 요소입니다. 메소포타미아의 서기관은 뾰족하게 깎은 나무의 끝을 점토판에 찍어서 문자를 기록했으나, 이집트에서는 지금으로부터 약

'춤을 추다'라는 뜻의 이집트 상형문자

5,000년 전에 개발된 펜과 잉크를 가지고 파피루스로 만든 종이에 기록했지요. 나일강 유역에 무성하게 자라는 파피루스라는 갈대를 얇게 저미고 넓게 펼쳐 붙여서 종이를 만든 것입니다. 종이도 나일강의 선물이었던 셈입니다.

역사학의 아버지 헤로도토스의 통찰

기원전 450년경, '역사학의 아버지'로 불리는 헤로도토스(Herodotos, B.C. 484?~B.C. 425?)는 그리스에서 이집트로 건너갔습니다. 그리스의 해적이 이집트를 침략한 것을 빌미로 많은 그리스 용병(돈을 받고 자원하는 직업군인)과 상인이 이집트로 들어갑니다. 이때 헤로도토스는 이집트를 자세히 관찰한 뒤에 조국 그리스와 비교해 이집트에서 수학이 발달한 이유를 분석했습니다.

하나는 규칙적인 나일강의 홍수 덕분이고, 다른 하나는 육체노동은 하지 않고 신전에서 제사만 드리는 사제가 많기 때문이라고 보았습니다. 그리스의 강은 나일강처럼 규칙적인 홍수가 일어나지 않아 금방 비교가 되었던 것이지요. 또 이집트에는 그리스에 비해 사제들이 엄청 많았어요. 그리스의 신전은 신에게 제사를 지내는 곳이 아니라 단지 신이 머무는 장소였지요. 파르테논신전도 아테네 도시의 수호신 아테나가 머무는 곳이랍니다. 신전 안에는 소수의 사제만 출입할 수 있는데, 일반인은 일생 중 아주 중요한 경우에만 신전에 갑니다. 결혼을 할 때와 전쟁에 나갈 때, 또 역병이 돌 때는 신전에 가서 사제의 신탁을 듣고 기도를 하며 제사를 드렸다고 해요. 그러니 당시 이집트 수학의 발달 원인을 찾은 헤로도토스의 통찰은 설득력이 있지요. 하지만 나일강의 홍수가 가져다준 선물인 이집트문명도 페르시아에 정복당하면서 역사의 수레바퀴에서 그만 사라지고 맙니다.

문명과 함께 사라진 이집트 수학

서기 391년, 로마의 황제 테오도시우스 1세가 로마제국 안에 있는 이교도 신전을 모두 폐쇄하라는 칙령을 내립니다. 서기 313년, 로마의 콘스탄티누스대제가 밀라노칙령으로 크리스트교를 인정하기 전까지는 크리스트교가 로마의 이교로 탄압을 받았지만, 이제는 세상이 180도 바뀐 것입니다. 크리스트교가 아닌 종교는 모두 이교가 되었습니다. 당시는 이집트가 비잔티움제국의 속국이었으므로 태양신을 비롯해 각종 신을 섬기던 이집트의 신전이 당장 폐쇄되는 운명에 처하고 맙니다. 신전의 폐쇄로 고대 이집트의 찬란한 문화가 어둠 속으로 사라졌습니다. 날마다 제사 의식을 베풀던 사제들이 모두 흩어져 나중에는 기념비에 새겨진 상형문자와 도서관에 보존되어 있는 파피루스 문장을 해독할 수 있는 사람조차 없었습니다. 『이집트 역사』 전 30권을 비롯해 알렉산드리아 도서관에 소장되어 있던 장서 70만 권도 모두 불타버렸습니다. 파피루스 문헌들이 하루

아침에 연기 속으로 사라지지 않았더라면, 수학을 비롯해 고대 학문을 연구하는 데 유용한 소중한 자료가 되었을 텐데 말이에요.

다시 살아나는 이집트의 문화

로제타석

1,400년이 지나 1799년 프랑스의 나폴레옹(Naploeon, 1769~1821)이 이집트로 원정을 갔을 때 알렉산드리아 동쪽 로제타에서 돌기둥(로제타석)이 발견되었는데, 처음에는 거기에 쓰인 기록이 무슨 뜻인지 아무도 알지 못했습니다. 그러나 1828년 그리스어, 콥트어, 상형문자에 능통한 프랑스의 샹폴리옹(Champollion, 1790~1832)이 놀라운 직관력으로 로제타석의 기록을 해독해 마침내 잠자던 고대 이집트 문화가 세상 밖으로 나오게 됩니다. 로제타석은 열두 살 난 프톨레마이오스 5세의 즉위를 축하하기 위해 기원전 196년 멤피스에 모인 사제들이 왕을 기리는 칙령을 그리스어, 민중의 문자인 콥트어, 상형문자로 돌에 새긴 것입니다. 로제타석의 해독은 고대 이집

상형문자로 나타낸 클레오파트라 이름

트의 비밀을 밝히는 열쇠가 되어 오늘날 우리가 고대 오리엔트의 수학을 알 수 있게 되었지요.

앞의 그림은 클레오파트라 왕비의 이름을 나타내는 상형문자인데, 성스러운 이름이므로 타원형의 테두리 속에 그렸습니다. 상형문자에서 새는 알파벳 A를, 개와 같은 동물은 알파벳 L로 나타냈다는 사실을 상폴리옹이 밝혀냅니다.

이집트 미술은 죽은 자의 미술

인간이 짐승을 사육하고 농경을 시작하면서 한곳에 정착하는 신석기시대가 되었을 때, 사람들은 눈에 보이지 않지만 현실 세계와는 다른 세계가 존재한다는 믿음을 갖기 시작했습니다. 즉, 사후 세계를 생각하면서 영혼 불멸 사상을 갖게 됩니다. 특히 이집트인은 죽음에 대한 집착이 유별났습니다. 이들에게는 현실의 찰나적인 삶보다 죽은 뒤의 영원한 세계가 더 중요했습니다. 자연히 살아 있는 자보다는 죽은 자를 위한 미술을 추구하게 되지요. 따라서 이집트 벽화에 신과 파라오, 귀족은 가슴이 항상 정면을 향하는 **정면성의 원리**에 입각해 그렸습니다. 물체를 눈에 보이는 대로 표현하지 않고 완전하게 이상적으로 표현하려고 노력한 것입니다. 영원한 저세상에서 오래오래 살아가려면 두 팔과 두 다리가 온전한 모습이어야 했거든요.

어디, 우리 몸을 한번 살펴볼까요? 몸의 부분적 특징을 잘 나타내려면 얼굴과 목, 허리와 발은 옆면으로 그리고, 눈과 가슴은 정면으로 그리는 것이 좋습니다. 그래서 이집트인은 각 특징이 사라지지 않도록 사람의 몸을 옆면과 정면에서 본 것을 하나로 종합해 그렸습니다. 물론 해부학적으로는 불가능한 자세이지요. 그런데 주지해야 할 사실은 신과 귀족만 이렇게 그렸고 보통 사람들은 이 법칙

람세스 2세와 그의 아들

물동이를 든 처녀들

에 관계없이 사실적으로 그렸다는 것입니다.

람세스 2세와 그 아들의 그림을 보면, 옆으로 달려가면서 황소에게 올가미를 던지는 장면이지만 왕족이기 때문에 가슴과 엉덩이가 정면을 향합니다. 반면 왕의 무덤에 그려진 물동이를 든 네 명의 처녀는 궁녀이므로 가슴이 옆으로 그려져 매우 자연스럽게 느껴집니다. 어차피 죽을 운명을 가지고 사는 보통 사람들은 그저 행위하는 자이기 때문에 일하는 모습을 사실적으로 자연스럽게 그렸답니다. 조각도 예외가 아니어서 죽은 사람의 영체인 카(ka)가 잘 알아볼 수 있도록 실제 인물과 정확하게 닮도록 조각하는 일과 영원성을 표현하는 일이 매우 중요하게 여겨졌습니다. 구석기인에게 그림은 삶 그 자체였으나 이집트인에게는 주변에서 일어나는 일을 기록하고 설명하는 수단이었던 것입니다.

춤과 음악, 오락을 즐긴 이집트인

이집트인은 집에 예배당을 지을 정도로 매우 영적인 민족이었어요. 이들은 악기를 연주하며 춤을 추고, 보드게임을 즐겼으며, 날마다 신께 제사를 드렸습니다. 당시 가장 대중적인 오락은 세네트(senet)라고 불리는 보드게임이었다고 해요. 옆의 그림처럼 람세스 2세의 첫 번째 부인 네페르타리 왕비가 세네트 게임을 하는 모습을 무덤 속에 벽화로 그려 넣은 것을 보면, 이들이 일상생활에서 오락을 매우 즐겼다는 사실을 알 수 있지요. 세네트 게임은 체스처럼 판 위에 말을 움직이는 게임인데, 판 위에는 원뿔 모양의 말들이 움직이도록 만들어졌다고 해요. 규칙과 패턴이 있는 게임은 곧 추상적인 수학적 사고와 연결되는 것이니, 이 벽화를 통해 이집트에서 수학이 발달했다는 사실을 짐작할 수 있습니다.

그다음 그림은 18왕조 시대 테베의 제사장 나크트 무덤의 벽화로 연회에서 세 명의 여성 악사가 플루트, 루트, 하프를 연주하고 있는 모습을 묘사했습니다. 하프를 연주하는 여인의 볼록한 가슴을 보니 정면성의 원리에서 어긋나 있습니

세네트 게임을 하는 네페르타리 왕비

세 명의 여성 악사

생명의 꽃

다. 왕족이나 귀족이 아닌 일개 악사들이니까요. 한편, 이집트인과 대조적으로 메소포타미아인은 현실에 집착했으므로 사냥이나 전투 장면 등 현실적인 작품을 제작했지요. 이집트인은 내세의 영원성에 관심이 있었던 반면, 메소포타미아인은 죽음을 두려워하고 현실에 집착했다고 말할 수 있습니다.

옆의 그림은 언뜻 보면 컴퍼스로 원을 그린 뒤에 반지름의 길이를 가지고 원 위에 교점을 찍어서 그 점을 중심으로 계속 원을 그리면 만들어지는 도형 같습니다. 이 기하학적 도형은 '생명의 꽃'이라 불리는 문양으로 고대 이집트, 중국, 인도, 이스라엘의 신전 등에서 발견됩니다. 이 꽃은 인간과 모든 생명체를 포함하는 우주 전체의 암호를 담고 있기 때문에 철학, 교육, 학문, 예술, 종교의 원천을 상징하는 것으로 여겨졌습니다. 결국, 인간의 가장 상징적인 모양은 기하학적 도형일 수밖에 없는 모양입니다.

호루스의 눈을 수학으로 풀다

『아메스 파피루스』에는 농토를 계산하는 현실적인 문제를 비롯해 분수 계산법 87개의 예제가 실려 있습니다. 이집트인은 주로 분자가 1인 단위분수만 다루었다는 것을 앞에서 이야기했습니다. 예를 들어 분자가 2이고, 분모가 5부터 101까지의 분수를 아래와 같이 여러 가지 모양의 단위분수의 합으로 표시했습니다.

$$\frac{2}{5}=\frac{1}{3}+\frac{1}{15},\ \frac{2}{7}=\frac{1}{4}+\frac{1}{28},\ \cdots\cdots$$

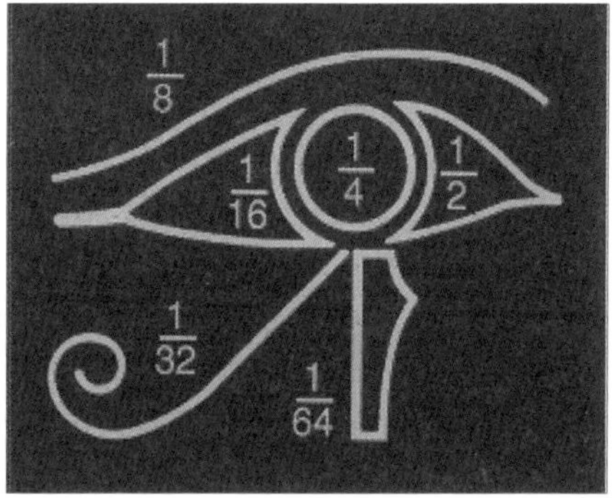

호루스의 눈(좌)과 수학으로 본 호루스의 눈(우)

$$\frac{2}{99}=\frac{1}{66}+\frac{1}{198},\ \frac{2}{101}=\frac{1}{101}+\frac{1}{202}+\frac{1}{303}+\frac{1}{606}$$

왜 이와 같은 표시법을 사용했는지 수학사가들도 정확하게 알 수가 없다고 합니다.

이집트의 수학 문제 가운데 신화와 수학이 어우러진 재미있는 문제가 있습니다. 6개의 단위분수가 쓰여 있는 눈의 분해도를 한번 볼까요? 매의 신 호루스(Horus)의 눈이 세트의 신에 의해 갈기갈기 찢어졌다는군요. 눈의 각 부분은 초항이 $\frac{1}{2}$이고, 공비가 $\frac{1}{2}$인 등비수열로 표시되어 있습니다. 6개의 수를 다 합했더니 $\frac{63}{64}$이 되어서 토토 신이 축문을 외우며 $\frac{1}{64}$을 더해 1을 만들자 호루스의 눈이 원래대로 되었다고 합니다. 파라오는 신과 인간의 중재자로서 태양신 레의 아들이었으며, 또 매의 신 호루스가 부활한 것으로 신격화된 절대 권력자였습니다. 당시 많은 사제들이 이 문제를 고심하면서 등비수열의 합을 구했을 것입니다. 호루스가 부활해 파라오가 된다는 믿음을 가졌던 이들에게 호루스의 눈이 찢어진 사건은 온갖 방법을 궁리하게 하는 난문제였겠지요.

원주율의 근삿값은 얼마로?

파피루스에는 이집트인이 원주율의 값을 꽤 정확하게 사용했다는 증거가 있습니다. 원의 면적을 구하는 문제인데, 원기둥 모양의 곡식 창고에 대한 부피를 계산하는 문제의 일부로 출제된 것입니다. 이 문제는 독특한 방법으로 원주율의 값을 구하고 있지요. 즉, 원지름의 $\frac{8}{9}$를 제곱해 구하는 것입니다. 수식으로 써보면 지름을 ℓ, 반지름을 r이라 할 때, 원의 넓이 $s=(\frac{8}{9}\ell)^2=\frac{64}{81}\times(2r)^2=\frac{256}{81}r^2=3.16r^2$이 됩니다. 따라서 $\pi=3.16$이 되어 상당히 근사한 값이라고 말할 수 있습니다. 『모스크바 파피루스』에 실려 있는 수학 문제를 한번 볼까요? 높이와 밑변, 윗변의 길이가 주어졌을 때 그 부피를 구하는 문제가 있습니다. 이러한 형태의 피라미드는 왕조 초기 왕묘나 귀족의 묘에서 발견되는데, 이 문제를 요즘 식으로 써보면 다음과 같습니다. 밑변의 한 변을 a, 윗변의 한 변을 b, 높이를 h라고 하면 $V=(a^2+ab+b^2)\times\frac{h}{3}$가 되어 당시의 수학 수준이 꽤 대단했다는 사실을 알 수 있습니다.

『구약성경』에는 꿈쟁이 요셉이 이집트의 총리가 되어 풍년을 맞은 7년간 곡식을 저장해 이후 7년간의 흉년을 슬기롭게 극복했다는 이야기가 나옵니다. 필자는 원기둥과 원뿔대, 사각뿔대의 부피에 대한 기록이 메소포타미아 수학에서 발견되지 않고 이집트 수학에서 발견된다는 사실이 요셉의 이야기와 꽤 관련 있다는 확신이 드는군요.

메소포타미아의 설형숫자

메소포타미아의 설형숫자는 설형문자와 함께 바빌로니아 시대부터 정착했습니다. 이 숫자의 특징은 1과 10을 나타내는 두 종류의 숫자밖에 없으며, 또 10진법과 60진법이 혼합되어 있다는 것입니다. 점토판에는 다음과 같은 기하학 도형 문제가 나옵니다. '나는 길이가 1인 정사각형 속에 4개의 삼각형을 그렸다. 각각의 면적은 얼마인가?' 물론 해답이 없습니다. 하지만 미루어 짐작하건대, 이들은 복잡한 계산을 일일이 하지 않고 수표를 만들어 간단하게 활용했을 것으로 보입니다.

이집트인은 한 달을 30일로 하고 1년을 열두 달로 나눈 뒤 5일은 축제일로 정해, 1년을 365일로 계산하는 정확한 태양력을 사용했습니다. 그러나 메소포타미아인은 정확하지 않은 태음력을 사용했기 때문에, 정확하게 1년의 길이를 알아내고자 열심히 천문 관측과 계산을 한 결과 제곱표와 제곱근표까지 만들었다고 합니다. 심지어 세 변의 길이가 정수가 아니라 유리수인 직각삼각형의 표도 만들었습니다. 우리는 피타고라스의 정리를 이용하는 문제를 풀 때 보통 정수를 사용하고 간혹 유리수를 사용하는데, 이들은 유리수로 된 표까지 만들 정도였으니 뛰어난 계산술을 엿볼 수 있지요. 메소포타미아인은 인수분해와 식의 전개 등도 이용할 줄 알았다고 해요.

$$a^2-b^2=(a+b)(a-b),\ (a+b)^2=a^2+2ab+b^2,\ (a-b)^2=a^2-2ab+b^2$$

뿐만 아니라 $x^2+ax=b$, $x^2+y^2=b$ 꼴의 2원 2차 연립방정식도 알고 있었지요. 이집트인은 π값을 $\frac{256}{81}$ ≒3.16으로 사용했는데, 메소포타미아인은 π값을 $3\frac{1}{8}=\frac{25}{8}$ ≒3.125로 사용했다고 합니다.

이집트 수학은 왜 몰락했을까?

고도로 발달한 이집트 수학이 왜 그 뒤로는 더 발달하지 못했을까요? 나라가 망했기 때문에? 아닙니다. 이집트에서는 기하학이나 산술, 달력 등을 모두 사제들만 볼 수 있는 파피루스 경전에 기록했기 때문입니다. 당시 경전은 요즘의 『불경』이나 『성경』과 다르게 아무나 볼 수 없었지요. 경전을 너무 신성시했기 때문에 사제가 아닌 일반인은 함부로 볼 수도 없고 연구도 할 수 없었어요. 심지어 몰래 경전을 훔쳐보는 사람에게는 엄벌이 내려져 자유로운 연구가 불가능했답니다. 이런 이유로 이집트의 수학은 곧 한계에 부딪히고 맙니다. 모든 학문 연구는 자유롭고 평화로운 분위기에서 사람들이 마음대로 연구하고 발표하고 토론할 때 비로소 발전하거든요. 만일 이집트의 수학이 경전 속에 꼭꼭 숨어 있지 않았다면 엄청나게 발전했을 거라 생각하니 안타깝기 그지없습니다.

• 제2부 •
비례와 균형을
중시한 그리스

그리스의 수학 훑어보기

그리스 수학은 한마디로 기하학이고, 좀 더 자세히 말하면 유클리드기하학입니다. 기하학이 맨 처음 고대 이집트에서 발달했으니 그리스의 기하학은 지중해 건너편 이집트에서 건너온 것을 토대로 했겠지요. 요즘은 수학의 분야를 기하학, 대수학, 통계학 등으로 분류하지만, 고대 그리스에서는 수학이 곧 기하학이었어요. 물론 도형을 연구하는 기하학 외에, 인간 생활에는 반드시 계산이 필요하니까 산술도 있었고 숫자도 있었습니다. 숫자의 표기법은 **헤로디아노스식**과 **알파벳식** 두 가지가 있었는데, 헤로디아노스식은 수사의 머리글자를 사용하는 방식이고, 나중에 나온 알파벳식은 알파벳 위에 바(bar)를 붙여서 $\bar{\alpha}=1$, $\bar{\beta}=2$, $\bar{\gamma}=3$, …… 등으로 표기하는 방식입니다. 당시는 수학자가 동시에 철학자이기도 했습니다. 수학이 철학적이라는 의미이기도 하지만, 한편으로는 아직 학문이 세분화되지 않았다는 뜻이기도 하지요.

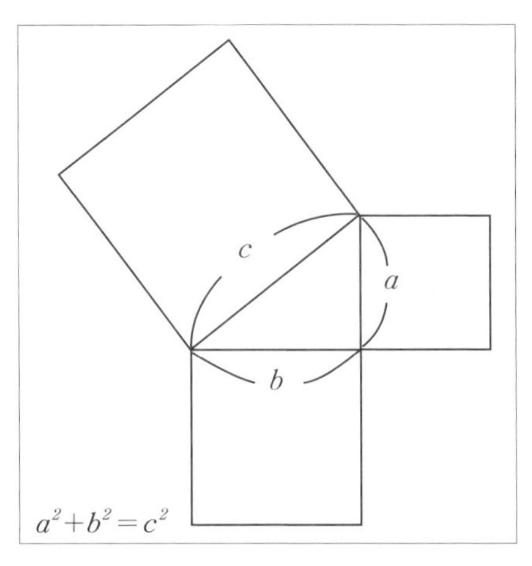

피타고라스의 정리

그리스의 대표적인 수학자를 꼽는다면 단연 피타고라스와 유클리드, 아르키메데스(Archimedes, B.C. 287?~B.C. 212)입니다. 피타고라스는 '피타고라스의 정리'로 유명한 수학자이지요. 기원전 500년경 그는 피타고라스학파를 만들어 청년들에게 기하, 음악, 산술, 천문을 가르쳤습니다. 고대 그리스인은 이 네 과목을 특히 중요한 과목으로 여깁니다. 피타고라스는 공동체를 만들어 앞의 네 과목 외에 영적인 가르침으로 젊은이들을 수련시켰어요. 그는 수에 관해 신비주의적인 사상을 가지고 있었습니다. 그래서 **"만물은 수(數)"**라고 설파했던 것입니다. 피타고라스학파는 아무나 가입할 수 없었답니다. 피타고라스에게서 산술과 기하 등 수학을 배우려면 자신의 전 재산을 모두 공동체에 헌납하고 충성을 맹세해야만 했다는군요. 공동체에서 연구한 기하 문제의 증명은 모두 피타고라스의 이름으로만 발표되었지요. 그러니 이 비밀스러운 공동체를 학교라고 부르기에는 무리가 있었습니다. 이들은 기하학의 문제를 엄밀하게 논증적으로 증명했습니다. 이러한 수학적 방법론은 서양의 학문과 사상에 큰 영향력을 미쳤답니다.

그리스의 수학을 이야기하면서 피타고라스학파에서 증명된 것들과 여러 수학자의 기하학 저서를 모두 모아서 새롭게 편집한 수학자 유클리드를 주목하지 않을 수 없습니다. 유클리드는 **『원론(*Elements*)』**을 저술했는데 연역적인 체계를 아름답게 완성시킨 인물입니다. 무려 2,000년 동안이나 지구상의 인류가 그의 책으로 기하학을 공부하게 됩니다. 플라톤(Platon, B.C. 429?~B.C. 347)은 흔히 소크라테스(Socrates, B.C. 469~B.C. 399)의 제자로 알고 있지만, 피타고라스의 영향도 많이 받았습니다. 그리고 유클리드는 플라톤의 영향을 받았습니다. 유명한 유클리드기하학은 플라톤의 이데아 철학에 영향을 받아 완성되었습니다. 당시 그리스의 지식인들은 방정식이나 계산 문제에는 관심이 없었고 오직 논증적인 증명 문제에만 가치를 두었습니다. 열세 권으로 만들어진 『원론』의 맨 처음에는 점, 직선, 면 등에 관한 정의가 나옵니다. 유클리드는 **'점은 부분을 가지지 않는 것이다' '선은 폭이 없는 길이이다' '선의 양끝은 점이다'**라는 식으로 정의를 했어요.

정의(definitions)란 한마디로 수학자의 일방적인 약속입니다. 눈에 보이지 않는 점과 선 등을 정의하고서 방대한 분량의 내용을 증명해나간 그의 논리적인 솜씨는 가히 경탄할 만하지요. 눈에 보이지 않는 점과 선으로 기하학의 논리를 이루었고, 도형을 눈금 없는 자와 컴퍼스만으로 작도해야 한다고 철두철미하게 신봉했습니다. 눈에 보이는 현상은 이데아(idea)의 그림자에 불과하고 저 멀리 피안의 세계에 원형이 있다는 것이 플라톤 철학의 핵심입니다. 자에 눈금이 있으면 실제적인 측정이 가능하니까 눈금 없는 자를 고집한 것입니다.

그러나 2,000년 동안이나 진리로 군림했던 유클리드기하학도 세상이 변하면서 모순이 보이기 시작합니다. 르네상스 시대가 도래한 것이지요. 르네상스 시대의 화가들에 의해 발아한 새로운 기하학을 **사영기하학**이라고 부릅니다. 사영기하학은 '평행한 직선은 멀리 무한원점에서 만난다'는 것을 참인 명제로 인정하는 기하학입니다. 평행한 직선을 멀리서 눈으로 바라보았기 때문이지요.

한편, 유클리드기하학에서는 두 직선이 평행하다는 것은 한 직선을 손으로 집어서 다른 직선 위에 포개어 놓을 수 있다는 말입니다. 이렇게 같은 직선이라도 시각적으로 인식하느냐, 촉각적으로 인식하느냐에 따라 기하학의 체계가 달라집니다. 따라서 **유클리드기하=만지는 기하**이고 **사영기하=보는 기하**라고 말할 수 있답니다. 사영기하는 르네상스의 수학과 미술을 다루는 부분에서 자세히 설명하기로 합시다.

헬레니즘 시대 아르키메데스는 이집트의 알렉산드리아 대학에서 공부한 인물 가운데 가장 위대한 수학자였습니다. 기원전 3세기경, 아르키메데스는 원둘레와 지름의 비율을 조사해본 뒤에 '원둘레는 지름의 $\frac{22}{7}$보다는 작으나 $\frac{223}{71}$보다는 크다'라는 사실을 발견했습니다. 분수로 계산해보면, 3.14286보다는 작지만 3.14084보다는 큰 값이지요.

아르키메데스의 풀이법		**오늘날의 풀이법**
원둘레 = 지름 × 원주율		원둘레 = $2\pi r$
원의 넓이 = 원둘레 × 반지름 ÷ 2	→	원의 넓이 = πr^2
구의 겉넓이 = 원의 넓이 × 4		구의 겉넓이 = $4\pi r^2$

아르키메데스는 이 원주율의 값에 지름을 곱하면 원둘레가 나오는 것을 알았고, 이 원둘레의 길이에 원의 반지름을 곱한 뒤에 2로 나누어서 원의 넓이를 구했지요. 지금 우리는 곧바로 반지름의 제곱에 원주율을 곱하지만, 그 옛날 처음으로 원의 넓이를 구했다는 사실 자체가 대단한 일입니다. 여기서 머물지 않고 아르키메데스는 구의 겉넓이를 구했습니다. 구의 겉넓이는 구의 반지름과 같은 반지름을 갖는 원의 넓이의 4배라는 사실도 발견했지요. 이 밖에도 부력의 원리, 지렛대의 원리, 아르키메데스의 스크루로 알려진 펌프의 발명 등 역학과 물리학 분야에서 탁월한 업적을 남겼습니다. 이는 모두 수학적인 아이디어에서 나온 것이랍니다.

서양 문화의 뿌리는 그리스입니다. 그리스 문화는 이전의 오리엔트 문화와는 성격이 다른 독창적인 문화를 창조하고 발전시켜 오늘날 서양 문화의 원류를 이루었다고 말하지요. 하지만 실제로는 고대 이집트와 메소포타미아의 오리엔트 문화를 토대로 일군 것입니다. 오리엔트 수학을 살펴볼 때 이미 말했듯이 수학도 마찬가지입니다.

미노아문명과 미케네문명이 합쳐진 에게문명

기원전 3000년경 크레타섬을 중심으로 터키와 그리스 남단을 향해 뻗어 있는 지중해의 에게해 연안에 고도로 발달한 **에게문명**이 자리 잡았습니다. 이 문명은 이집트나 메소포타미아와는 전혀 다른 해양 민족으로 이미 청동기 문명을 가지고 있었습니다. 크레타문명이라고도 부르는 미노아문명과 미케네문명을 합쳐 에게문명이라고 부르지요.

크레타문명은 미노스 왕 때 전성기를 누렸으므로 미노아문명이라고 부르기도 하는데, 후세의 그리스인에게 미노타우로스에 관한 전설을 남기기도 했지요. 미노타우로스 전설은 이렇습니다.

옛날 옛적 크레타의 크노소스에 미노스라는 왕이 살았습니다. 미노스는 왕이 되기 전에 바다의 신 포세이돈에게 다음과 같은 약속을 한 적이 있었지요. "제가 신들의 가호를 받고 있다는 증거로, 황소 한 마리를 바다로부터 보내주신다면 그것을 잡아 반드시 신께 제물로 바치겠나이다." 바다에서 황소가 나오자 사람들은 신통력 있는 미노스를 왕으로 추대합니다. 하지만 미노스는 그 황소가 아까워 외양간에 있는 다른 황소를 제물로 바쳤답니다. 포세이돈은 약속을 어긴 미노스에게 벼락같이 화를 내며 미노스의 아내 파시파이를 미치게 만든 다음 자기가 보낸 황소와 동침하게 했어요. 둘 사이에 태어난 아이는 반은 소, 반은 인간인 엽기적인 모습이었습니다. 이 괴물을 **미노타우로스**라고 부릅니다.

미노스 왕은 포세이돈의 진노가 무서워 감히 이 괴물을 죽일 생각은 하지 못하고, 대신 미궁을 만들어 그 속에 가두었습니다. 이 미궁은 아주 복잡하게 지어져 한번 들어가면 출구를 찾을 수 없었다고 해요. 미노타우로스는 미궁에서 출구를 찾지 못하는 인간을 잡아먹고 살았는데, 아테네의 용감한 왕자 **테세우스**는 실뭉치를 가져가서 미노타우로스를 죽이고 풀어놓은 실을 따라 무사히 미궁을 빠져나왔습니다.

크레타섬의 크노소스궁전은 욕조와 수세식 화장실이 있고 방이 1만 4,000개나 되는 호화로운 시설이었어요. 벽화도 아름답게 그렸다고 하니 문명이 고도로 발달한 사회였다는 사실을 짐작할 수 있지요. 플라톤의 저서 『아틀란티스의 전설』에 따르면, 대서양에 있다고 믿었던 테라섬(지금의 산토리니섬)에는 방마다 프레스코 벽화가 있었는데, 피카소의 추상화보다 3,000년이나 앞선 그림으로 평가될 정도라고 합니다. 벽화에 표현된 여인들의 헤어스타일과 우아한 자태는 문명사회를 입증하는 증거입니다. 기원전 2000년, 화산 폭발로 미노아문명은 화산재에 묻혀버리고 미케네 문명이 일어납니다.

기원전 2000년경부터는 아카이아인이 그리스로 들어와 생활하다가 기원전 1400년경에는 마침내 크레타를 정복한 뒤에 크레타문명을 흡수하면서 에게문명을 이어갑니다. 그중 가장 강력한 왕국이 미케네 왕국이었으므로 아카이아인이 남긴 문명을 미케네문명이라고 부른답니다.

왜 그리스에서 수학이 발달했을까?

기원전 8세기경 미케네문명이 사라진 발칸반도에 새로운 도시국가들이 일어나면서 새로운 그리스 문화가 싹트기 시작합니다. 도시국가 폴리스는 전사 공동체인 동시에 자유로운 시민이 혈연을 맺고 있는 공동체였지요. 고대 오리엔트와 다르게 그리스의 도시국가들은 민주제를 실시하면서 과학 정신을 탄생시켰습니다. 아크로폴리스라는 언덕에 수호신을 모시고 제사를 드리기 위해 함께 모였고, **아고라**라는 광장을 만들어서 모일 때마다 물건을 사고팔기도 했습니다. 공공 집회 장소인 만큼 사람들이 모이면 자연히 정치에 관한 토론을 즐기고 축제도 열었습니다.

우리나라도 과거에는 마을 입구마다 성황당이나 장승을 세워 마을을 지키려고 했어요. 여름철에 양반은 정자에서, 평민은 마을의 가장 큰 느티나무 아래서 대화의 장을 열었지요. 그런데 왜 우리나라는 토론 문화가 발달하지 못하고, 유독 그리스에서만 토론 문화가 정착해 변론술, 웅변술 등이 발달할 수 있었을까요?

우리나라는 온대 몬순기후이므로 겨울에는 시베리아 북서풍의 영향으로 중부 지방은 영하 17~18도까지, 북부 지방은 영하 20도까지 떨어지고 바람은 살을 에는 듯하며 폭설까지 퍼붓습니다. 여름에는 찌는 듯한 삼복더위에 끈끈하고 습기 찬 날씨가 아주 짜증스럽지요. 게다가 연중행사처럼 찾아오는 장마도 견뎌야 합니다.

이에 비하면 지중해성 기후인 그리스는 겨울에는 따뜻하고 여름에는 건조해 그늘에 들어가면 서늘합니다. 사람들이 자연스럽게 야외 활동을 즐기게 되었고, 서늘한 여름밤에는 축제와 집회, 연극 등을 하기에 좋았지요. 대화할 수 있는 기회가 많아지면서 사람들의 성격은 개방적이고 사교적으로 변화되었고 시민의 공동체 의식은 성숙해졌습니다. 이들의 공동체 의식은 다른 민족보다 앞서 민주적인 사고방식을 갖게 했고, 토론 문화는 변론술에 영향을 미쳤으며, 논리적 사고력은 증명의 학문인 기하학 발달에 원동력이 되었답니다.

수학에 영향을 미친 알파벳

그리스는 국토의 20퍼센트가 채 안 되는 경작지에서 수확하는 농작물로는 증가하는 인구를 감당할 수 없었습니다. 그래서 눈을 돌려 해외로 진출했습니다. 해상 무역을 하면서 상공업에 눈을 떴고, 상공업의 발달로 특유의 도시국가 폴리스를 형성합니다. 해외에 식민지를 건설하면서 모험심도 생겼고, 국가 경영에 대한 의지도 강해졌으며, 지식욕도 증가해 더욱 진취적으로 변했지요. 따라서 그리스인이 자연을 바라보는 세계관은 고대 오리엔트와는 엄청나게 달랐습니다. 무역 활동을 하면서 생긴 진취적인 생각으로 소아시아에서 시작된 화폐제도를 받아들입니다. 이제 풍요롭고 편리한 생활이 무엇인지 알게 되었지요.

한편, 앞에서 이야기한 대로 현명한 그리스인은 페니키아의 알파벳도 받아들였습니다. 페니키아의 알파벳을 지금의 알파벳으로 발전시켜, 보통 사람들도 글을 읽고 쓸 수 있는 세상이 되었어요. 자연히 옛날에 전문 직업인이었던 서기관은 없어지고 맙니다. 알파벳의 발달로 문맹률이 줄어들었고 그만큼 글을 아는 지식층이 많아지면서 개인주의적인 성향을 갖게 됩니다. 지식의 확대는 개인에게 자기 주도적인 생각과 민주 의식을 갖게 한답니다. 동시에 토론을 좋아하는 그리스에서는 논리적 사고방식과 변론술이 발달합니다. 이것이 나중에 그리스 수학과 철학의 밑바탕이 되지요.

역사학자들은 다음과 같이 분석하기도 합니다. 해외로 눈을 돌리면서 무역과 상공업, 화폐제도가 발달하자, 돈을 많이 벌게 된 그리스인은 노예가 집 안의 허드렛일을 하는 동안 여가 시간을 이용해 지적인 탐구를 할 수 있었습니다. 또 외국으로 유학을 가면서 각국의 천지창조에 관한 신화, 우주와 자연에 대한 세계관, 경제활동과 생활 습관 등 사고방식의 차이을 접하게 됩니다. 유난히 개인의 자율성과 호기심을 중요시하면서 다른 문화를 체계적으로 관찰한 민족이기도 하지요.

중요한 점은 오직 그리스 민족만이 이러한 관찰을 통해 어떤 원리를 발견하려고 애썼다는 사실입니다. 이와 같은 노력이 이들에게는 큰 즐거움이었다고 하는군요. 영어의 school에 해당하는 그리스어 **schole**는 **여가**(leisure)를 뜻한다고 해요. 지식을 추구하는 활동이 이들에게는 여가였던 것이지요.

그리스인은 이집트인처럼 태양이나 동물, 자연을 신(神)으로 숭배하지 않았습니다. 자연 속에 신이 있다는 것을 부정하고 자연을 객관적인 대상으로 다루기 시작합니다. 자연을 질서 있는 코스모스의 세계로 생각하고 그 근원을 찾으려 노력했습니다. 더욱이 북쪽에서 내려온 인도-아리안 계통의 언어를 받아들였고, 페니키아인에게서 알파벳을 배워 페니키아인의 자음에 그리스인의 모음을 조합해 획기적인 알파벳을 창안했지요. 이 혁명적인 의사소통 방식은 전세계로 확산되었습니다. 수천 개의 뜻과 모양을 표시하던 기호들 대신에 단 26개의 알파벳만 편리하게 사용했습니다. 알파벳을 반복적으로 사용하면서 추상적인 사고방식이 발달했고, 이를 바탕으로 그리스인은 학문을 발전시켜나갔습니다.

아테네의 민주주의와 스파르타의 군국주의

흔히 엄격하고 매서운 훈련을 '스파르타식' 훈련이라고 이야기하지요. 스파르타와 아테네는 모두 그리스의 폴리스였지만 매우 대조적인 나라였습니다. 스파르타인은 호전적이고 포악한 도리아인이었고, 아테네인은 쾌활하고 사교적이며 아름다움을 추구하는 이오니아인이었습니다. 나중에 '도리아'와 '이오니아'는 건축양식의 용어가 되기도 하지요. 스파르타는 시민의 행동이나 교육, 심지어 결혼 문제까지 간섭하고 국가에 절대 복종을 요구하는 나라였습니다. 스파르타에서는 아기가 허약하거나 불구자이면 아포테타(apotheta)라는 깊은 동굴 속이나 깊은 산속에 갖다 버리고 건강한 아기만 키웠다고 합니다. 인간의 존엄성을 아예 무시해버린 비인간적인 나라였지요.

건강한 아이는 일곱 살이 되면 부모와 떨어져 공동 교육소에서 엄격한 훈련을 받았습니다. 글도 배우고 음악도 배우지만, 주로 체육과 무예 등 육체적인 훈련과 나라를 사랑하는 마음을 갖게 하는 정신교육을 받았지요. 18~20세까지는 본격적인 군사교육을 받고, 20세가 되면 정식으로 군대에 입대해 10년간 군인으로 생활합니다. 군대 생활이 끝나는 30세가 되어서야 성인으로서 시민권이 주어지고 결혼이 허락되었다는군요. 20대에는 사랑하는 연인이 생겨도 국가의 감시와 통제로 결혼할 수 없었습니다. 소년들이 추운 겨울에도 웃옷을 안 입고 맹수와 싸워서 이겨야만 용감한 국가의 아들로 인정받는 모습을 영화 〈300〉에서 확인해볼 수 있어요. 여자 아이도 건강해야 장차 커서 건강한 아기를 낳을 수 있다고 생각해 육체 운동과 정신교육을 강하게 시켰다고 합니다.

이와는 대조적으로 아테네는 일찍부터 민주주의를 발전시킨 나라였습니다. 아테네의 교육은 진선미(眞善美)를 추구하며 지혜롭고 조화로운 민주 시민을 양성하는 것이 목표였습니다. 아이가 일곱 살이 되면 가정교사를 따라 사

설 학원에 가서 음악, 체육, 산술 등을 배웁니다. 이러한 가정교사를 교복(教僕, paidagogos)이라고 불렀지요. 원래는 스파르타의 주인집 자녀를 가르치던 아테네 지식인 출신 노예를 일컫는 말이었어요. 당시에는 학자를 전쟁 포로로 잡아가면 왕자나 귀족 자제를 가르치게 했습니다.『성경』에 나오는 '몽학 선생'이 바로 이 교복을 가리키는 것 같습니다.

강하게 훈련시키는 스파르타와 민주적인 아테네, 어느 나라가 더 강해졌을까요? 역설적이게도 민주적인 아테네가 융성합니다. 강하면 부러진다는 속담처럼 스파르타는 오래가지 못하고 아테네가 발칸반도의 강자로 부상하지요.

아테네는 기원전 7세기경부터 왕이 모든 권력을 쥐고 다스리는 왕정을 폐지하고, 지금의 국회와 같은 역할을 하는 민회를 중심으로 정치를 시작합니다. 식민지를 만들어 무역하면서 상공업을 발달시켰으며, 화폐를 만들어 사용하면서 귀족이 아닌 평민 중에서 부자들이 등장했습니다. 하지만 그 가운데서도 여러 명의 독재자들이 나타났다가 사라지면서 기원전 6세기 말이 되었을 때는 성숙한 민중의 힘으로 민주정치를 확립하지요.

아테네의 민주정치는 지금의 민주정치와는 의미가 다릅니다. 외국인과 노예를 제외하고 아테네 시민에게만 해당되는 민주정치였다고 해요. 비록 노예제도가 있었지만 민주정치의 정신은 아테네에서 처음 시작된 것이 맞습니다. 민주정치의 근본 가치는 개인의 생각과 의견을 존중하는 자율성과, 각기 다른 생각을 놓고 최선의 것을 선택하는 합리적인 사고입니다. **자율성**과 **합리적 사고**는 수학 문제를 푸는 데 반드시 필요한 수학적 사고이기도 합니다.

수학을 잘하는 나라는 운동도 잘한다?

그리스인은 수많은 폴리스로 나뉘어 살았지만 같은 언어를 사용하고 같은 종교를 믿었기 때문에 스스로 같은 민족이라고 생각했습니다. 특히 올림피아의 제우스 신전에서 4년마다 열리는 제전은 모든 그리스인이 참여하는 가장 큰 행사였지요. 이 제전을 통해 자주독립의 기상을 갖게 되었고 민족적으로 단합할 수 있었습니다.

5일간 계속되는 제전에서 치러진 경기 종목은 **달리기, 투창, 경주, 씨름, 원반던지기** 등 다섯 가지였습니다. 달리기에는 요즘처럼 장거리 달리기, 단거리 달리기가 있었고, 경주에는 경마, 이륜 전차 경주, 사륜 전차 경주가 있었으며, 씨름은 내던지는 씨름, 잡아 누르는 씨름, 권투로 분류되었습니다. 지금은 권투만 올림픽 경기 종목으로 되어 있지만, 당시에는 권투가 씨름 속에 포함되었지요. 현대 올림픽 경기에서는 우승자를 단상에 올라가게 한 뒤에 메달과 꽃다발을 주고 국가(國歌)를 울려 퍼지게 합니다. 눈물을 글썽거리는 우승자를 TV로 보면서 조국의 시청자도 함께 감동의 눈물을 흘립니다.

지금으로부터 2,700~2,800년 전에는 올림피아 제전의 우승자에게 어떻게 상을 수여했는지 알아볼까요? 당시에는 우승자에게 월계수로 만든 관을 수여했는데 절차가 아주 까다로웠습니다. 부모가 다 살아 있는 아이가 금으로 만든 칼을 가지고 자른 월계수의 가지만으로 월계관을 만들어 제우스 신전에 보관했다가 우승한 사람을 신전으로 데려가서 머리에 얹어주었다고 합니다. 올림피아 제전에서는 운동경기만 한 것이 아니라 지금처럼 다양한 문화 행사를 했다고 해요. 문학적인 민족답게 시도 낭송하고 연설도 들을 수 있어 체육 행사인 동시에 문화 축전이었던 것이지요.

올림피아 제전은 그리스가 멸망한 뒤에도 무려 1,170년간 계속되었다가, 서기 394년 로마의 황제 테오도시우스 2세가 이교적인 종교 행사라고 금지시키면서 폐지되었어요. 전통적으로 내려오던 모든 이교 신전을 391년에 폐쇄한 황제는 테오도시우스 1세였습니다. 헷갈리지 마시도록! 지금의 올림픽은 근대에 쿠베르탱(Coubertin, 1863~1937)에 의해 부활한 것이랍니다.

'체력은 국력'이라는 말처럼 그리스는 올림픽 경기를 처음으로 주도했던 민족답게 강인한 체력과 우수한 학문을 보여주었습니다. "수학은 국력"이라고 부르짖은 나폴레옹 황제의 말을 빌리면, 결국 수학적 힘은 체력과 더불어 국력을 가늠하는 척도가 될 수 있습니다. 우리나라는 국민소득이 높아지면서 1988년 올림픽에서 4위를 차지했고 2002년 월드컵 경기에서 4강에 올라 국력을 과시했지요. 2006년 국제수학올림피아드에서는 중국과 러시아의 뒤를 이어 세계 3위를 했고, 2012년에는 마침내 종합 성적 1등, 2016년에는 종합 2등을 하고 3명의 학생이 만점으로 금메달을 획득했습니다. 경사스러운 일이지요. 국제과학올림피아드 역시 2006년 2위의 성적을 기록한 뒤 2015년 종합 1위, 화학, 천문, 지구과학, 정보 등 네 분야에서 모두 1위라는 쾌거를 기록했답니다. 물론 향후 10년 안에 노벨상 수상자가 선정될 거라는 예언(?)도 속히 입증되기를 바라는 마음 간절하지요.

마라톤 전투에서 유래한 마라톤 경주

그리스인은 무역과 상공업의 발달로 경제력과 노예 노동력이 풍부해지자 일상에서 한발 물러나 자유롭게 지적 탐구를 하면서 천문학, 기하학, 형식논리학 등에서 탁월한 업적을 이루었습니다. 그러는 사이 모험심 강하고 진취적이며 호전적인 페르시아인은 고대 오리엔트문명을 차지하면서 페르시아제국을 건설했습니다.

기원전 6세기경 페르시아의 다리우스 1세는 2만 명의 군대를 이끌고 아테네를 침략합니다. 아테네 시민이 총동원되었지만 겨우 1만 명의 군사가 마라톤이라는 지역으로 나가서 싸우게 되었습니다. 아테네의 장군은 마라톤에서 아테네로 통하는 골짜기에 진을 치고 며칠 동안 대치하면서 가끔씩 소수의 군인을 내보내 적군을 약 올렸습니다. 계속 신경을 거슬리게 하니까 페르시아군은 아테네의 병력을 대단치 않다고 얕잡아보고는 그대로 골짜기로 진격해 들어왔지요. 골짜기의 양쪽에서 매복하고 기다리던 아테네군은 페르시아군을 좌우에서 포위 공격해 대승을 거둡니다. 페르시아군은 6,400명이 죽었는데 아테네군은 불과 190명만 전사했다고 하니 엄청난 압승이었지요.

아테네 시민들은 광장에 모여서 전투 결과를 기다리며 하루하루를 보내고 있었습니다. 그러던 어느 날 전령 하나가 나타났습니다. 전령은 승전 소식을 알리기 위해 26마일(약 42킬로미터)을 단숨에 뛰어왔습니다. 쉬지 않고 달려와서는 "우리 군대가 이겼다"라는 한마디 말을 전하고 그 자리에서 숨이 끊어졌다고 합니다. 이 병사를 기념하기 위해 탄생한 경기가 바로 올림픽의 꽃 마라톤 경주입니다.

그리스인의 종교

고대 그리스인에게 종교는 수학과 밀접한 관련이 있습니다. 그리스인은 이집트나 메소포타미아, 유대 민족과는 다른 방식으로 신(神)을 인식했습니다. 유대인은 신을 전지전능한 존재로 믿었던 반면, 그리스인은 신을 인간보다는 뛰어난 능력을 가졌지만 인간처럼 사랑하고 미워하고 고민하기고 하고, 또 잔혹한 면

을 지닌 존재로 인식했지요. 그래서 신들을 기쁘게 하기 위해 제사를 지내거나 올림피아 제전과 같은 경기를 열었던 것입니다. 그리스인은 제우스를 중심으로 각각 다른 직분과 권능을 가진 여러 신을 믿었습니다.

나라에 질병이 돌거나, 전쟁이 발발하거나, 개인적으로 결혼과 같은 중요한 문제가 있으면 신의 뜻이 어떠한지 물었다고 해요. 어떻게 물어보고 들었느냐고요? 신탁을 통해서지요. 우리나라에서도 옛날에는 병이 나면 무당을 찾아가 물어보고, 무당이 귀신을 내쫓기 위해 굿을 하라고 일러주면 굿판을 열었습니다. 그리스인은 우리나라의 무당 같은 영매가 알려주는 신탁의 내용을 믿고 전쟁에 출전하기도 하고 질병을 퇴치하기도 했습니다.

그리스의 3대 난제로 알려진 유명한 수학 문제 이야기에도 신탁의 문제가 나오는 걸 보면 이들의 종교 이야기를 짚고 넘어가지 않을 수 없겠네요.

제단의 크기를 두 배로 늘리는 문제

델로스의 아폴론 신전과 관련된 유명한 일화를 소개하겠습니다. 어느 날 델로스에 전염병이 퍼지기 시작했습니다. 시민들은 아폴론 신전에서 전염병을 물러가게 해달라고 제사를 드렸습니다. 그러자 아폴론은 **"정육면체인 이 제단의 부피를 두 배로 늘리면 너희의 소원대로 해주리라"**라는 신탁을 내렸지요. 신탁대로 석공을 동원해 정육면체 제단의 각 변을 모두 두 배로 늘렸는데도 전염병은 멈추지 않았습니다.

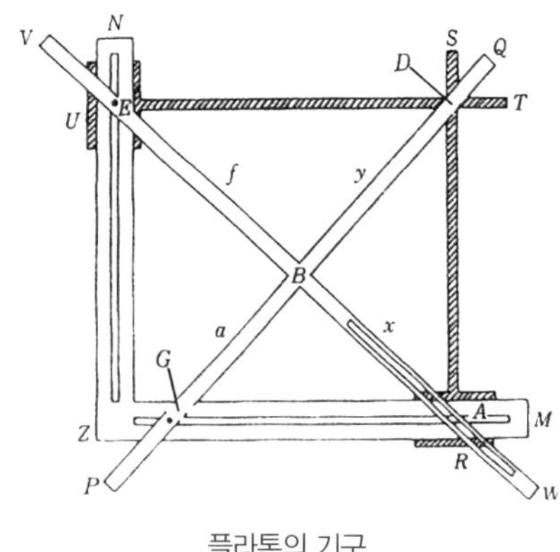

플라톤의 기구

시민들은 두려움에 떨었고 영매는 다시 신의 뜻을 물었지요. 아폴론은 새 제단의 부피가 2배가 아니라 8배로 늘어났으니 다시 2배로 만들어보라고 했습니다. 이는 한 변의 길이를 x로 할 때 $x^3=2$, 즉 $x=\sqrt[3]{2}$를 작도하는 문제입니다. 플라톤도 그가 세운 학교 아카데미아에서 이 문제를 풀어보려고 무진 애를 썼으나 자와 컴퍼스만 사용해서는 해결이 불가능하다는 것을 깨달았고 기구를 만들어 나름대로 답을 찾으려고 노력했지요. 이 문제는 2,000년이 지나서 결국 작도할 수 없는 문제라는 사실이 증명되었답니다.

수학자는 곧 철학자

그리스는 학문의 어머니인 철학을 세계 최초로 만든 민족입니다. 그리스 철학은 이오니아 지방의 밀레토스에서 시작되었다고 하지요. 그래서 밀레토스학파 또는 이오니아학파라고 부르는데, 탈레스(Thales, B.C. 634?~B.C. 546?), 아낙시만드로스(Anaximandros, B.C. 610?~B.C. 546?), 아낙시메네스(Anaximenes, B.C. 585?~B.C. 525) 등이 이 학파의 대표적인 철학자입니다. 탈레스는 철학자인 동시에 최초의 수학자로 일컬어지는 인물이지요. 요즘은 학문이 세분화되어 수학은 자연과학이고 철학은 인문학이지만, 학문이 발달하기 시작했던 초기에는 철학과 수학이 같은 뿌리에서 출발했어요.

철학자 외에 그리스에는 소피스트라는 직업 교사가 있었습니다. 아테네의 청년들은 16~18세까지는 교복의 지도하에 자유롭게 공부하다가 학문 탐구에 뜻을 두기도 했고, 사회적으로 출세하기 위해 돈을 받고 가르치는 지자(知者), 이른바 소피스트(sophist)를 찾아가서 배우기도 했습니다. 소피스트는 그리스가 페르시아 전쟁에 승리해 자신감이 넘치고 번영하던 시기에 출현했지요. 이들은 진리의 절대성을 부인하고자 교묘한 논리를 이용해 변론술을 써가면서 젊은이들을 가르쳤습니다. 이들에게 경종을 울린 철학자가 바로 소크라테스지요. 하지만 소피스트가 부정적인 면만 보인 것은 아니었습니다. 이들은 기하학과 수사학을 꽤 중요시했습니다.

프로타고라스의 수학적 논리: 기원전 5세기경 소피스트 가운데 프로타고라스(Protagoras, B.C. 485?~B.C. 414?)는 악명이 높았습니다. 그는 접선에 대해 다음과 같이 교묘한 논리로 질문했어요. "원과 한 점에서 접하는 접선이란 것이 대체 있을 수 있겠나? 원과 직선이 떨어져 있으면 한 점도 공유할 수 없을 것이고,

만약 붙어 있다면 어떻게 한 점 하고만 붙겠는가?" 이 말에 데모크리토스(B.C. 460?~B.C. 370?)는 다음과 같이 반박합니다. "인간은 불완전한 도구를 사용하기 때문에 실제로 수학에서 원에 접하는 직선은 그을 수 없습니다. 따라서 원과 한 점에서 접하는 접선은 눈으로 볼 수 없는 것입니다. 정신의 눈으로만 볼 수 있고 논증의 힘으로만 알 수 있는 것입니다."

제논의 역설: 제논(B.C. 490?~B.C. 430?)의 **역설(paradox)**과 관련된 유명한 이야기를 소개하지요. '아킬레우스는 거북이를 따라잡을 수 없다'와 '날아오는 화살은 눈을 맞출 수 없다'를 생각해봅시다. 당시 아킬레우스는 올림픽 경기의 달리기 우승자였습니다. 왜 제논은 가장 잘 뛰는 아킬레우스가 느림보의 대명사인 거북이를 따라잡을 수 없다고 주장했을까요? 아킬레우스가 뒤에서 거북이를 따라가면 그동안 거북이가 좀 더 앞으로 갈 것이고, 아킬레우스가 또 거북이가 있던 위치까지 가면 그사이에 거북이가 계속 전진해 아킬레우스는 영원히 거북이를 따라잡을 수 없다는 논리이지요. 그럴듯한 말이지만 사실은 그렇지 않지요. 왜 그럴까요? 제논은 시간을 무시했기 때문입니다. 운동에서 중요한 변수인 시간을 무시하고 거리만 분할해 생각한 결과입니다. 이 역설에서 제논은 공간을 무한히 분할 가능한 것으로 생각했기 때문에, 무한 개념은 제논부터 시작했다고 할 수 있답니다.

그리스 최고의 사상가 소크라테스: 페르시아 전쟁이 그리스의 승리로 끝난 뒤, 50여 년간 아테네는 정치, 철학, 연극, 수학, 논리학, 미술 등 다방면에서 창조력이 넘치는 황금기를 누렸습니다. 그러나 전쟁이 끝나고 10년 뒤 아테네 사회가 한창 불안하던 기원전 469년에 세계사에 한 획을 그은 인물 소크라테스가 태어납니다. 소크라테스의 아버지는 조각가였고 어머니는 산파였다고 하네요. 산부인과 의사가 따로 없던 당시에 산모가 집에서 아기를 낳을 때 아기를 받아주는 사람을 산파라고 하지요.

아테네의 탁월한 지도자 페리클레스(Perikles, B.C. 495?~B.C. 429)가 죽은 뒤 아테네는 야심으로 가득 찬 정치꾼들이 득실대기 시작했습니다. 혼란한 정치적 소용돌이 속에서 소크라테스는 젊은이들에게 세속적인 성공을 언급하지 않고, 오로지 '사람이 어떻게 해야 올바로 살 수 있겠는가?'라는 질문만 던졌습니다. 그는 모든 진리의 기초를 도덕에 두면서 자신만의 독특한 대화법으로 젊은이들을 진리로 인도하려고 애썼지요. 그리스 철학의 주제는 이처럼 **인간의 존엄성과 가치**였으며, 이를 위해 명석한 사고와 조화와 질서를 강조했습니다.

정치적으로 출세하는 데 필요한 웅변술을 요령 있게 가르치는 소피스트는 많은 교육비를 받았지만, 소크라테스는 무료 강의만 했습니다. 소크라테스의 부인은 가정 경제를 돌보지 않는 남편이 밉고 원망스러워 바가지를 긁었지요. 소크라테스의 부인이 '악처'의 대명사가 된 것은 그녀의 성정이 나빠서라기보다 그럴 수밖에 없는 상황 때문이라는 생각이 드는군요.

조화롭고 절도 있는 사고방식은 결국 수사학, 논리학 등의 발달을 가져왔고, 수학에서 특히 기하학의 발달로 이어졌습니다. 소크라테스의 제자 플라톤은 최초의 학교 **아카데미아**를 만들어 철저하게 기하학을 가르쳤습니다.

소크라테스

한편, 야심을 품었던 정치인들에게 소크라테스는 매우 위험한 존재로 보였겠지요? 마침내 그는 민주주의를 반대하고 폴리스의 신들을 비방하고 청년들의 정신을 타락시켰다는 죄목으로 재판에 회부됩니다. 당시에도 직업 변호사를 사서 변론을 맡길 수 있었음에도 불구하고 소크라테스는 자신이 직접 배심원 500명 앞에서 변호를 했습니다. 감히 누가 소크라테스의 변론을 당해낼 수 있었겠습니까? 그러나 억지를 부리는 권력자들에 의해 그는 사형 판결을 받고 맙니다.

간수가 독약을 가지고 와서는 "이 약을 다 마시고 다리가 무거워질 때까지 걷다가 누우시면 됩니다"라는 말을 남기고 돌아가자, 소크라테스는 침착하게 독약을 다 마시고 세상을 하직했다고 합니다. 제자들이 다른 나라로 탈출하라고 권유했지만 소크라테스는 죽음 앞에서도 아테네의 명령을 따랐습니다. 그는 펠로폰네소스전쟁에 참전해 용감히 싸웠고 평의회 위원으로도 활동하면서 나라 사랑을 실천한 인물입니다.

그리스의 숫자와 수학

그리스의 숫자는 두 종류가 있습니다. 오래된 **헤로디아노스식**은 수사의 머리글자를 사용하고, 이후의 새로운 **알파벳식**은 그리스의 알파벳 위에 바(bar)를 붙여서 나타냅니다. 가령, 헤로디아노스식에서는 10을 그리스어로 δεχα라고 하므로 머리글자 δ의 대문자 Δ로 쓰는 것이지요. 하지만 나중에 나온 알파벳식에서는 알파벳의 순서 α, β, γ, δ, …… 위에 바(bar)를 붙여서, $\bar{\alpha}=1$, $\bar{\beta}=2$, $\bar{\gamma}=3$, $\bar{\delta}=4$, ……로 표시했습니다.

여기서 또 한 가지 이야기하고 싶은 것이 있습니다. TV 드라마에 출현하는 사람을 '탤런트'라고 부르지요? 갑자기 생뚱맞게 왜 탤런트 이야기가 나오냐고요? 전혀 상관없어 보이지만 **탤런트**는 그리스의 수학과 관계가 있습니다. 원래 탤런트는 그리스의 화폐 단위였는데, 점차 재주나 자질을 나타내는 단어로 변했고, 나중에는 TV에 나오는 재주꾼을 탤런트로 부르게 된 것이지요.

그리스인도 메소포타미아인처럼 방정식을 풀었을까요? 아닙니다. 그리스에서는 실생활에 필요한 계산 문제를 **계산술(로지스티케, logistike)**이라고 취급하면서 학자가 다룰 만한 것이 아니라고 무시했지요. 이들은 기하 문제의 논증적 증명과 사변적인 일에만 몰두합니다. 고대 이집트나 메소포타미아에서 실생활에 필요한 수학 지식이 통치 수단으로서 권력층의 독점물이었던 것과는 아주 대조적이지요. 수학자는 어디까지나 수 자체나 도형의 성질만 연구하는 사람으로 생각했습니다.

신비적인 수학자 피타고라스

최초의 고대 그리스 수학자로 밀레토스학파의 탈레스를 꼽습니다. 그는 다양한 기하학 정리를 최초로 작도함으로써 유클리드기하학의 연역 체계의 길을 예비한 인물이지요. 그 후 기원전 500년경 피타고라스(Pythagoras, B.C. 582?~B.C. 497?)는 이탈리아 남부 크로톤에 공동체를 만들어 청년들을 교육시킵니다. 그는 종교적인 명상을 강조하면서 **기하, 천문, 산술, 음악** 등을 가르쳤습니다. 피타고라스의 공동체는 아직 학교라는 이름을 붙이지는 않았습니다. 역사가들은 이 공동체를 피타고라스학파라고 부르지요. 피타고라스학파는 **아쿠스마틱스(akousmatics)**와 **마테마티코이(mathematikoi)** 두 가지로 나뉩니다. 아쿠스마틱스는 개인이 사생활을 보장받으면서 수학이나 철학은 배우지 않고 주로 영적인 가르침을 받았던 공동체를 말합니다. 마테마티코이는 개인의 재산을 모두 피타고라스의 공동체에 헌납한 자들만 들어갈 수 있는 모임입니다. 이곳에서는 피타고라스의 비밀스러운 가르침을 들을 수 있었고 수학도 배울 수 있었다고 합니다. 당시에 기하학은 신성한 지식이었습니다.

고대 오리엔트의 바빌로니아인이 발달시킨 수학을 잠시 되돌아볼까요? 바빌로니아의 수학 공식은 경험에 의해 추적된 것이었으며, 무역과 같은 특정한 목적을 위한 실용적인 것이었어요. 공식은 정확하지 않았고 증명이 없으므로 엄밀성도 부족했지요. 하지만 피타고라스는 기하학의 문제를 엄밀하게 논증적으로 증명했고, 연역적으로 전개해나가면서 추상의 개념을 완벽하게 정립합니다. 바로 이것이 피타고라스의 위대한 점입니다.

그런데 그가 태어나기 수백 년 전부터 이미 이집트, 메소포타미아, 인도, 중국 등에서 피타고라스의 정리를 활용하고 있었어요. 하지만 피타고라스가 비로소 다양한 방법으로 이 정리를 증명해낸 것이지요. 그는 "만물은 수(數)"라고 주장한 학자이기도 합니다. 수에는 신비한 성질이 있으므로 우주를 수의 속성과 또

수들 사이의 관계로 설명할 수 있다고 철저하게 믿었습니다.

피타고라스학파에서는 선분을 둘로 나눌 때,

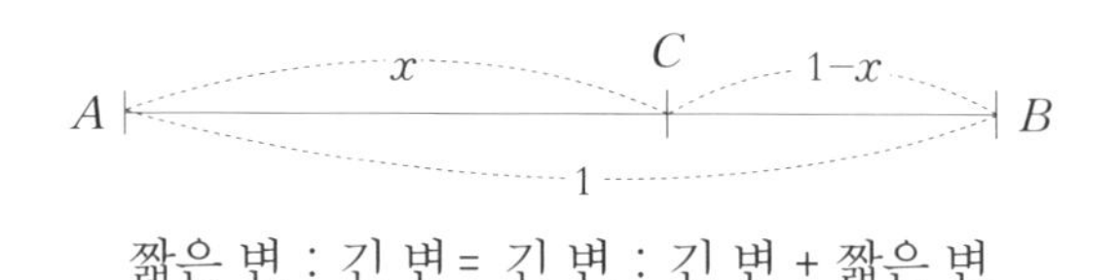

짧은 변 : 긴 변= 긴 변 : 긴 변 + 짧은 변

이라는 비례식에 따라서,

$$\mathrm{CB} : \mathrm{CA} = \mathrm{CA} : \mathrm{AB}\text{이면 } (1-x) : x = x : 1\text{이므로}$$
$$\text{즉, } \mathrm{CB} : \mathrm{CA} = 1 : \frac{1+\sqrt{5}}{2} \fallingdotseq 1 : 1.618 \fallingdotseq 5 : 8$$

을 가장 아름답고 이상적인 비율로 생각했습니다.

피타고라스학파는 정오각형에서 **황금비(golden section, golden ratio)**를 발견하면서 정오각형 별 배지를 달고 다녔다고 하지요. 정오각형의 각 꼭지점을 이으면 정오각형의 별이 만들어지는데, 이때 AD는 BE와 점 P에서 만나게 됩니다. $\mathrm{BE} = \ell$이고 $\mathrm{BP} = x$라고 놓으면 $\mathrm{PE} = \ell - x$가 되지요. 이 부분을 수식으로 계산해 봅시다. 앞의 선분을 나눌 때와 마찬가지로 비례식을 세워보면 $\mathrm{PE} : \mathrm{PB} = \mathrm{PB} : \mathrm{BE}$가 되지요. 따라서 $(\ell - x) : x = x : \ell \quad \therefore x^2 = \ell(\ell - x)$ 여기서 $\ell = 1$이라고 하면 $x^2 + x - 1 = 0$이고, $x = \frac{\sqrt{5}-1}{2}$, $1 - x = \frac{3-\sqrt{5}}{2}$가 됩니다. 그러므로 $\mathrm{PB} : \mathrm{PE} = \frac{\sqrt{5}-1}{2} : \frac{3-\sqrt{5}}{2} \fallingdotseq 0.618 : 0.382 \fallingdotseq 8 : 5$가 됩니다. 그리고 $\mathrm{PE} : \mathrm{PB} = 1 : \frac{1+\sqrt{5}}{2} \fallingdotseq 1 : 1.618 \fallingdotseq 5 : 8$로 된답니다. 즉 짧은 변 : 긴 변은 약 5 : 8로 $\mathrm{AP} : \mathrm{PD} = 5 : 8$임을 알 수 있지요. 이처럼 점 P에 의해 BE와 AD는 각각 황금비로 나뉩니다. 그러므로 피타고라스학파는 정오각형의 각 대각선이 서로를 황금비로 나누면서 가운데 작은 정오각형을 만

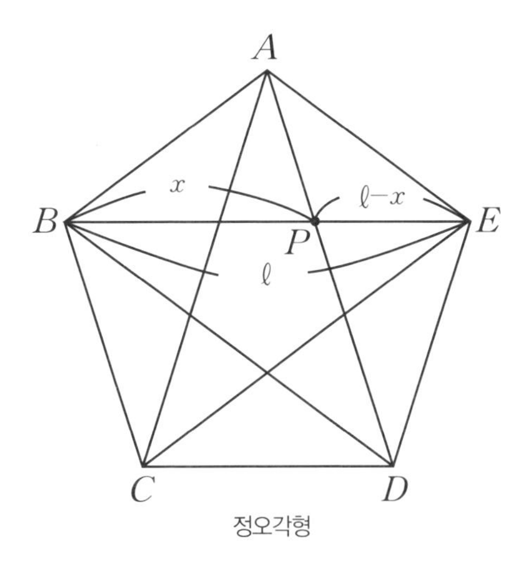

정오각형

드는 신비한 원리를 발견했던 거지요.

그럼 이번에는 황금 사각형을 봅시다. 황금 사각형은 황금으로 만들어진 사각형이 아닙니다. 가로와 세로의 비율이 황금비를 이루기 때문에 붙인 이름이지요. 위의 여러 사각형 중에서 어느 것이 가장 아름답다고 느껴지나요? 아름답

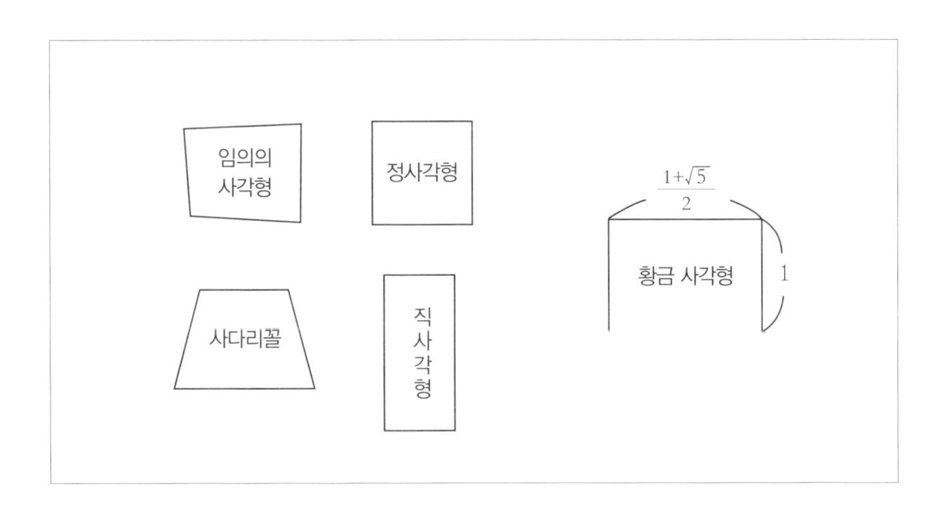

다는 말이 어색하다면 안정감이 있다는 뜻으로 해석해도 좋습니다. 가장 안정감을 느낄 수 있는 사각형을 황금 사각형(golden rectangle)이라고 불렀지요.

여성 교육을 주장한 플라톤

그리스 시대의 여성들은 사회적으로 매우 심한 차별을 받으며 살았어요. 그리스의 이상적인 인간은 노인도 아니고 여자도 아닌 오직 지식이 있는 젊은 남성이라는 관념이 지배했으니까요. 하지만 불평등한 사회 속에서도, 피타고라스의 제자인 부인과 두 딸은 피타고라스 학교에서 수학에 관한 논문을 쓰고 가르치는 일을 할 수 있었다고 해요. 피타고라스학파로 분류된 여성은 피타고라스의 부인 테아노를 비롯해 최소 28명이라는 기록이 있습니다. 피타고라스는 다른 사람들에 비해 여성을 옹호하는 페미니스트 수학자였던 모양이에요.

피타고라스로부터 많은 영향을 받은 철학자로는 소크라테스의 제자 플라톤이 있습니다. 아리스토텔레스는 여성은 공부할 필요가 없는 열등한 존재라고 폄하한 학자인 반면, 플라톤은 당시 아테네 사상가 중 여성 교육을 주장한 유일한 인물이었습니다. 플라톤은 아카데모스 숲에 **아카데미아**를 설립해 **'기하학을 모르는 자는 이 문 안에 들어오지 마시오'**라고 써 붙여놓았다는 이야기로 유명하지요. 그러나 플라톤은 수학자가 아니었습니다. 중세에 신학을 위해 수학이 필요했던 것처럼, 플라톤은 철학을 위해 수학이 필요했을 뿐입니다. **『국가론』『변증법』** 등 유명한 책을 썼지만, 수학책은 하나도 남기지 않은 것을 보면 알 수 있지요.

그리스의 3대 난문제

고대 그리스에서 사람들이 풀지 못해 유명해진 수학 문제 세 개를 소개하겠습니다. 고대 그리스의 3대 난문제(難問題)라고도 하지요.

① 정육면체의 신전 제단의 부피를 두 배로 늘리는 문제
② 임의 각을 3등분하는 문제
③ 원의 면적과 같은 정사각형을 작도하는 문제

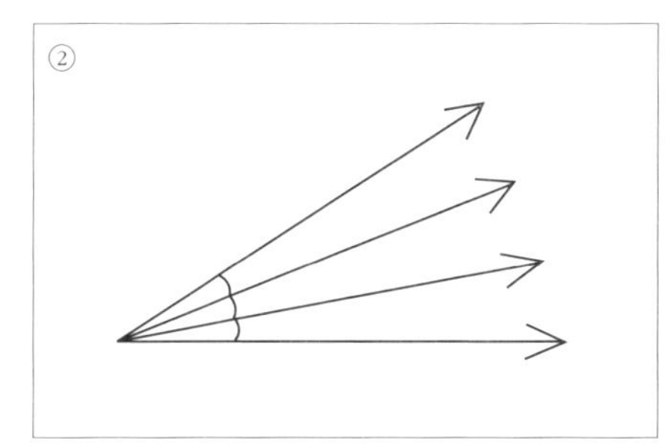

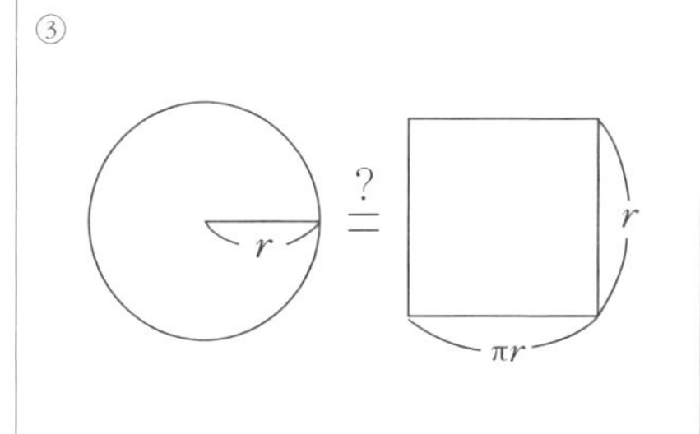

①은 이미 앞에서 이야기했습니다. $x^3=2$가 되는 x를 구하는 문제이니 유리수만 사용했던 당시에는 $x=\sqrt[3]{2}$를 알 수 없었습니다. ②는 다른 방법으로는 가능했지만 오직 자와 컴퍼스만으로는 해결되지 않는 문제였지요. ③은 원의 면적이 πr^2이므로 한 변은 r, 다른 한 변은 πr인 정사각형을 작도해야 합니다. 따라서 결국 무리수 π의 길이를 자와 컴퍼스로 작도하는 문제가 되기 때문에 해결되지 않았습니다.

알렉산드리아 대학의 설립자 알렉산드로스대왕

그리스인은 마케도니아인을 야만인이라고 생각했습니다. 과거 고려 사람들이 여진족이나 거란족을 오랑캐로 생각했듯이 말입니다. 그런데 야만인이라고 우습게 보았던 마케도니아에게 그리스가 정복당하고 맙니다. 운명의 여신은 마케도니아의 손을 들어주었나봅니다. 마케도니아의 왕 필리포스는 아들 알렉산드로스를 훌륭한 왕으로 만들기 위해 일찍부터 당대 최고의 학자 아리스토텔레스를 가정교사로 모십니다. 2004년에 개봉된 영화 〈알렉산드로스〉의 첫 장면에서 어린 알렉산드로스를 교육시키는 아리스토텔레스의 모습이 잠깐 비칩니다. 이 영화에서는 알렉산드로스의 인간적 면모를 엿볼 수 있을 뿐 아니라, 재현해놓은 알렉산드리아의 도시와 왕궁도 볼 수 있습니다.

알렉산드로스는 18세가 되었을 때 기병대를 이끌고 그리스의 동맹군을 전멸시키면서 대왕으로서 능력을 인정받기 시작합니다. 이어서 아버지 필리포스의 뜻을 받들어 동방을 원정하고 그리스를 완전히 장악하기에 이릅니다. 아테네는 막강한 알렉산드로스에게 대항하지 않고 스스로 항복했기에, 알렉산드로스는 아테네인을 관대하게 대합니다.

잔인한 페르시아에게 혹독하게 압제당했던 이집트는 알렉산드로스가 페르시아를 점령하자 그를 해방자로 환영하면서 '파라오'라는 칭호를 바치기도 했습니다. 이집트를 점령한 알렉산드로스는 기름진 나일강의 삼각주에 자기 이름을 딴 그리스식 도시 알렉산드리아를 건설하지요. 알렉산드로스대왕은 알렉산드리아에 **알렉산드리아 대학**을 세우고 많은 학자를 초빙해 학문을 발전시킵니다. 예전에는 미처 생각지도 못한 실험실과 도서관 등을 갖춘 엄청난 규모의 대학이었지요.

알렉산드리아의 파로스 등대

파로스 등대 복원도

알렉산드리아 항구에는 세계 7대 불가사의 중 하나로 꼽히는 등대가 있었습니다. 기원전 280년경에 세워진 **파로스 등대**인데, 알렉산드리아 항구와 지중해의 해안을 비추었다고 하지요. 맨 아래층은 4각형, 가운데 층은 8각형, 꼭대기 층은 원통형이었다고 합니다. 등대 안쪽에는 나선형의 통로가 있어서 꼭대기 옥탑까지 올라갈 수 있었으며, 꼭대기 전망대에서는 수십 킬로미터 떨어진 지중해를 바라볼 수 있었습니다. 옥탑에서 반사경으로 비치는 타오르는 불길은 43킬로미터 정도 떨어진 바다에서도 보였기 때문에 후세 사람들은 이 등대를 불가사의한 건축물로 꼽았습니다.

돌로 건축된 파로스 등대는 12세기경 지진 때문에 무너진 것으로 추측되는데, 1994년 프랑스 해저 고고학 발굴팀이 등대의 잔해 수백 점을 건지는 데 성공했다고 하네요. 헬레니즘 문화가 고도로 발달했다는 사실을 증명하는 건축물이기도 합니다.

헬레니즘 문화의 탄생

알렉산드로스대왕은 여러 민족으로 구성된 세계제국을 통치하기 위해 페르시아 다리우스 3세의 딸을 아내로 맞이하여 아시아의 종교와 관습을 유지하는 데 힘썼습니다. 우리나라 역사에서도 고려가 조공을 바치면서 원나라에 충성을 다할 때, 공민왕이 몽골의 공주를 아내로 맞이했지요. 정복한 나라가 정략결혼으로 인맥을 든든하게 만들어 속국으로부터 이익을 취하려 한 것입니다. 일본이 조선을 침략했을 때도 고종의 아들 영친왕은 일본에 건너가서 정략결혼을 할 수밖에 없었습니다. 우리나라의 경우는 모두 침략한 나라가 자국의 딸을 침략당한 나라의 왕족에 시집 보냈지만 알렉산드로스대왕의 경우는 좀 다릅니다. 침략한 나라의 대왕이 침략당한 나라의 공주를 아내로 삼은 것이니까요.

알렉산드로스대왕은 페르시아 귀족 청년들에게 그리스어를 가르치고 그리스식으로 군대 훈련을 시켜서 왕의 친위대로 채용했습니다. 심지어 알렉산드로스대왕은 페르시아의 의복도 입었다고 해요. 군사적으로는 페르시아를 정복했지만 문화적으로는 우수한 페르시아 문화를 열심히 받아들였던 것 같아요. 우리나라도 일제강점기에 조선 학생들이 학교에서 일본어를 배워야 했고 일본식 군대 훈련을 받았지요. 우리의 경우는 침략당한 국가로서 수모를 느끼며 강제로 이름까지 일본식으로 개명했지만, 알렉산드로스대왕의 경우는 침략자가 침략당한 나라의 문화에 아주 호의적이었습니다.

알렉산드로스대왕은 페르시아 문화에 동화되었고 그 결과 새로운 문화를 창출하게 되었어요. 그가 얼마나 친페르시아 정책을 폈는지는 페르시아와의 전쟁에서 자신의 목숨을 구한 장군을 처형시킨 사건을 보면 알 수 있습니다. 대왕은 개국공신인 그를 친페르시아 정책에 반대한다는 이유로 처형합니다.

알렉산드로스대왕의 정복으로 오리엔트 문화와 그리스 문화가 융합해 탄생한 문화를 **헬레니즘 문화**라고 부릅니다. 헬레니즘 시대란 알렉산드로스가 왕으로 즉위한 해부터 로마제국에 병합된 기원전 30년까지 약 300년간을 말하지요. 아테네 수학과 헬레니즘 수학을 비교해보면 전자는 정적인 수학인 데 비해 후자는 동적인 수학이라고 할 수 있습니다.

기하학의 완성자 유클리드

알렉산드로스대왕의 정복을 계기로 수학사는 아테네 시기와 알렉산드리아 시기로 나뉩니다. 아테네 시기에는 플라톤의 **아카데미아**와 아리스토텔레스의 **리케이움**이 수학을 연구하고 가르치는 중심지인 반면에, 알렉산드리아 시기가 되면 알렉산드리아 대학이 수학을 비롯해 학문의 중심지가 됩니다. 유클리드는 플라톤이 세운 아카데미아에서 공부한 인물로 플라톤 철학을 반영시켜 기하학을 체계적으로 정비해 기원전 300년경 『원론』 열세 권을 저술했습니다. 플라톤 철학이 어떻게 반영되었는지 좀 더 자세히 설명하겠습니다.

유클리드는 『원론』 제1권 첫 페이지에 점과 길이, 직선 등을 정의했습니다. 수학에서 정의는 수학자가 만든 약속입니다. '점은 부분을 가지지 않는 것이다'(정의 1), '선은 폭이 없는 길이이다'(정의 2), '선의 양 끝은 점이다'(정의 3), '면은 폭과 길이만을 가진 것이다'(정의 5) 등으로 말이지요. 이 정의들에서 점은 부분을 가지지 않는 존재로 눈에 보이지 않는 이데아적인 실체입니다. 이 세상에 보이는 것은 한낱 그림자에 불과한 현상이고, 실체는 저 멀리 피안의 세계에 있다는 플라톤 철학의 이데아 이론인 것입니다.

이렇게 수학자의 일방적인 약속에서 너무도 완벽하고 아름다운 유클리드기하학의 체계가 정비되었으며, 이 이론은 2,000년 동안 인류에게 절대 진리라는 믿음을 줍니다. 당시에는 유클리드의 『원론』을 필사본으로 만들었는데, 15세기에 구텐베르크(Gutenberg, 1397~1468)가 발명한 금속활자로 인쇄하면서 『성경』과 함께 베스트셀러가 되었지요.

『원론』에는 철두철미하게 자와 컴퍼스만으로 도형을 작도해야 한다고 못 박고 있습니다. 왜 그랬을까요? 그것은 어떠한 다른 도구를 허용하지 않으면서, 처음 시작할 때 약속했던 **정의**와 **공리(axioms)**, **공준(postulates)**만을 가지고 기하학을 증명해야 한다는 그리스인 특유의 정신 때문이라고 할 수 있습니다. 이 정신은 서양 문화의 토대가 되었지요. 『원론』에서 크기라는 말은 선분이나 도형을 가리키기 위해 사용되었고, 길이와 같은 개념은 전혀 소개되지 않았습니다. 당시에는 길이 개념이 없었기 때문입니다. 유클리드는 정사각형의 면적을 두 선분의 곱으로 설명하지 않았습니다. 비율은 크기들 사이의 가장 기본적인 관계가 되었으며, 비례 이론은 서로 다른 비율을 비교하게 해주었지요. 그는 하나하나의 개념을 좀 더 정확하게 정의했고, 더 이상 증명될 수 없는 명백한 것은 공리와 공준으로 정한 뒤에 완벽하게 논리 체계를 형성했습니다.

공리(公理)란 **공통된 개념**이고, 공준(公準)이란 **자명한 것으로 요청되는 사항**이라고 말하는데, 쉽게 말하자면 수학자가 참된 것으로 인정했기 때문에 수학을 공부하는 사람은 진실로 믿어야 하는 사항이라고 할 수 있습니다.

유클리드기하는 만지는 기하

잠시 여러분이 초등학교 때 배웠던 도형을 생각해볼까요?

"평행인 두 직선은 어떻게 되지요? 만날까요? 안 만날까요?"

"절대로 안 만나요!"

"그럼 임의의 직선을 양 끝으로 계속 연장하면 두 끝 점은 어떻게 되지요?"

"두 끝 점도 절대로 만나지 않아요."

"그럼 마지막으로 한 가지 더 물어보겠습니다. 두 개의 삼각형이 합동이라는 말은 무엇을 의미하나요?”

“삼각형 하나를 손으로 집어서 다른 삼각형 위에 올려놓았을 때 포개어지는 것을 말해요!”

지금 선생님의 세 가지 질문과 학생들의 답이 나왔는데, 여러분은 이 답에 동의하세요? 제 질문이 좀 수상하니까 머뭇거리는 학생들이 있을 것 같아요. 여러분이 이미 학교에서 배운 기하학 지식으로는 다 맞습니다. 유클리드기하학을 배웠을 테니까요.

하지만 르네상스 시대에 등장한 사영기하학에서는 위의 세 가지 답이 모두 틀립니다. 사영기하학에 관해서는 르네상스 시대에서 자세히 설명하겠습니다. 유클리드기하는 손으로 한 직선을 집어서 다른 직선 위에 포개놓을 수 있다고 인식하기 때문에 **촉각적인 기하**라고 말합니다. 쉽게 말하면 만지는 기하이지요. 그러나 사영기하는 **시각적인 기하**, 곧 보는 기하랍니다. 이러한 조건에서 만들어진 유클리드기하학에서는 공간이 울퉁불퉁하지 않고 아주 균질합니다. 손으로 밀가루를 반죽해 평평하고 넓적한 판을 만드는 것처럼 평면을 인식하게 되는 것이지요. 그러니까 끊어짐이나 휘어짐이 없는 연속적인 공간으로 인식됩니다. 이를 바탕으로 아리스토텔레스는 시간 개념을 확립했고, 공간에 대한 유클리드적인 생각은 2,000년 동안 인간의 사고방식을 지배합니다.

지구의 둘레를 측정한 에라토스테네스

헬레니즘 시대 최고의 도시 키레네 출신의 에라토스테네스(Eratostenes, B.C. 273?~B.C. 192?)는 플라톤이 세운 아카데미아와 아리스토텔레스가 세운 리케이움에서 수학과 자연학을 공부했습니다. 그는 프톨레마이오스 3세에게 초빙되어 알렉산드리아 대학의 도서관 뮤제이온의 관장으로 부임합니다. 그곳에서 연구에 몰두한 결과 지구의 둘레를 252,000스타디온으로 계산했는데, 대략 39,690킬로미터에 해당해 오늘날 밝혀진 실제 값 40,120킬로미터와 비교하면 매우 근사한 값이지요. 그는 위치를 정확하게 나타내기 위해 경선과 위선을 창안하는 공적을 세웁니다. 이를 기반으로 100년 뒤에는 히파르코스(Hipparchos, B.C. 160?~B.C. 125?)가 경위도선을 등간격으로 생각했습니다. 르네상스 시대 지도 제작자들이 발전시킨 지도와 17세기 데카르트(Descartes, 1596~1650)의 해석기하학의 발전은 이미 에라토스테네스의 천재적인 발상 덕분이었습니다. 근대 좌표 개념의 원형이었으니까요!

헬레니즘 문화의 종말

헬레니즘 문화의 특징은 수학, 과학, 철학 분야에서 아테네 시기보다 좀 더 역동적이고 인간적인 세계를 추구했다는 점입니다. 헬레니즘 시대의 유명한 조각으로 〈사모트라케의 니케〉 또는 〈승리의 여신〉이라 불리는 작품을 봅시다. 현재 프랑스 루브르박물관에 소장되어 있는 이 여신상은 머리 부분이 잘려나갔음에도 불구하고 옷주름과 날개, 승리를 향해 달려나가는 몸짓이 역동적으로 표현되어 있습니다. 머리 부분이 그대로 보존되어 있었더라면 여신의 머리카락이 어떻게 표현되었을지 궁금증이 생기기도 하네요.

헬레니즘 시대에 철학 분야에서는 **스토아학파**의 업적이 두드러집니다. 스토아학파는 금욕을 강조했고, 인간은 한 국가의 시민이 아니라 세계의 시민이며 신의 소산이라고 생각했습니다. 제국의 영토가 넓은 탓에 세계화된 사고방식을 가졌던 것이지요. 더욱이 인간의 만족과 행복은 이성으로 개인의 욕정을 완전히 참아낼 때 생긴다고 주장 했는데, 이 사상은 뒤에 르네상스와 크리스트교 사상에 큰 영향을 미칩니다.

알렉산드로스대왕은 많은 나라를 정복한 뒤에 대제국의 수도를 신도시 알렉산드리아가 아닌 바빌론으로 정했습니다. 그는 애석하게도 32세의 젊은 나이에 숨을 거두었는데, 그 후에 대제국은 권력 싸움으로 3개국으로 분열되고 말았습니다.

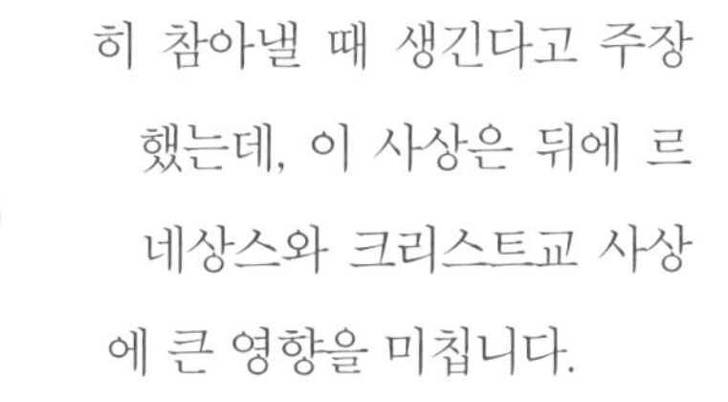

〈사모트라케의 니케〉, 받침부를 제외한 높이 2.45m, 기원전 190년경, 파리 루브르박물관

비례와 대칭, 조화의 그리스 미술

이집트인은 사후 세계에 집착해 **이상주의적인 미술**을 추구했습니다. 반면, 유대인은 야훼 하나님의 형상을 만들지 말라는 십계명에 따라 조각이나 그림으로 표현하는 것을 금하며 **비자연주의적인 미술**을 추구했습니다. 한편 그리스의 신들은 아주 현세적이고 인간적이어서 그리스 미술은 **자연주의**적으로 표현되었습니다. 고대 오리엔트의 미술이 신이나 군주를 위한 것이었다면, 그리스 미술은 철저하게 개인을 위한 것이었지요. 고대 그리스의 초기 **아르카익 양식**은 아직 이집트의 양식을 모방하고 있습니다. 그러나 고전 시기가 되면 순간적인 운동감을 표현하고 인체가 왜 그렇게 움직이는지 동작의 구조적인 면에 관심을 갖기 시작하지요. 이

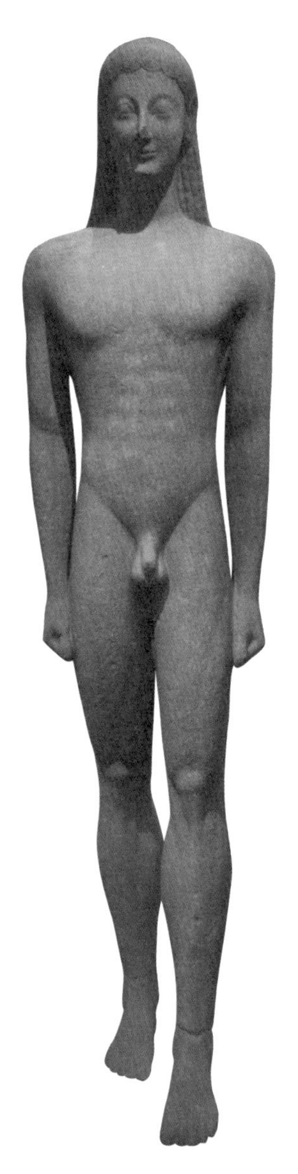

〈수니온 곶의 쿠로스〉, 높이 3.05m, 기원전 610년경, 아테네 국립고고학박물관

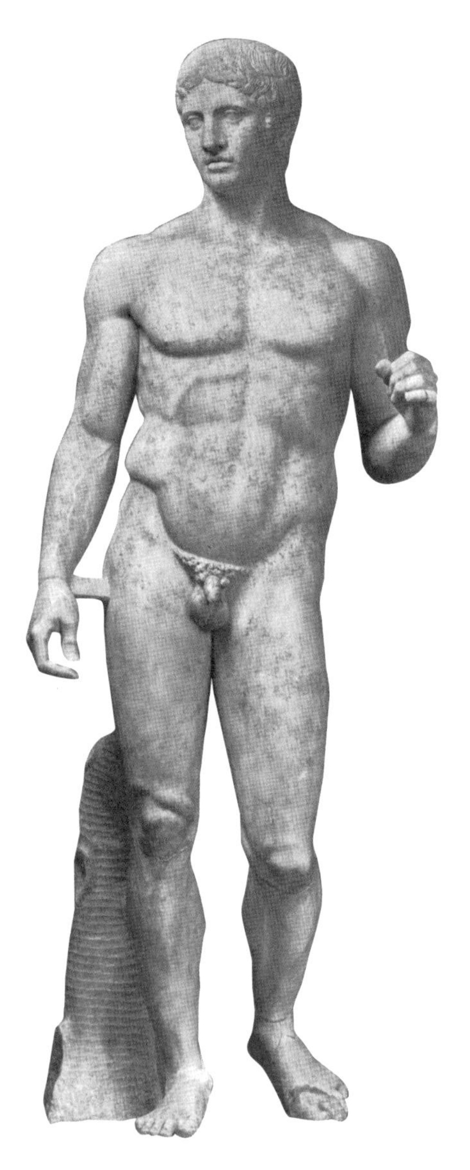

폴리클레이토스의 〈큰 창을 든 남자〉를 로마 시대에 모각한 작품, 높이 2.12m, 원작은 기원전 440년경, 나폴리 국립고고학박물관

집트 조각이 영원성을 추구하며 정면성을 취한다면, 그리스 고전주의 양식은 묘사주의를 발전시킵니다.

기원전 600년경 수니온 지방에서 포세이돈(또는 아테나)에게 봉헌된 조각상 〈수니온 곶의 쿠로스〉를 봅시다. 아직까지 이집트의 영향이 남아 있어 주먹을 꽉 쥐고서 정면으로 걸어나오는 긴장된 자세를 취하고 있지요. 하지만 150년 후 기원전 450년경에 제작된 〈큰 창을 든 남자〉는 한 발에 체중을 실은 자세 때문에 훨씬 더 자연스럽고 안정되어 보입니다. 그리스에서는 소크라테스를 비롯해 플라톤, 아리스토텔레스 등이 미의 본질을 **비례**와 **질서**, **조화**로 정의했는데, 이러한 사고방식이 미술을 비롯한 모든 분야에 표현된 것입니다.

당시 대표적인 조각가 폴뤼클레이토스는 올림픽 경기의 우승자를 이상적인 남성의 모델로 정합니다. 그는 머리 길이가 신장의 $\frac{1}{7}$인 7등신을 가장 아름다운 인체라고 생각하고 이것을 '캐논(cannon)'이라 불렀습니다. 캐논은 원래 기준이나 규범을 뜻하는 단어입니다. 7등신의 캐논은 100년간이나 수학의 공리처럼 그리스 조각이 지켜야 하는 미의 규범이었지요. 이러한 정신이 곧 그리스 특유의 기하학적 정신입니다.

그 후 리시포스(Lysippos)라는 조각가는 8등신을 캐논으로 설정합니다. 8등신은 폴리클레이토스에 대한 반발이나 리시포스의 단순한 취향이 아니었습니다. 황금비라는 비례 법칙 때문에 등장합니다. 그리스인은 미의 법칙을 관찰 가능한 것으로 생각해 황금비라는 이상적인 미의 법칙을 인체에서도 찾아냅니다. 그러니까 8등신 미인은 원래 여성에게 쓰인 용어가 아니었습니다. 그리스인이 남성의 인체에서 비례와 대칭 등 수학적 질서를 찾은 이유는, 남성만이 만물의 척도라는 인식이 있었기 때문입니다. 기원전 450년경 미론이 조각한 〈원반 던지는 사람〉을 봅시다. 1781년 로마에서 발굴될 당시, 돌로 조각하기에 매우 어려운 자세이고 이 자세로는 원반을 던지는 것이 불가능해 사람들을 두 번 놀라게 한 작품이라고 합니다. 순간적인 동작과 가슴의 근육과 갈비뼈가 매우 실감나지요. 이에 반해 여자가 벗는다는 것은 수치스러운 일로 여겨졌어요. 그러나 점차 여성의 아름다움도 표현하고 싶어지면서 인간 여성이 아닌 여신을 조각합니다.

최초의 올림픽 경기는 고대 그리스가 문화적으로 한창 꽃피던 기원전 776년에 시작되었습니다. 여자는 소외된 남성 위주의 사회였으므로 당연히 올림픽 경기는 남자들만 참가하고 관람할 수 있었답니다. 페레니케라는 여인은 자기 아들이 올림픽에서 경기하는 모습이 너무 보고 싶어 위험을 무릅쓰고 남자 옷을 입고 몰래 숨어서 보았습니다. 그러나 그만 발각되고 맙니다. 당시의 법대로라면 몰래 들어온 여성은 경기장 밖의 언덕으로 내던져져야 했습니다. 하지만 그녀는 아버지와 동생이 올림픽 경기의 우승자였고, 또 아들까지 우승자였으므로 특별히 선처되어 처벌을 면했지요. 그 후로는 이런 불상사를 막기 위해 선수는 물론이거니와 코치까지 모두 벌거벗은 몸으로 경기에 임했다고 하네요. 그리스의 남성 누드상에는 '이상적인 인간은 곧 그리스 남성'이라는 우월 의식이 반영된 것입니다.

미론의 〈원반 던지는 사람〉을 로마 시대에 모각한 작품, 높이 1.55m, 기원전 450년경, 로마 국립로마노박물관

술잔에서 신전까지 황금비로

그리스의 도기는 모양과 용도에 따라, 목이 긴 올리브 기름병 레키토스, 물이나 술, 올리브기름 등을 저장하는 하이드리아, 두 개의 손잡이가 달린 저장용 항아리 암포라, 물과 술을 섞는 그릇 크라테르, 술을 따를 때 쓰는 주전자 같은 도기 오이노코이, 술잔으로 사용하는 킬릭스 등으로 분류됩니다. 그리스인은 포도주를 마실 때 지금과 같은 모양의 와인 잔이나 컵에 마시지 않았어요. **킬릭스**라고 부르는 술잔으로 포도주를 마셨는데, 언뜻 보면 컵이 아니라 과일이나 쿠키를 담으면 예쁠 것 같은 그릇입니다. 유클리드기하학을 발전시킨 그리스인은 철저하게 기하학적 정신에 입각해 그릇을 만들 때도 비례를 맞추었다는 것을 알 수 있습니다.

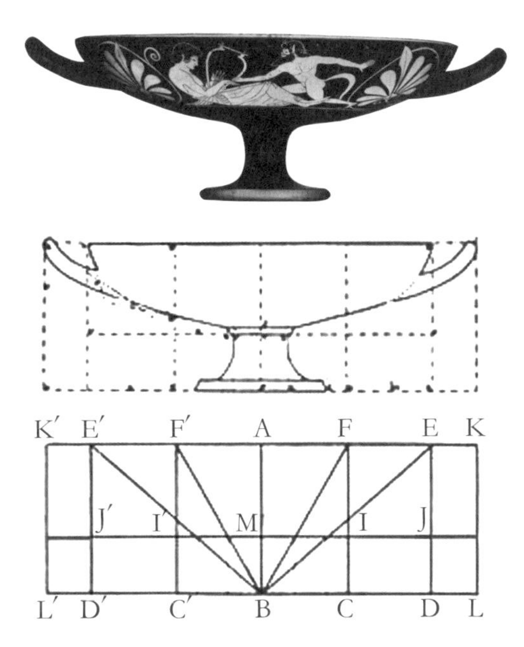

도기화가 핀티아스가 킬릭스에 그린 〈바르비톤을 연주하는 실레노스〉, 높이 12.3cm, 지름 30.5cm, 기원전 520~510년경, 카를스루에 바덴 주립미술관(상), 킬릭스의 비례도(중, 하)

다음 그림을 보면 $\overline{AB}$를 축으로 도면을 접으면 황금 사각형이 됩니다. 즉 □ABLK, □ABK′L′는 세로:가로≒5:8인 사각형이라는 것이지요. 또 황금 사각형이 보인다고요? 맞아요. □ABCF, □FCDE, □ABC′F′, □F′C′

아티카의 무덤 크라테르, 높이 1.23m, 주둥이 지름 78cm,
기원전 750~기원전 730년경, 아테네 국립고고학박물관

아티카의 디필론 암포라, 높이 1.62m,
기원전 760년경, 아테네 국립고고학박물관

D′E′가 모두 황금 사각형이에요.

여러분, 눈을 더 크게 뜨고 찾아보면 또 보인답니다. 작은 사각형 4개, □MBCI, □ICDJ, □MBC′I′, □I′C′D′J′가 황금 사각형이에요. 그러니까 지금까지 우리는 이 작은 도면에서 10개의 황금 사각형을 찾은 것이죠. 그리스인이 얼마나 황금비를 좋아했는지 알 수 있겠죠?

디필론의 공동묘지에서 발견된 항아리를 하나 봅시다. 이 항아리는 물과 술을 섞는 **크라테르**라고 불리는 그릇입니다. 당시 포도주는 그냥 마시지 않고 반드시 물과 섞었다고 하네요.

크라테르는 기하학적 무늬가 걸작으로 꼽힙니다. 윗부분에는 장례식에 참석한 유족이 두 손을 머리에 얹고 통곡하는 모습이 새겨져 있습니다. 한가운데는 관 위에 시체가 옆으로 누워 있는데 가슴은 모두 삼각형으로 표현되었고요. 아랫부분에는 마차에 탄 기사들이 질서정연한 선과 추상적인 패턴으로 표현되어 있습니다.

디필론에서 발견된 **암포라**도 윗부분의 장례 행렬은 똑같으나 아랫부분의 선과 테두리의 기하학적 문양이 다른, 높이 162센티미터인 항아리입니다. 똑같은 장례 행렬 무늬의 도기가 다른 곳에서도 발굴된 것을 보면 매우 유행했던 그림인 모양이지요.

아름다운 베누스와 추한 노파

그리스 비술의 전반기는 기하학적 양식과 고전주의 양식에서 비례와 대칭, 조화를 추구했으나, 알렉산드로스대왕의 정복 이후 헬레니즘 시대가 되면 역동적이고 관능적인 여성 누드가 등장합니다. 기원전 4세기경 후기 고전주의의 전

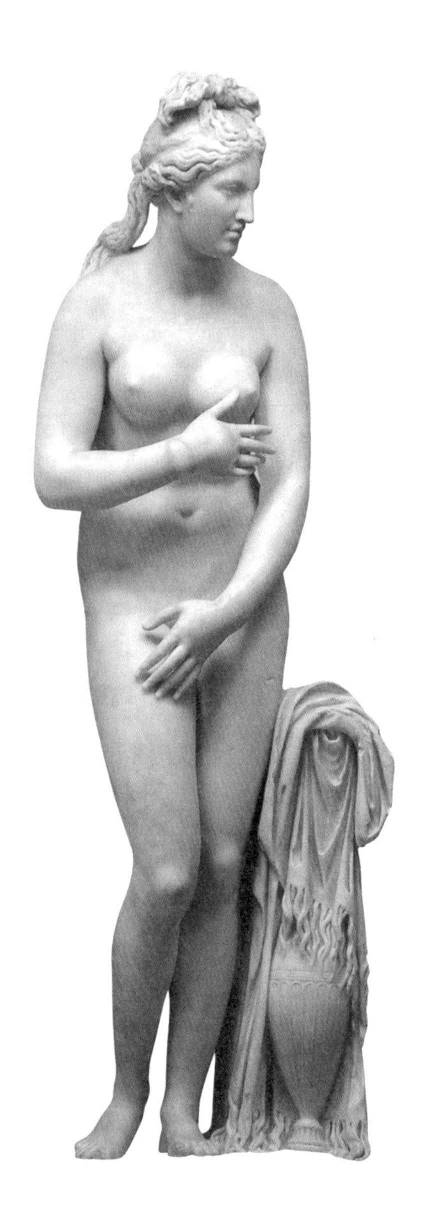

〈카피톨리노의 베누스〉, 후기 헬레니즘 시대의 원작을 하드리아누스 시대에 모각한 작품, 높이 1.76m, 기원전 150~120년경, 로마 카피톨리노박물관

〈밀로의 베누스〉, 높이 2.04m, 기원전 2세기 중반 직후, 파리 루브르박물관

형적인 조각가 프락시텔레스(Praxiteles)의 작품 〈카피톨리노의 베누스〉의 균형 있는 몸매와 탄력 있는 피부는 여성 누드 작품을 유행시키는 계기가 되었다고 합니다. 한쪽 발에 체중이 실린 모습이 앞의 〈큰 창을 든 남자〉의 자세와 비슷합니다. 이러한 자세는 19세기까지도 예술가들이 선호합니다.

고전기에 비해 예술가의 개성이 강하게 표현되는 헬레니즘 시대의 대표작 〈밀로의 베누스〉를 봅시다. 밀로섬에서 발견된 걸작으로 작자 미상입니다. 균형과 안정보다는 섹시함이 매력적으로 다가옵니다. 얼굴은 고상하고 우아한 모습이지만 하체는 풍만하고 관능적이지요. 〈카피톨리노의 베누스〉처럼 서 있는 자세가 아니라 걸어 나오는 역동적인 자세인데, 이것이 바로 헬레니즘의 특징입니다. 걸어 나오기 때문에 치마가 벗겨질 것 같은 모습이 벗은 모습보다 보는 사람의 마음을 조마조마하게 합니다. 골이 패인 매끈한 등은 방금 바디 클렌저로 씻고 아로마 오일로 마무리한 살결처럼 보입니다.

이 조각은 뒷모습의 상체와 하체의 비율이 5:8이고, 옆모습의 상체에서 머리와 가슴의 비율이 5:8, 하체에서 허벅지와 종아리의 비율이 5:8이며, 앞모습에서는 얼굴의 폭과 길이의 비율이 5:8, 유두 간격과 엉덩이의 폭이 5:8입니다. 그리스의 기하학적 정신을 바탕으로 황금비율에 딱 들어맞도록 디자인했다는 것을 알 수 있지요. 아직까지 여성 누드는 여신의 이름으로 제작되었습니다. 이러한 헬레니즘의 정신은 1,000년이 지난 뒤 르네상스의 예술가들에 의해 부활되면서 민주 정신과 더불어 근대화를 이루는 시대정신이 됩니다.

헬레니즘 조각의 또 다른 특징은 여성의 아름다움뿐만 아니라 술 취한 노파와 같은 추한 인간의 모습도 서슴없이 묘사했다는 점입니다. 술 취한 노파는 기원전 4세기경 그리스 희극의 소재로 등장하기도 하고 도기 화가나 조각가의 주제가 되기도 합니다.

〈술주정뱅이 노파〉라는 조각 작품을 봅시다. 벌어진 입술, 흘러내린 오른쪽

〈술주정뱅이 노파〉, 미론의 원작을 모각한 작품,
높이 90cm, 기원전 220년경, 뮌헨 고전조각관

〈델포이의 전차 기수〉, 높이 1.80m,
기원전 478~474년경, 델포이박물관

소매, 주름투성이 얼굴, 술병을 껴안고 있는 모습 등에서 노파의 직업이 창녀였다는 것을 짐작할 수 있습니다. 당시 공공 조각은 신의 영광과 영웅의 업적을 찬양하는 미술품이었는데, 고전주의 시대에 비해 외설스럽고 구역질이 납니다. 이 작품은 1714년 로마에서 독일로 보내졌을 때, 『파우스트』 『젊은 베르테르의 슬픔』 등의 작품으로 유명한 문호 괴테(Goethe, 1749~1832)가 보고서 기겁했다고 하네요. 헬레니즘 시대에는 깊숙한 인간의 내면까지도 리얼하게 표현했던 것이지요. 기원전 5세기, 청동으로 조각된 〈델포이의 전차 기수〉를 보면 고대 그리스인은 대리석이든 청동이든 재료를 가리지 않고 주름진 옷자락까지 섬

파르테논 신전, 기원전 447년에 익티노스와 칼리크라테스가 설계,
기단 면적 30.88m×69.5m, 아테네 아크로폴리스

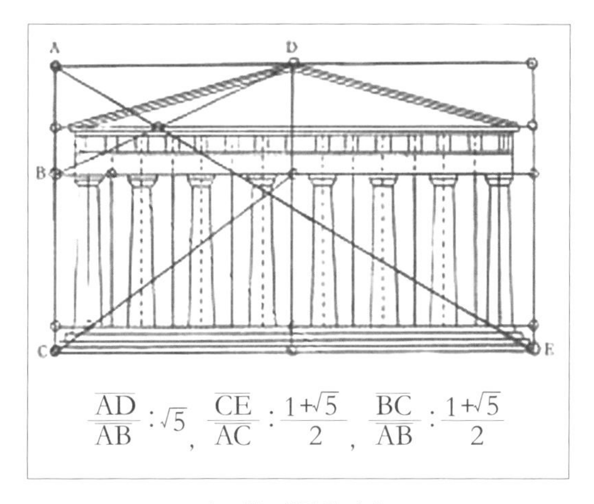

파르테논 신전의 비례도

세하게 묘사하고 있어 그 솜씨에 혀를 내두를 지경입니다.

이번에는 아크로폴리스의 건축물 파르테논 신전을 볼까요? 기원전 447년 페리클레스가 착공해 제우스의 딸이자 아테네의 수호신인 아테나에게 봉헌한 신전입니다. 신전의 넓이와 높이, 기둥과 열린 공간이 잘 어울려 세련된 조화와 안정감을 느끼게 하지요. 그리스의 신전은 크리스트교의 교회당처럼 예배나 의식을 행하던 곳이 아니었습니다. 신전을 짓고 안에는 제단과 신상을 두었습니다. 신전 안에는 극소수의 사람만 출입했는데, 중요한 것은 신전이 아니라 신에게 제사를 올리는 제단이었다고 합니다.

파르테논 신전이 세워질 무렵은 아테네에 민주주의가 만발한 시기였습니다. 민주주의는 신분이나 혈통보다 개인의 자유와 능력을 중시하는 이념이지요. 내세보다는 현세를 중시하는 그리스인이었기에 과거에 매달리지 않고 현재를 과거에서 독립시킵니다. 이렇게 변화와 진보를 인정하면서 민주적 정치의식이 반영된 기념물과 미술품을 본격적으로 만들었어요. 이들의 철저한 기하학적 정신은 술잔에서 신전에 이르기까지 엄격한 비례에 맞추어 설계되었습니다. 기하학적 정신과 민주 의식은 중세에는 사라졌다가 르네상스 시대에 함께 부활합니다. 기하학적 정신과 민주주의는 더불어 나타나는 공생의 속성을 지닙니다. 둘 다 합리적인 사고를 요구하기 때문이지요.

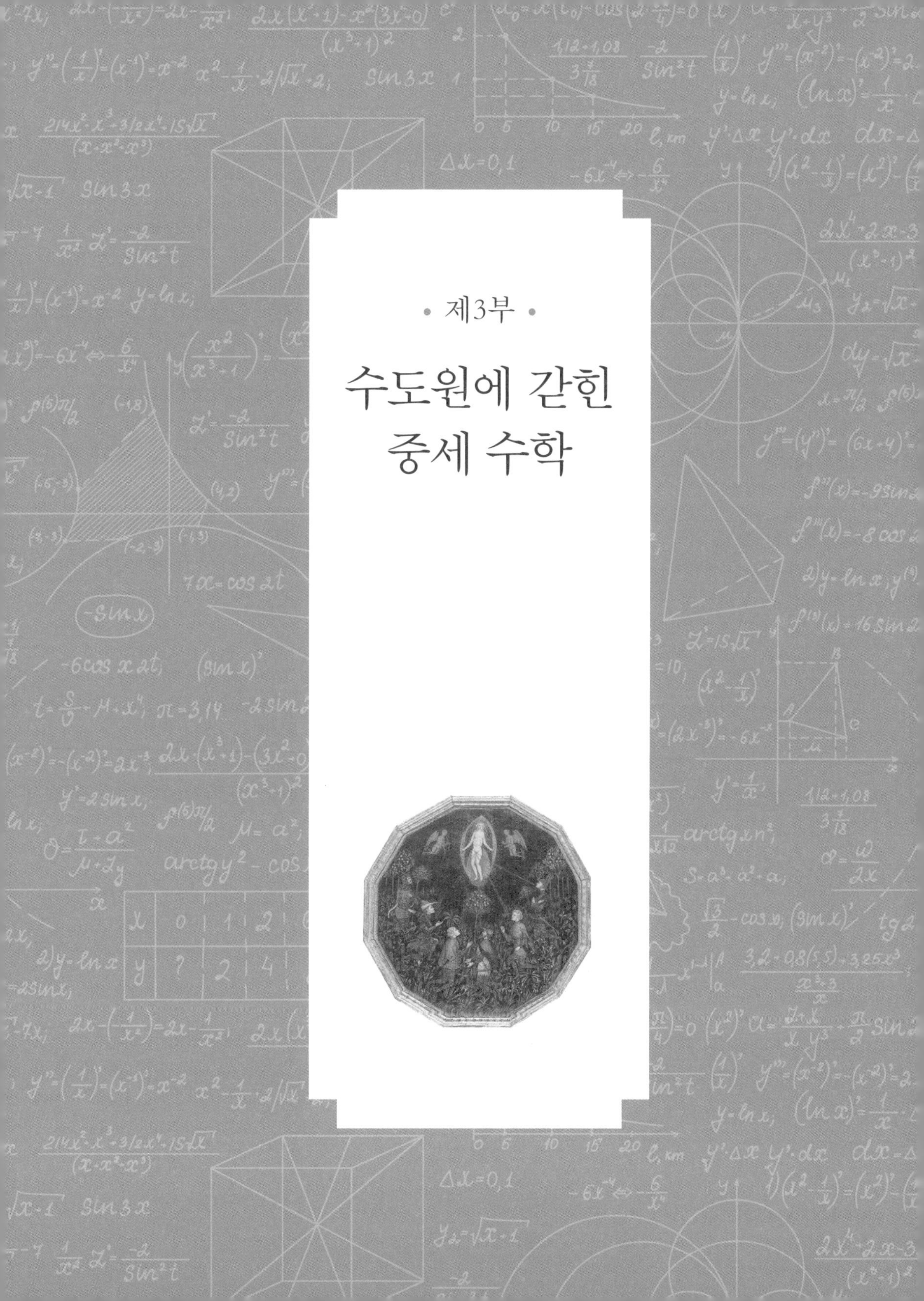

• 제3부 •

수도원에 갇힌 중세 수학

중세 수학 훑어보기

고대 그리스의 수학은 한마디로 유클리드기하학이라 할 수 있고, 중세 유럽의 수학은 수도원 수학이라 할 수 있습니다. 로마 시대까지 답습하고 모방했던 유클리드기하학이 수도원에 갇혀 잠자고 있었기 때문이지요. 크리스트교의 교리와 교육 체계가 아직 정착하지 않은 중세 초기에는 크리스트교인도 자녀를 그리스 전통으로 교육합니다. 하지만 수도원과 교회에 딸린 부속학교에서 교육이 이루어지면서 차츰 영성 훈련에 중점을 두어 그리스의 수학을 멀리하게 되었어요. 마침내는 그리스 문명 자체가 와해됩니다.

유럽은 5세기에 이른바 암흑시대가 되었답니다. 로마를 지배한 야만족은 고유의 수학 전통이 없어 로마의 수학을 계승하기는 해도 계산판을 사용하는 셈이나 측량, 건축 등에 응용할 수 있는 초보적인 측정 기하학을 익히는 정도였습니다. 9세기경에는 전통 학문이었던 산술과 기하학, 천문학, 음악 등을 배우고 싶어도 교재가 거의 없어 배우지 못할 정도였다고 하니 당시의 수학적 상황은 매우 처참했지요. 보에티우스의 『수론』과 비드의 『손가락에 의한 계산 또는 회화』 정도가 수학책의 전부였다는군요.

중세를 대표하는 수학자 보에티우스는 크리스트교의 삼위일체 사상을 근거로 수를 3으로 분류하기를 좋아했습니다. 자연수는 완비수, 부족수, 과잉수로 분류했고, 소수(prime number)는 소수, 비소수, 호소수로 분류했습니다. 보에티우스의 저서 『수론』에는 간단한 사칙계산도 없었고 실생활에 응용하는 계산 문제도 없었지요. 게다가 수에 신비성을 부여해 1은 신, 2는 선과 악, 3은 삼위일체를 의미한다고 했습니다. 전지전능한 신이 천지를 창조한 기간은 6일이고, 6의 약수 1, 2, 3의 합도 1+2+3=6이므로, 6을 완전수(perfect number)라고 했습니다.

7~8세기 영국의 성직자이자 수학자인 비드는 수도원학교에서 수학을 가르치는 목적이 교회력을 작성하기 위해서였다고 합니다. 그러니 생활에 반드시 필요한 계산은 손가락셈이었으며, 구구단 표도 보통 사람들에게는 알려져 있지 않았다고 해요. 비드의 저서 『계산론』에는 크리스트교 축제일을 정하는 방법이 설명되어 있는데, 현재 교회에서 기념하는 부활절은 325년 니케아 종교회의에서 정한 것을 그대로 지키고 있지요. 즉 '춘분(3월 21일)이나 춘분 이후의 보름 다음에 오는 첫 일요일, 혹은 보름이 일요일이면 그다음 일요일로 한다'는 것입니다. 하지만 이처럼 크리스트교 신앙에 필요한 스케줄을 결정하는 일에 관심을 쏟은 것이 긍정적으로 작용한 면도 있다고 합니다. 고대 수학자와 천문학자의 문헌을 다시 연구한 점이 그것이지요.

8세기경 신학자 알비누스의 수학 문제는 우리를 더욱 당황스럽게 만듭니다. 알비누스는 『오성(悟性)을 예리하게 하는 문제집』을 만들었는데, 그 안에 실린 수학 문제는 순 엉터리입니다. 예를 들면 다음과 같습니다. '두 사람이 있다. 다섯 마리에 2파운드를 주고 돼지를 100파운드만큼 공동 구입했다. 이것을 분배한 뒤 다시 똑같은 비율로 팔고 이익을 보았다면 그 이유는 무엇인가?' 수학 문제가 아니라 개그 프로에나 나올 법한 동문서답식 문제이지요. 그리스 수학자에 비하면 중세 수학자의 연구는 너무 보잘것없습니다.

그러나 십자군 원정으로 도시가 발생하고 상공업의 발달로 화폐경제가 활발해지자, 이탈리아 상인들이 동방의 아라비아숫자를 체득하면서 13세기 말에는 편리한 인도-아라비아식 셈법을 도입하게 되었습니다. 12~13세기가 되면 수학자 피보나치가 등장합니다. 피보나치는 당시의 베스트셀러 『계산판의 책』을 썼는데, 책의 내용은 인도-아라비아숫자를 읽고 쓰는 법, 사칙연산, 분수의 계산, 환전 문제, 제곱근과 세제곱근 구하는 법, 구적법, 1·2차식, 피보나치수열 등이었습니다. 분수와 제곱근의 문제는 이미 고대 이집트나 메소포타미아에 있었던 내용인데, 잊혀서 사라졌다가 다시 중요성이 부각되었지요. 동방과 유럽의 교역이 활발해지니까 환전 문제도 중요한 문제가 되었습니다. 13세기는 아직 중세라고 하지만 여러 면에서 르네상스 운동이 준비되는 시기였어요. 피보나치수열은 1, 1, 2, 3, 5, 8, 13, 21, ……로 나열되는 수열로 『계산판의 책』에 실려 있는 내용입니다. 이 수열에는 인접하는 두 항의 비를 무한히 계산하면 황금비가 된다는 놀라운 사실이 담겨 있습니다.

14세기 중세의 마지막 수학자는 프랑스의 성직자 오렘입니다. 그는 유리 지수, 음의 지수 등 지수의 개념을 고안해냈으며, 그동안 금기시했던 무한을 수학의 대상으로 삼습니다. 잴 수 있는 모든 것을 연속량으로 파악하고서 가속되는 운동체를 나타내기 위해 속도와 시간을 기준 삼아 그래프를 그렸습니다. 즉, 가로축에 시간의 각 순간을 경도로 표시하고 이들 각 순간에 대해 수평인 수직 선분(위도)을 그려서, 각 선분에 길이로 속도를 나타낸 것이지요. 즉, 데카르트의 해석기하학적인 발상입니다.

이 밖에도 오렘의 업적으로는 무한급수의 합, $\frac{1}{2}+\frac{2}{4}+\frac{3}{8}+\cdots\cdots+\frac{n}{2^n}+\cdots\cdots=2$를 증명하는 데 그래프를 이용하기도 했습니다. 오렘의 무한급수 연구는 당시 사회가 무한이라는 개념에 대해 적극적으로 관심을 가지고 있었다는 것을 알려주지요. 무한 개념은 근대 수학에서 미분적분학을 꽃피울 수 있는 토대가 되었답니다.

역사에 등장하는 로마

중세의 수학과 미술을 이야기하려면 우선 중세의 종교인 크리스트교의 역사를 살펴보아야 합니다. 그러자면 자연히 로마의 역사부터 이야기를 풀어나가야 합니다. 로마는 기원전 8세기 중엽부터 1,300년 동안 장구한 역사를 이어온 나라입니다. 처음에는 귀족 중심의 공화정으로 나라를 다스리다가 점차 평민이 정치에 참여하게 되었지요. 하지만 아테네와 같은 민주정은 실현하지 못합니다. 번영했던 북아프리카의 카르타고를 점령한 뒤 그 여세를 몰아 동방과 에스파냐로 진출해 많은 나라를 정복한 로마는 점령지에서 들어오는 막대한 세금으로 점점 부유해졌지요. 로마의 지배층은 광대하게 토지를 소유했고, 노예를 사들여 대규모로 농장을 운영합니다. 뿐만 아니라 목장과 과수원을 경영하면서 더욱 풍족해졌으며, 동방의 사치 풍조를 본받아 점차 호화롭고 넓은 저택과 별장을 짓고 나중에는 퇴폐적으로 변합니다.

로마의 건축술은 인류 문화에 지대한 공헌을 합니다. 그러나 건축에서 빼놓을 수 없는 수학 분야에서는 독창적인 것을 이룩하지 못하고 그리스의 수학을 모방한 것에 그칩니다. 학교 제도도 그리스를 그대로 답습했다고 하지요. 로마인의 수학에서 지금도 남아 있는 것을 이야기하자면 로마숫자 I, II, III, IV, V, ……인데, 시계의 숫자를 장식하거나 책의 각 장을 표시할 때만 사용하지요.

다음은 로마자를 사용한 셈법입니다. 가령 496×23을 계산하려면, 우리는 3을 6, 9, 4의 숫자와 곱하고, 다음에 십의 자릿수 2를 6, 9, 4와 차례로 곱해 자릿수에 맞추어 더하면 됩니다. 이는 아라비아 수학 덕분에 가능합니다. 그런데 로마식의 계산법은 계산판을 사용해 여러 단계를 거쳐야만 합니다. 인도인이 편리한 숫자를 발견할 때까지 이 불편한 계산법을 무려 16세기까지 사용했습니다.

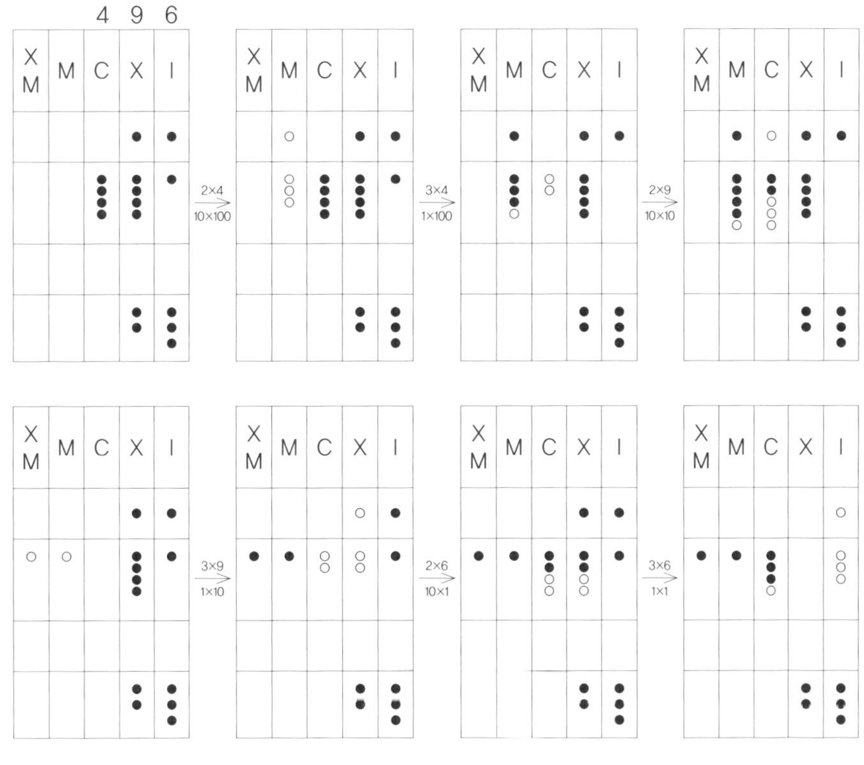

로마식 계산판에 의한 496×23의 계산

고집 센 로마 교황청을 비롯해 개혁을 두려워한 기득권자들 때문이었습니다.

싸움터에서도 글을 쓴 로마의 카이사르

카이사르

로마의 카이사르는 에스파냐의 총독으로 근무하다가 본토 로마로 귀국합니다. 당시 집정관을 선거로 뽑았던 로마에서 카이사르는 중앙의 권력자로 부상하려는 야망을 가지고 집정관으로 입후보합니다. 기원전 60년 드디어 카이사르는 집정관으로 당선되었고, 이집트 여왕 클레오파트라를 만나는 운명의 시간이 점점 다가왔습니다. 그는 북부 이탈리아와 프랑스, 벨기에 지역에서 5년 동안 용맹한 갈리아인을 평정한 뒤에 이들로부터 로마에 복종하겠다는 약속을 받아냅니다. 전장에서 병에 걸리거나 허약해진 병사를 손수 간호한 카이사르는 부하 병사들로부터 존경을 받습니다. 이런 소식이 로마에 전해지자 집정관으로 선출되는 데 무리가 없었지요. 카이사르가 프랑스, 벨기에, 북부 이탈리아 지역을 정복한 덕분에 그리스·로마 문화에 기반을 둔 유럽 문화가 형성될 수 있었다고 역사가들은 논평합니다. 카이사르는 이때 그 유명한 『갈리아 전기』를 집필하지요.

카이사르와 안토니우스를 굴복시킨 클레오파트라

클레오파트라(왼쪽의 인물)

때는 바야흐로 기원전 50년경, 이집트에서는 프톨레마이오스 13세와 클레오파트라의 권력 다툼이 시작되고 있었습니다. 두 사람은 공동 파라오이면서 남매지간이자 부부인 묘한 관계였습니다. 고대 사회에서는 근친 간에 결혼하는 일이 흔했고, 권력 싸움은 형제 사이나 남매 사이나 예외가 없었지요. 이집트 백성의 지지를 받지 못해 궁지에 몰린 클레오파트라는 로마의 새 집정관 카이사르를 이용하고자 합니다. 그래서 알렉산드리아에 있는 카이사르를 찾아가 무릎을 꿇고 도와달라고 요청합니다. 당시 이집트는 로마의 속국이나 마찬가지였습니다. 재색을 겸비한 클레오파트라는 여왕의 품위를 지녔으면서도 요부와 같은 매력을 가진 여인이었습니다. 카이사르는 클레오파트라 앞에서 이성을 잃게 됩니다. 그만 사랑에 눈이 멀고 말지요.

사랑에 눈먼 카이사르는 클레오파트라를 반대하는 이집트 백성을 타도하기 위해 전쟁을 일으켜 클레오파트라의 왕위를 회복시켜주고 1년간 클레오파트라와 꿈 같은 세월을 보냅니다. 시리아 지방에 반란이 일어나자 이집트에 있던 카이사르는 5일 만에 진압하고서 로마에 편지를 보냅니다. 이때 그의 유명한 말 **"왔노라! 보았노라! 이겼노라!"**라는 단 세 마디의 편지가 로마로 전달되었습니다.

사실 로마는 겉으로만 공화정이었지 카이사르는 왕이나 다름없는 권력을 갖고 있었습니다. 하지만 정치에는 항상 반대 세력이 있게 마련! 왕과 다름없던 카이사르를 없애고 권력을 잡으려는 무리가 생깁니다. 결국 카시우스와 브루투스 일파에 의해 카이사르가 암살당하자, 로마에 있던 클레오파트라는 화를 입을까 두려워 서둘러 이집트로 돌아갑니다.

정식으로 아들이 없었던 카이사르의 유언에 따라 상속인으로 지정된 누이의 손자 옥타비아누스가 로마로 돌아옵니다. 이집트로 돌아간 클레오파트라는 막냇동생인 프톨레마이오스 14세를 죽이고 자기 아들을 왕으로 세운 다음 뒤에서 권력을 쥐락펴락합니다. 그러던 중 로마에서는 안토니우스 장군이 카이사르를 암살한 자들을 모두 처단하고 시리아 지방을 순찰했지요. 안토니우스는 원정하는 데 필요한 돈을 얻어볼 요량으로 클레오파트라를 부릅니다. 이 기회를 놓치지 않고 클레오파트라는 안토니우스도 유혹하지요. 클레오파트라가 자신의 매력을 발산하며 안토니우스를 접대하자 그 남자 역시 그녀의 치마폭에서 세월 가는 줄 모르고 지냈습니다.

나중에 수학자이자 철학자였던 파스칼(Pascal, 1623~1662)은 "클레오파트라의 코가 1센티미터만 낮았어도 세계 역사는 바뀌었을 것이다"라고 말했다고 합니다. 심지어 안토니우스는 파르티아로 원정을 갈 때도 클레오파트라를 데려갈 정도였습니다. 로마의 속국인 페니키아, 시리아, 키프로스 등을 클레오파트라에게 선물로 주었다고 하니, 역사상 남편이나 애인에게서 가장 큰 선물을 받은 여인은 단연 클레오파트라겠지요.

이런 소문이 로마로 퍼지자 본국에서는 "클레오파트라는 나일강의 마녀다! 안토니우스를 로마로 불러 처단하라!"라는 시민들의 규탄이 시작됩니다. 본국에 있던 안토니우스의 부인은 남편을 돌아오게 하려는 계략을 세웠지만, 막상 돌아온 남편과 행복을 누리지 못하고 병으로 죽고 맙니다. 클레오파트라를 향

한 안토니우스의 사랑은 식을 줄 몰라 기원전 33년 클레오파트라와 정식으로 결혼하고 2남 1녀를 낳습니다. 로마 시민들은 배신감에 치를 떨었고, 드디어 카이사르의 상속인 옥타비아누스가 이집트에 선전포고를 하게 되지요.

전쟁 속에서도 안토니우스는 클레오파트라의 품 안에서 벗어나지 못하고 그녀의 뜻대로 해전으로 승부를 겁니다. 기원전 31년 악티움해전에서 완패를 당해 두 사람 모두 자결하면서, 알렉산드로스대왕이 세웠던 헬레니즘 왕국의 마지막 나라 이집트마저 멸망합니다. 바야흐로 로마의 지중해 통일이 완성된 것이지요. 이집트를 정복한 옥타비아누스에게 원로원은 최고 존경의 표시인 **아우구스투스**(Augustus)라는 칭호를 주고, 개선장군만이 일시적으로 부여받던 **임페라토르**(Imperator)의 지위도 영속적으로 누릴 수 있게 합니다.

아우구스투스의 통치

영어로 8월을 August라고 합니다. 이 단어가 아우구스투스의 이름에서 유래했을 정도로 그는 로마의 뛰어난 황제였지요. 아우구스투스는 성(性)적으로 문란한 로마인에게 합법적으로 결혼해 자녀를 많이 낳도록 장려하면서, 세 명 이상의 자녀를 둔 남자에게는 우선적으로 공직을 맡을 수 있는 특권을 주었습니다. 세 명의 자녀를 둔 시민에게 혜택을 준 것을 보면 당시 로마에서도 인구문제가 큰 걱정거리였나봅니다.

당시 로마는 인구 100만 명의 거대한 도시였는데 노예만 40만 명이었다고 해요. 노예의 노동 덕분에 귀족은 사치와 향락을 한없이 즐길 수 있었지요. 속주로부터 계속 들어오는 사람들로 인해 메트로폴리탄 로마의 소비 풍조가 나날이 늘고 성적으로 문란해졌습니다. 당시 로마는 딸이 너무 적게 태어나 여자가 매우 적었습니다.

남자들은 결혼을 하고 싶어도 여자가 없어서 자연히 동성애자가 많았습니다. 남자와 여자, 노인과 젊은이의 적당한 비율은 나라가 융성하고 번영하는 중요한 변수라는 사실을 실감하게 합니다. 초기 로마의 황제 열 명 가운데 두세 명을 제외하고는 거의 동성애자였다는 사실은 성적으로 문란했다는 또 하나의 증거이기도 합니다.

아우구스투스의 후손인 네로 황제

아우구스투스는 늘 행운이 따랐지만 자식 복만큼은 없었습니다. 부인 세 명 중 두 번째 부인만 유일하게 율리아라는 딸을 하나 낳았는데, 이 딸의 행실이 아주

좋지 않았지요. 율리아의 딸이 아그리피나이고, 아그리피나의 외손자가 바로 폭군 네로 황제입니다. 그러니까 네로의 외할머니가 아그리피나이고, 아그리피나의 외할아버지가 아우구스투스인 것이지요. 네로는 64년 수도 로마에서 원인 모를 화재가 발생하자 죄 없는 크리스트교 신자들의 짓이라고 매도하면서 크리스트교인을 핍박했습니다. 결국 폭정에 시달린 근위대마저 황제를 공격하려 했고, 이를 눈치챈 네로는 31세의 젊은 나이에 자결하고 맙니다.

네로 황제

성적으로 타락했던 로마인은 황실에서조차 예외 없이 문란해 가족 관계가 복잡해지면서 자녀들을 올바르게 양육하지 못했습니다. 이런 환경에서 정서적으로 불안한 인간으로 성장해 끝내 네로와 같은 미치광이 황제가 나오게 되었다고 생각합니다. 즉, 성(性)은 도덕이나 인격의 수준을 측정할 수 있는 바로미터라고 말할 수 있지요.

하나님의 아들 예수의 등장

유대왕국은 기원전 63년 로마에 정복당해 식민지가 되었는데, 아우구스투스에게 인정받은 헤롯 대왕이 팔레스타인 전체를 다스리게 됩니다. 헤롯이 죽자 팔레스타인은 세 명의 아들에게 분할되었습니다. 갈릴리 지역은 헤롯 안티파스, 유대와 사마리아 지역은 아르켈라우스, 나머지 지역은 필리포스가 통치했지요. 그런데 아르켈라우스를 향한 백성의 원성이 너무 심해 로마는 그를 추방한 뒤에 새로 총독을 임명해 직접 통치하기 시작했습니다. 다섯 번째로 파견된 총독

콜로세움, 지름 긴 쪽 188m, 짧은 쪽 156m, 높이 48m, 서기 72~80년, 로마

이 바로 『성경』에 등장하는 **본디오 빌라도**입니다. 정확하게 말하면 기원전 4년경 유대 땅 베들레헴에서 예수 그리스도가 태어납니다. 예수는 스스로를 하나님의 아들 메시아라고 외치면서 기적을 베풀고 병자를 고치며 하나님 나라를 선포하지요.

당시 이스라엘의 시대적 배경을 살펴봅시다. 중산층이 없는 사회로 10퍼센트의 상류층, 80퍼센트의 하류층, 10퍼센트의 최하류층으로 구성되었습니다. 거지와 유랑민, 한센병자들로 구성된 최하류층 백성에게 청년 예수는 병을 고쳐주고, 배고픈 이들에게 빵을 먹이는 '오병이어(五餠二魚)'의 기적을 일으켰지요. 다섯 개의 보리떡과 두 마리의 물고기로 5,000명의 가난한 사람을 먹인 사건이랍니다(「마태복음」 14:14~21). 기득권을 누리던 상류층의 바리새인과 사두개인은 예수를 미워하게 되었고, 가난한 민중에게 희망의 복음을 가르치던 예수를 본디오 빌라도에게 넘겨주어 십자가에서 처형시키는 사건이 발생했지요. 서기

29년의 일입니다. 예수를 시기하던 사람들은 정작 점령국 로마인이 아니라 자기 동족인 유대 권력층 사두개인과 바리새인이었어요. 예수는 십자가에 못 박혀 죽는 가장 참혹한 처형을 당합니다.

당시 로마의 처형이 얼마나 잔혹했는지 알아볼까요? 태형이 선고되면 유대법으로는 39대만 때리는데 로마법은 때리는 체벌자가 지칠 때까지 때렸다고 합니다. 맞는 사람이 죽든 말든 상관없이 잔혹하게 때렸던 것이지요. 게다가 때리는 도구도 차별해 로마 시민은 장대로, 로마 군인은 방망이로 때렸고, 식민지 백성이나 노예는 날카로운 금속조각이나 뼛조각이 박힌 가죽 채찍으로 때렸다고 합니다. 그러니 예수가 어떤 태형을 받았는지 추측할 수 있습니다. 멜 깁슨이 감독하고 출연한 영화 〈패션 오브 크라이스트(Passion of Christ)〉는 예수가 태형당하는 장면을 아주 리얼하게 묘사하고 있지요.

3일 만에 부활하리라는 예수의 예언대로 제자들은 스승의 부활을 목격합니다. 스승이 십자가에 못 박힐 때 두려워 도망갔던 제자들은 부활한 스승을 직접 눈으로 보고 만져본 다음에 비로소 용감한 사도로 변합니다. 로마제국은 지중해를 통일시켰기 때문에 당시 지중해 연안의 언어는 그리스어로 통일되어 있었고, 점령지마다 속국을 다스리기 위해 도로를 잘 닦아놓았지요. 이러한 시대 배경 아래 베드로와 바울 같은 사도의 공헌으로 크리스트교의 교세는 날로 커졌습니다. 네로 황제는 64년 로마의 대화재 원인을 크리스트교인에게 뒤집어씌우면서 박해를 시작했고 사도 바울과 베드로도 이때 로마에서 순교하지요. 그런데 이상하게도 박해가 심하면 심할수록 크리스트교의 교세는 확장되었습니다.

로마의 원형경기장 콜로세움에서는 붙잡힌 크리스트교인에게 죽음의 칼을 들이대면서 크리스트교 신앙을 버릴 것을 강요했습니다. 로마 정부는 배교하기만 하면 옆에 세워놓은 황금 마차를 태워주겠노라는 달콤한 유혹과 함께 인생

역전의 기회를 제시했지만, 이들은 맹수에게 목숨을 내놓는 일을 주저하지 않았습니다. 크리스트교인은 로마의 박해를 피해 지하 땅굴에 숨어서 생활했고, 또 거기서 예배를 드리다가 죽으면 그 자리에 묻혔습니다. 초기 크리스트교인의 목숨을 건 처절한 생활은 무려 300여 년간 지속되었답니다.

300년의 크리스트교 탄압이 막을 내리다

카타콤은 예수 그리스도의 복음을 믿는 로마인의 공동 무덤이자 예배 처소이며 은신처이기도 합니다. 현재까지 발견된 로마 근교의 카타콤은 약 120개인데 그 길이를 다 합하면 약 900킬로미터라고 합니다. 서울에서 부산까지 거리가 약 400킬로미터니까 대충 그 규모가 짐작되지요? 카타콤의 벽과 천장에는 초기 크리스트교인이 남긴 벽화가 많은데, 그림의 주제는 선한 목자, 고래 배 속에 들어갔다 나온 요나의 이야기, 사자 굴에 들어갔던 다니엘의 이야기가 주류를 이룹니다. 4세기 카타콤 천장화 〈선한 목자〉는 수염이 없는 젊은 목동이 잃어버린 양 한 마리를 찾아 기뻐하는 「누가복음」의 선한 목자 비유를 표현하고 있습니다. 박해를 받으면서 지하 동굴에 그리는 그림이 그리스 미술처럼 사실적일 수는 없겠지요. 크리스트교인은 이제 눈에 보이는 세계를 중요

카타콤의 내부

하게 여기지 않습니다. 마음으로 느껴지는 예수 그리스도의 권능과 영광, 사랑 등을 간단하고 명료하게 표현합니다.

칼릭스투스 카타콤의 〈선한 목자〉

그러나 그토록 심했던 300년 동안의 박해도 어느덧 끝이 납니다. 313년 6월 15일, 콘스탄티누스대제는 모든 종교에 관용을 베푸는 **밀라노칙령**을 공포합니다.

앞에서도 이야기했듯이, 당시 로마는 성적으로 매우 문란했습니다. 그런데 로마 상류사회에서는 며느리와 사위를 얻을 때 순결한 처녀와 총각을 구하고자 크리스트교인을 택하게 되었고, 이로 인해 처음에는 하류층에 파고들었던 크리스트교 교세가 상류층까지 확장되었다는 기록이 있습니다.

크리스트교를 국교로 선포하자 우선 필요한 것은 예배 장소였습니다. 우상과 박해의 기억 때문에 로마 신전은 크리스트교의 예배 처소로는 적당하지 않았습니다. 처음에는 로마의 공공 집회 장소였던 바실리카를 빌려 사용했고, 차차 아름다운 교회와 대성당을 짓기 시작했지요. 상업의 발달로 경제력이 커진 13세기에는 대성당의 건립이 절정을 이룹니다.

햇빛과 비를 피할 수 있는 콜로세움

로마인의 뛰어난 업적을 꼽는다면 단연 건축인데, 그중에서도 검투사들의 격전장이었던 원형경기장과 수로, 공중목욕탕이 탁월하지요. 특히 콜로세움은 영화 〈글래디에이터〉에서도 나오듯이 검투사들의 격전장이기도 하지만, 크리스트교인이 맹수의 밥으로 목숨을 내놓았던 곳으로도 유명하지요. 콜로세움의 지하에는 정교하게 통로가 만들어져 동물 조련사가 사자와 같은 맹수를 무대로 내보내기에 편리하도록 되어 있어요. 게다가 햇빛과 비를 가릴 수 있는 엄청난 차양까지 설치된 우수한 건축물이었지요.

차양막을 열고 닫을 수 있는 힘은 로마 병사 1,200명의 팔뚝 힘이었고, 28개 승강기의 동력은 노예들의 피와 땀이었어요. 대리석으로 건물을 짓던 로마인이 거대한 콜로세움을 지을 수 있었던 것은 건축 재료를 혁신했기 때문입니다. 화산재와 석회, 모래, 자갈을 혼합해 가벼운 벽돌을 만들고 콘크리트 기법을 창안했기 때문에 가능한 일이었어요. 콜로세움은 벽돌 100만 개를 도르래와 기중기를 이용해 건립했다고 합니다.

콜로세움은 로마 황제의 위용과 권위를 과시할 수 있는 장소이기도 했어요. 축제의 하이라이트인 검투사 경기 때 관중의 목소리를 듣고 소통할 수 있는 공간이기도 합니다. 즉, 백성들의 오락 장소인 동시에 정치적인 공간이었고, 초기 크리스트교인들에게는 박해의 현장이었지요. 5만여 명의 관중이 30분이면 모두 출입이 가능하도록 설계된 콜로세움은 오늘날 스타디움의 원형이기도 합니다.

원형경기장 중에는 영화 〈벤허〉의 촬영지였던 **키르쿠스 막시무스**가 유명합니다. 이 경기장은 12대의 마차가 달릴 수 있고 30만 명의 관중이 환호성을 지르며 경기를 관람할 수 있을 만큼 규모가 크다고 하네요.

역대 황제들이 심혈을 기울여 만든 로마의 수로는 시민들을 위해 수킬로미

콜로세움 내부 모습

터 떨어진 곳에 있는 저수지로부터 물을 공급했다고 해요. 1세기에 만든 프로세르피나 저수지에는 400미터가 넘는 경사벽을 쌓아 댐의 역할을 하도록 했는데, 2,000년이 지난 현재까지도 제 기능을 하고 있다고 하니 로마인의 건축과 토목 실력은 정말 대단했다고 볼 수 있습니다.

아우구스투스조차 딸 율리아의 장례 경기로 300쌍의 검투사를 싸우도록 한 걸 보면, 로마인의 잔인한 기질은 세계에서 으뜸인 것 같아요. 난쟁이와 여성 검투사의 격투까지 즐겼고요. 그런데 서기 200년경 황제 셉티미우스 세베루스는 여성 검투사의 경기를 금지시킵니다. 그는 로마제국 최초의 아프리카 출신 황제로, 군인이지만 아테네에서 공부한 지성인이기도 했답니다. 313년 밀라노칙령을 발표해 크리스트교를 공인한 콘스탄티누스대제는 마침내 325년 검투 경기를 불법이라고 공포합니다. 404년에는 검투 경기가 완전히 폐지됩니다.

잔인한 검투 경기가 폐지된 배경에는 한 성인(聖人)의 용감한 희생이 따랐습니다. 크리스트교 성인 텔레마쿠스가 피로 얼룩진 검투 경기를 중지시키기 위해 경기장으로 돌진하여 한창 싸우고 있는 두 검투사를 떼어놓았습니다. 환호성을 지르던 혈기 충천한 관중들은 경기를 막는 그에게 돌을 던지며 야유했고 텔레마쿠스는 돌에 맞아 장렬하게 숨을 거둡니다. 이 사건을 계기로 로마에서 검투 경기는 막을 내렸다고 하는군요.

목욕을 좋아한 로마인

기원전 1세기 헬레니즘 시대부터 그리스인은 목욕하는 걸 좋아해 공중목욕탕에 도서관이나 체육 시설을 함께 갖추기 시작했습니다. 그런데 로마인은 그리스인보다 더 목욕을 좋아해 황제들은 앞다투어 대욕장을 건설했지요. 기원전 33년에는 170곳이었는데 300년이 지나자 856곳으로 늘어났습니다. 로마 시민에게는 입장료가 무료였다고 하니 로마의 재정이 거덜날 수밖에 없었겠죠!

공짜 좋아하는 사람의 심리를 이용해 인기를 얻으려 했던 황제들의 얄팍한 술책이 결국 나라의 몰락을 가져왔던 거지요. 한 번에 3,000명을 수용할 수 있는 유명한 **카라칼라 대욕장**의 터가 지금까지 보전되어 있는데, 지금은 오페라 상설 무대로 바뀌어 주로 여름밤에 공연장으로 쓰이고 있어요. 욕장의 높이는 무려 30미터로 현대식 10층 건물의 높이에 해당하며, 온탕, 냉탕, 열탕, 증기탕, 노천 수영장, 마사지실, 노예 대기실, 운동 경기장까지 갖춘 전천후 휴식 공간이었습니다. 요즘 우리나라 찜질방 문화가 전천후 휴식 공간으로 자리매김하고 있는 것과 매우 흡사한 현상이지요. 찜질방에도 인터넷실과 영화 관람실, 체력 단련실까지 두루 갖추고 있으니 말입니다.

중세 유럽의 교과서『성경』

크리스트교가 중세 사회를 지배하면서 유럽에서 베스트셀러가 된『성경』에 주목할 필요가 있습니다.『성경』은 기원전 1400년부터 1,600년간 약 40명의 유대인 족장과 선지자, 사도가 양피지에 쓴 책입니다. 유대의 율법학자들이 입에서 입으로 전해져온 이야기와 흩어져 있는 문서를 한데 모아 사본을 만들었습니다. 기원전 4년 예수 그리스도의 출현을 기점으로 **히브리어**와 **아람어(시리아어)**로 기록된『구약성경』과 **그리스어(희랍어)**로 기록된『신약성경』으로 나뉘었는데, 사본이 원본을 왜곡시킬 위험이 있었지만 율법학자들이 충성심과 신앙심으로 꼼꼼하게 베낀 덕분에 대부분은 일치한다고 하지요. 예수가 살았던 당시 예루살렘과 유대, 갈릴리 지역에서 유대인이 일상어로 사용한 것은 아람어였고, 히브리어는 공회당에서 공적인 문서를 낭독할 때 사용한 종교 언어이면서 동시에 학술 언어였습니다. 놀랍게도『구약성경』39권(가톨릭교에서는 46권),『신약성경』27권, 모두 66권의『성경』은 장르와 상관없이 기록자들이 의도하고 있는 동일한 주제가 **메시아**였습니다.

『성경』의 지혜는 이집트나 메소포타미아의 지혜와는 전혀 다른, 전 인류를 향한 독창적인 것이었습니다. 다음은『수빈나 성서』의 삽화로 아브라함과 그의 후손을 묘사하고 있는데, 물론 사실적인 그림은 아닙니다. 바닷가의 모래알만큼 많은 후

〈아브라함과 그의 후손〉,
『수빈나 성서』의 채색 삽화

손을 약속받은 최초의 족장이자 믿음의 조상인 아브라함이 상징적으로 표현되어 있기 때문입니다. 이처럼 중세에는 크리스트교의 사상과 교리 를 표현하고자 할 때, 실물처럼 묘사하던 미술의 사실주의 기법은 사라지고 점차 상징성이 강화되었습니다.

330년 콘스탄티누스대제가 로마제국의 수도를 **콘스탄티노플**로 옮긴 뒤 유럽은 끊임없이 북쪽의 야만족으로부터 침략을 받아 6세기부터 10세기까지 이른바 '암흑시대'로 들어갑니다. 야만족이 로마를 붕괴시킨 이후 중세 조형 예술에서는 실물과의 유사성을 추구하지 않습니다. 크리스트교의 하나님이 지배하는 사회에서 사실성이 퇴보하는 것입니다. 사실성이란 인간의 소유욕과 밀접하기 때문이지요. 『신약성경』「요한일서」에는 이런 구절이 있습니다. "세상에 있는 모든 것이 육신의 정욕과 안목의 정욕과 이생의 자랑이니 다 아버지께로 좇아온 것이 아니요 세상으로부터 좇아온 것이라." 이 구절을 보면 짐작할 수 있듯이, 인간의 눈에 아름다운 것은 정욕이라는 생각이 사실성과 현실성을 점점 퇴보시킨 것이지요.

한편 그리스와 로마 미술이 부활하는 르네상스 시대에는 그림을 실물처럼 그리려는 노력이 필요하게 되는데, 이는 곧 부르주아의 등장이나 자본주의의 발달과 맥을 같이합니다.

크리스트교의 경건한 미술

중세 크리스트교 미술의 기능과 역할은 무엇일까요? 크리스트교 미술의 첫 번째 목표는 크리스트교 신앙과 관련된 내용을 시각화해 교훈을 전달하는 것이었습니다. 말하자면 중세 크리스트교 미술의 기능은 설교였습니다. 중세 미술에서 대표적인 양식을 꼽는다면 **비잔틴 양식, 로마네스크 양식, 고딕 양식**을 들 수 있는데, 330년 콘스탄티누스대제가 수도를 로마에서 콘스탄티노플로 옮긴 뒤 1453년 오스만 투르크에 멸망할 때까지 약 1,000년간 비잔틴 미술의 주역은 모자이크였습니다. 로마의 모자이크는 돌 조각으로 만들었지만, 비잔틴의 모자이크는 색유리를 불에 구워서 만듭니다.

〈오병이어의 기적〉, 504년경,
이탈리아 라벤나 성 아폴리나레 누오보 교회

1,000년간 지속된 비잔틴 미술은 고대 그리스 미술이 개발했던 표현 기법과 유형, 관념을 보존하는 데 크게 이바지했습니다. 중세에는 눈에 보이지 않는 하나님의 음성을 듣는 것이 중요해 **마음에 느끼는 대로** 그림을 그리게 되었지요. 그러므로 이집트인은 아는 대로 그림을 그렸다면, 그리스인은 눈에 보이는 대로 그렸고, 이에 비해 중세인은 마음에 느낀 대로 그렸다고 할 수 있습니다.

504년경 비잔틴 양식의 모자이크 작품을 보면 흰옷을 입은 평범한 네 명의 제자와 로마 황제처럼 자주색 옷을 입은 젊은 예수가 등장합니다. 보리 떡 다섯 개와 물고기 두 마리로 기적을 베푸는 『신약성경』에 나오는 오병이어 이야기지요. 그런데 당시 예수가 이처럼 화려한 옷을 입었을까요? 같은 내용과 같은 주제라도 표현하는 사람에 따라, 또 시대적인 분위기에 따라 다르게 표현될 수 있답니다.

중세의 매력 없는 그림들

비잔틴움제국이 찬란한 크리스트교 문화를 창조하고 있는 동안 이탈리아를 중심으로 하는 서로마제국은 쇠퇴의 길을 걷고 있었습니다. 게르만족이 분열해 전쟁을 하면서 약탈과 방화로 유럽의 도시와 교회는 폐허가 되었습니다. 이른바 중세 암흑시대가 시작된 것입니다. 교회는 약탈과 위험이 있는 도시를 떠나 한가한 시골이나 산에 수도원을 세웠으므로, 이제 수도원이 크리스트교 활동의 새로운 중심지가 되었습니다. 그 덕에 고대로부터 전해온 학문과 미술을 보전하는 데 크게 이바지했답니다.

이탈리아 피렌체에서 제작된 『성경』 속의 그림을 통해 중세 유럽의 미술을 살펴봅시다. 작자 미상의 『고대 시리아의 복음서』에 있는 그림 〈십자가의 처형과 부활〉은 6세기의 그림이고, 〈빈 무덤〉은 10세기의 그림입니다. 〈빈 무덤〉은 〈십자가의 처형과 부활〉보다 400년 뒤의 작품인데, 더 평면적이고 무미건조

〈빈 무덤〉, 10세기, 피렌체

〈천지 창조〉, 12세기, 피렌체

〈십자가의 처형과 부활〉,
6세기, 피렌체

하며 비사실적이지요. 〈천지 창조〉는 12세기 성서의 그림으로 〈빈 무덤〉보다 200년 뒤의 것인데, 아담을 잠들게 하고 이브를 창조하는 하나님의 모습이 유치하고 우스꽝스럽기까지 합니다.

춤추는 미녀들

4세기 후반에 서로마제국을 멸망시킨 게르만족은 로마 문명을 흡수하면서 크리스트교에 동화되었지만 생명력 없는 중세 암흑시대를 만들었습니다. 다음의 세 그림은 주제는 같지만 시대에 따라 표현 양식이 전혀 다르게 나타나는 그림입니다. 하나는 그리스 양식을 그대로 모방한 로마 폼페이의 벽화인 삼미신(三美神)이고, 또 하나는 중세 말 14세기 토스카나 교회의 벽화입니다. 그리스의 삼미신은 인체의 아름다움을 표현하기 위해 아무것도 걸치지 않은 나체로 표현되었습니다. 벗은 몸이지만 외설스러운 자태는 결코 아닙니다. 그러나 중세의 삼미신은 담요 같은 두꺼운 천을 두르고 획일적인 자세를 취하는군요. 그리스 시대에는 인간의 육체에서도 황금비를 발견할 만큼 수학적 탐구가 활발했던 시대였지만, 중세는 육체의 본능을 성스럽지 못한 죄악으로 여겼답니다.

유럽의 중세 사회는 크리스트교의 권위에 눌려 개인의 감정을 표출할 기회가 없었습니다. 초월성만 편협하게 강조하고 크리스트교 정신을 왜곡시킨 결과였습니다. 수학의 정신이 사라진 결과이기도 하지요. 야만족의 침략으로 문화가 황

로마 시대 폼페이 벽화 〈삼미신〉

보티첼리, 〈봄〉 중의 삼미신

폐해지면서 학교가 없어진 대신 수도원에서 학문 연구와 교육이 이루어졌습니다. 그런데 수도원 교육의 목적은 성직자 양성이었습니다. 자연히 그리스 시대부터 열심히 탐구된 유클리드기하는 서서히 사라져갑니다. 수학의 정신이란 말하자면 논리적이고 합리적인 사고방식인데 수학의 정신이 사라졌으니 합리성도 사라졌지요.

중세의 삼미신, 14세기, 토스카나 사원의 벽화

그러나 수학의 정신이 되살아난 르네상스 시대에는 삼미신이 매우 다른 모습으로 표현됩니다. 보티첼리(Botticelli, 1445?~1510)가 그린 〈봄〉에 나오는 삼미신을 보면 발레리나 같은 옷과 표정, 동작이 꿈속에서 본 듯 몽환적이면서 상큼하게 느껴집니다.

카노사의 굴욕

10세기에 접어들면서 유럽 사회는 장원 제도를 바탕으로 한 봉건제도가 안정되자 농업 생산력이 증대되면서 인구가 증가하고, 11세기에는 활기가 넘쳐흐르기 시작합니다. 각 지방의 주교와 수도원은 왕과 귀족으로부터 넓은 영지(토지)를 기증받아 영지를 지배하는 봉건 영주가 되지요. 교회 영지는 서유럽의 25퍼센트를 차지할 정도였다고 하니 교회의 세력을 짐작할 수 있겠지요? 특히 로마의 교황청은 교회 땅과 신자들의 기증품과 로마 시의 세금으로 엄청난 부를 소유하게 되었지요. 당시 교황의 권한이 얼마나 컸는지 짐작하게 하는 에피소드가 있어요. 바로 '카노사의 굴욕'입니다.

신성로마제국의 황제 하인리히 4세는 교황 그레고리우스 7세에게 무조건 복종하겠다고 맹세하면서 만나달라고 요청했습니다. 그러나 요청이 거절당하자 황제는 카노사의 성문 앞에서 3일을 꼬박 눈 속에 맨발로 서서 눈물을 흘리며 용서를 구했다고 합니다. 이를 불쌍히 여긴 교황 그레고리우스 7세는 파문을 취소해줍니다. 짐작건대 이 사건으로 당시 교황은 왕의 권한을 쥐락펴락할 수 있을 정도로 막강했을 것입니다.

신성한 전쟁 십자군 원정

크리스트교인이 증가하고 생활이 윤택해지자 예수의 활동지였던 예루살렘을 방문하는 **성지순례**가 유행합니다. 그런데 11세기 중엽, 셀주크튀르크족이 세운 이슬람 제국이 바그다드를 점령하면서 성지순례를 방해하기 시작합니다. 교황도 이제는 막강한 힘을 가지고 있으니, 이슬람 세력을 가만히 놔둘 리가 없었지요. 이슬람에 맞서는 싸움은 하나님을 위해 싸우는 신성한 전쟁, 곧 **성전(聖戰)**이며, 이 전쟁의 전사자는 모두 천국에서 보상받을 것이라고 설교합니다. 그리하여 팽창하던 유럽 내부의 힘과 강렬한 신앙심이 결합해 대대적인 십자군 운동이 시작됩니다. 하지만 이슬람 진영에서도 역시 같은 논리로 성전이라고 생각하면서 전쟁은 쉽사리 끝나지 않았지요. 이슬람교를 신봉하는 사람들은 유대 민족의 조상인 아브라함의 아들 이스마엘의 후손이니까 예루살렘은 이슬람의 성지라는 논리였어요. 훈련받은 기사가 아니라 농민으로 구성된 제1차 원정대는 셀주크튀르크 군대에 전멸당했고, 물질이 탐나서 참가한 오합지졸의 십자군은 예루살렘에서 만행을 저지르기도 하면서 처음 의도와는 전혀 다르게 변질되었습니다.

도시의 발생

1096년부터 약 200년간 무려 여덟 차례에 걸친 십자군 원정 때문에 전쟁 비용으로 가산(家産)을 탕진하는 제후나 기사가 많았던 반면, 도시민과 국왕의 세력은 날로 커졌습니다. 십자군은 처음에는 육로로 갔다가 나중에는 배를 타고 시리아로 떠났기 때문에, 항구도시인 베네치아, 제노바 등은 전쟁으로 오히려 번성하고 부유해졌습니다.

하나님의 군사라는 미명 아래 일으킨 전쟁이었건만, 원정에 실패하자 일반 신도들은 더 이상 하나님과 성직자를 절대적인 존재로 보지 않고 차츰 신앙심도 식어갔습니다. 중세가 몰락하려는 징조였어요. 봉건시대의 꽃이라 할 수 있는 기사 계급이 약해지니까 봉건제도가 흔들리는 것도 당연했습니다. 역사란 미묘하게도 부정적인 요소가 있으면 한편에는 긍정적인 요소가 있게 마련입니다. 십자군이 여덟 번이나 헤쳐 모이면서 지나갔던 길과 마을은 상업 활동이 촉진되어 중세 도시가 발생했습니다.

도시의 새로운 주인, 시민계급

상업으로 돈을 번 평민들은 새로운 시민계급을 형성하면서 신분 상승의 욕구가 생겼습니다. 돈을 많이 갖게 된 중세인들의 신분 상승 욕구는 무엇이었을까요? 화려한 저택과 옷일까요? 여행일까요? 아닙니다. 공부하고 싶은 지적 욕구였습니다. 따라서 성직사 양성이라는 구실을 내걸고 대학이 설립되지요. 중세 도시가 더욱 발달하자 대학이 설립되고 이제까지 수도원이 담당했던 성직자 양성과 학문 탐구를 모두 대학이 대신합니다.

중세 도시가 새로운 사회계층인 시민계급을 만들어내면서 농촌과는 뚜렷한 차이가 생깁니다. 도시 인구가 증가하자 제빵업자, 양조업자, 대장장이 등 수공업자들이 모여들면서 '길드'라는 조합을 조직합니다.

여전히 차별받는 여성

중세의 봉건제도는 왕이 신하인 영주에게 땅을 주고, 영주는 자신의 부하에게 또 땅을 떼어주어 마지막에는 농노까지 내려가는 일종의 **지주 농업제**입니다. 땅을 매개로 한 봉신의 군역 납부 즉, 땅을 하사받는 대신 군인으로서 나라를 지켜주어야 하는 주종제입니다. 그러므로 군대를 갈 수 없는 여성은 자연히 남성보다 열등하게 취급되었지요. 사회의 지배층은 영주와 크리스트교 성직자, 그리고 기사 계급이었습니다. 사회의 하류 계층은 농민과 수공업자 등이었지요.

남성 중심의 지배 체제와 가부장적인 가족 구조가 굳어져 여성은 남편에게 종속되고, 장자 상속제가 12세기를 기점으로 더욱 강화되었습니다. 즉, 여성은 처녀 때는 아버지에게, 결혼을 한 뒤에는 남편에게, 남편이 죽었을 때는 장남에게 의존했습니다. 교부 철학자 토마스 아퀴나스는 "여자는 태어날 때부터 주인인 남편의 속박 아래 영원히 놓이도록 되어 있으며, 하나님은 여자보다 남자에게 우월성을 부여했으므로 모든 면에서 남자는 여자를 지배하도록 되어 있다"라고 주장했습니다. 이와 같은 여성관은 중세 내내 크리스트교의 중요한 신학이론으로 받아들여졌습니다. 예수 그리스도의 평등사상은 어디로 가버리고 중세 크리스트교 사상은 여성의 불평등을 조장했답니다.

중세의 혼수품, 리모주 상자

중세에는 여성이 결혼할 때 옷감이나 보석, 지참금, 리모주 상자 등을 혼수품으로 가져갔습니다. 이러한 동산은 개인의 소유였지만 친정아버지가 주는 부동산은 남편에게 곧바로 상속되었어요. 12세기에 만들어진 고급 리모주 에나멜 상자를 봅시다. 크리스트교가 지배했던 중세라고 해서 모든 방면에서 크리스트교적 내용만 표현한 것은 아닙니다. 중세인도 로마인과 마찬가지로 세속적인 사랑을 표현했다는 사실이 여러 작품에서 발견됩니다.

리모주 상자의 겉에 그려진 그림을 보면 두 쌍의 연인이 등장합니다. 연인은 사냥꾼이자 사냥물이고, 자기 욕망의 주인이자 노예임을 묘사하고 있습니다. 왼

리모주 에나멜 상자, 12세기

쪽의 남자는 허리에 두 손을 얹은 당당한 모습의 여자 앞에서 악기를 연주하면서 사랑을 구하고 있습니다. 오른쪽의 남자는 두 손을 모으고 무릎을 꿇은 채 여자 앞에서 복종을 맹세하지요. 이때 여자는 위계질서가 엄격했던 봉건사회 속에서 권력을 가진 남성과 비슷한 자세를 취하고 있습니다. 사랑을 구하는 장면에서 여자는 주군(主君), 남자는 신하의 모습을 보입니다. 당시 사회 모습과는 정반대이지요. 여자가 남자에 비해 불평등하게 대우받았던 중세 봉건사회에서 아이러니하게도 세속적인 물건에는 여자와 남자의 위치가 반대로 묘사되곤 했지요.

그리스인은 미술품에 신화의 내용, 가족의 일상, 그리고 기하학적 정신을 철저하게 표현했어요. 그러나 로마인은 그리스 시대의 작품을 모방하거나 외설적인 내용을 많이 담았습니다. 뒤를 이어 중세인은 『성경』의 내용뿐만 아니라 세속적인 남녀의 사랑도 다양하게 표출했어요. 하지만 그토록 중세를 암흑시대라고 일컫는 이유는 중세 수학자의 업적을 살펴보면 실감할 수 있습니다.

중세에도 부동산 거래는 도장으로

중세에는 토지 같은 부동산은 남자에게만 상속되었기 때문에, 여자가 시집갈 때 친정아버지가 준 땅은 결혼과 동시에 남편의 소유가 되었답니다. 당시는 늘 전쟁이 끊이지 않았고 평균 수명이 짧았으므로 시집보내는 딸이 과부가 될 것을 대비해 친정아버지가 부자인 경우에는 토지를 주었다고 합니다. 남편이 죽으면 여자가 가져간 토지는 여자에게 돌아오지 않고 아들에게 상속되었습니다. 이러한 중세의 위계질서 속에서, 12세기 말 토지 거래 때 사용하던 인장에서는 귀부인에게 경의를 표하는 무릎 꿇은 기사의 모습이 나타납니다. 즉, 사랑의 욕망은 적극적인 주체자로서 남성이 상대 여성에게 보이는 개인적 욕망 내지 환상의 표현이었던 거지요.

1400년경에 플로렌스 지방에서 나무로 만든 쟁반을 보면, 베누스를 숭배하며 사랑을 구하는 여섯 명의 남성이 그려져 있습니다. 아킬레우스, 트리스탄, 삼손과 같은 전설적인 인물입니다. 검은 날개를 단 베누스는 땅 위에 있는 사랑의 전사들을 정복한 모습입니다. 이 쟁반은 중세 시대에 주로 아들을 낳았을 때 남편이 아내에게 선물하는 **탄생 쟁반**이라고 합니다. 요즘 같으면 선물로 쟁반은 좀 안 어울리지요. 여자들이 좋아하는 선물은 꽃, 향수, 화장품, 목걸이나 귀걸이…… 아니 그보다 더 좋아하는 것은 뭐니 뭐니 해도 역시 현금이 아닐까요?

탄생 쟁반, 1400년경, 플로렌스

주전자 맞아요?

황금빛이 나는 조각품을 볼까요? 사실은 황금으로 된 조각이 아니라 황동으로 만든 주전자랍니다. 중세인이 어떻게 감히 이런 작품을 생각할 수 있었을까 하고 당혹스럽기도 한 작품이지요.

헬레니즘 시대의 철학자이자 수학자이자 과학자였던 아리스토텔레스는 플라톤과 대조적으로 여성을 혐오하고 비하한 인물이었습니다. 대학자 아리스토텔레스를 젊은 처녀가 탄 말로 패러디했어요. 어리석고 늙은 아리스토텔레스의 등 위에 올라탄 처녀 필리스는 가늘고 긴 팔로 아리스토텔레스의 엉덩이를 두드리고 있고 다른 손으로는 머리털을 잡아당기고 있습니다. 중세 상류층 파티에서 많은 사람의 웃음을 유발했을지도 모릅니다. 필리스의 머리 부분이 주전자의 뚜

아리스토텔레스와 필리스 모양의 청동 주전자, 1400년경, 네덜란드

껑이랍니다. 중세 시대 과학의 핵심이 아리스토텔레스였는데도 참으로 당돌한 발상이지요. 아리스토텔레스의 세계관이 17세기까지 과학의 세계를 지배한 사실을 생각하면, 기존의 중세 문화에 대한 고정관념에서 벗어나게 하는 매우 충격적인 작품입니다. 고대 그리스 문화가 인간의 정신세계를 일관성 있게 표현한 것에 비해, 중세 문화는 한편으로는 거룩함을 추구하는 크리스트교 사상을, 또 한편으로는 세속적으로 남녀 간의 사랑을 표현했다는 사실을 알 수 있습니다. 이는 수학의 정신이 사라진 중세 문화의 특징이라고 말할 수 있습니다.

앞다투어 대성당을 건축하다

10세기부터 14세기에 이르는 동안 유럽 사회는 농지를 개척하고 농업 기술을 발전시켜 인구가 폭발적으로 증가했습니다. 12세기 전반에는 상공업의 발달과 십자군 전쟁으로 도시가 발생하면서 화폐경제가 활발해지자 교회는 많은 헌금을 모아 급성장하게 되었지요. 크리스트교 공동체마다 자기 교회가 다른 교회보다 웅장해 보이도록 경쟁했는데, 특히 이탈리아와 프랑스에서 두드러졌습니다. 고대 이집트는 파라오를 위한 왕궁과 무덤, 신전을 건축했고, 로마는 신을 위한 신전과 도시민을 위한 공중목욕탕, 수로 등을 만들었습니다. 이에 반해 중세에는 성직자, 봉건 제후, 농민이 신앙심으로 대성당을 세웠습니다.

중세 건축의 대표적 양식인 **로마네스크 양식***의 교회는 지붕을 **둥근 돔**으로 만들고, 기둥은 기하학적인 모양의 돌을 이용해 육중하게 아치형으로 세웠습니다. 아치형은 이미 로마 시대부터 수로를 만들 때 발달한 양식으로 교회 건축에 사용되었지요. 중세에 수학이 발달하지는 못했어도 건축에 수학이 없어서는 안 되었으니 수학이 실생활에서는 활발하게 쓰였다고 말할 수 있습니다. 또 다른 건축 양식인 **고딕 양식****에도 수학이 철저하게 사용되었습니다.

이를테면 양익부의 길이와 회중석의 비, 기둥과 아치의 비, 첨탑과 교회 탑신의 비 등은 모두 황금 비례였다고 합니다. 고대 그리스 시대의 황금비는 오랜 세월이 흘러도 여전히 사람들에게 사랑을 받았다는 사실을 알 수 있지요. 무엇보다 인간에게 조화로움과 안정감을 느끼게 해주었기 때문입니다.

***로마네스크 양식**

창문이나 입구 기둥 사이의 들보, 처마 밑부분이 반원 아치의 모양입니다. 창문이 작아서 실내는 어두침침하고 벽은 두껍습니다. 둥근 지붕을 한 중세의 교회나 수도원의 건축 양식으로 고딕 양식에 비해 수평적입니다. 갈릴레이가 낙하 실험을 했다는 이탈리아의 피사대성당이 대표적인 로마네스크 양식입니다.

****고딕 양식**

로마네스크 양식이 등장한 뒤에 발달한 양식입니다. 두꺼운 벽 대신에 넓고 높은 창을 아름답고 화려한 스테인드글라스로 장식해 천상의 빛을 만들어냅니다. 아치는 끝이 뾰족하게 변형되었고 실내의 천장은 아찔할 정도로 높아서 로마네스크 양식에 비해 수직적입니다. 프랑스의 노트르담대성당이 대표적인 고딕 양식입니다.

천상의 빛 스테인드글라스

중세 고딕 양식의 뾰족한 첨탑은 천국을 갈망하며 기도하는 손의 모습을 상징한다고 합니다. 1050년부터 약 300년 동안 프랑스에서는 고딕 양식으로 80채의 대성당과 500채의 큰 교회를 건립하는 데 수백 톤의 돌을 사용했다고 합니다.

노트르담대성당의 북쪽 〈장미의 창〉, 1226년, 샤르트르

고딕 교회는 외형적으로는 뾰족한 첨탑을 자랑하면서 내부적으로는 새로운 천상의 빛을 창조해냈습니다. 교회 내부를 빛의 벽으로 만들었는데, 그것이 바로 **스테인드글라스**입니다.

〈장미의 창〉으로 불리는 노트르담대성당의 스테인드글라스를 잠시 감상해볼까요? 정 가운데 원은 아기 예수를 안고 있는 마리아이고, 그다음 원을 이루고 있는 작은 원들은 『구약성경』에 나오는 왕실의 계보에 관한 이미지라고 합니다.

수만 근이나 되는 철재 틀에 수천 개의 유리 조각으로 틈새를 메운 지름 13미터의 스테인드글라스는 700년 동안 부서지지 않고 아름다움을 뽐내고 있답니다. 고대 그리스부터 과학자들도 빛을 탐구했지만 예술가들도 마찬가지였습니다. 중세 예술가들이 빛을 탐구해 은은한 천상의 빛을 표현한 결과 탄생한 것이 바로 스테인드글라스이지요. 스테인드글라스는 유리를 녹여서 갖가지 색으로 『성경』의 내용을 묘사하기도 하고 아름다운 문양으로 장식하기도 했어요.

수도원에 갇힌 중세의 수학

중세 초기에는 크리스트교인도 로마인처럼 자녀를 그리스 전통으로 교육했습니다. 하지만 차츰 영성 훈련에 중점을 두면서 그리스의 수학과는 멀어지고, 결국에는 그리스 문명 자체가 와해되었습니다. 게르만족의 분쟁과 전쟁, 약탈과 방화가 도시를 폐허로 만들어버리자, 교회는 도시를 떠나 한가한 시골이나 산속에 수도원을 세웠습니다. 이 수도원이 크리스트교 활동의 중심지이자 학문의 요람이 되었지요. 오로지 하나님만 찬양하고, 『성경』의 필사본을 베끼고, 육신과 안목(眼目)의 정욕을 절제해야 하는 매우 단조로운 수도원의 생활은 창의적이고 자유로운 수학적·과학적 사고를 불가능하게 만들었답니다. 5세기에 로마를 지배한 야만족은 고유의 수학적 전통이 없어 로마의 수학을 계승하기는 했지만, 계산판을 사용하는 셈과 측량과 건축 등에 응용할 수 있는 초보적인 측정 기하학을 익히는 정도였다고 합니다.

플라톤 철학의 이데아 사상은 크리스트교의 신을 설명하는 데 비교적 잘 어울렸습니다. 따라서 중세 초기 교부철학은 플라톤 사상과 기독교 신앙을 절충하였으나, 6세기 유스티니아누스 황제의 명령으로 철학 학교가 폐쇄되고 맙니다. 그 결과 아리스토텔레스의 저작물이 시리아, 페르시아, 이집트로 흘러들어갔습니다. 아라비아 학자들이 연구한 우수한 아라비아 수학이 12세기에는 유럽으로 전해졌고, 이로써 12~13세기에 수학책들이 라틴어로 번역됩니다. 12세기

는 중세 유럽이 다방면으로 활력을 얻으면서 수학이나 미술의 영역에서 중세의 그늘을 벗어나려는 조짐이 나타나게 되지요.

중세의 암흑시대에 진입하는 5~6세기가 되면, 예수 그리스도의 부활 사건과 신자의 뜨거운 신앙 체험은 더 이상 생명력을 잃고 크리스트교는 하나의 이데올로기로 굳어집니다. 학문과 열정이 식으면서 수학도 비현실적으로 변질되지요. 수학사가들은 9세기경 수도원이나 교회에 부속된 학교에서는 학생이 전통적으로 주요 과목인 산술, 기하학, 천문학, 음악을 배우고 싶어도 교재가 없어서 배울 수 없을 정도로 수학의 상황이 매우 처참했다고 말합니다. 보에티우스(Boetius, 470?~524)의 저서 『수론』과 비드(Bede, 673~735?)의 『손가락에 의한 계산 또는 회화』 정도가 수학책의 전부였다는군요. 손가락에 의한 계산이라고 말하는 걸 보니 당시 수학 수준이 어느 정도였는지 짐작되지요?

수를 분류한 보에티우스

중세의 대표적인 수학자는 5~6세기경에 활동한 보에티우스입니다. 그의 주요 저서 『수론』은 수의 이론이 아니라 수의 분류를 다루고 있습니다. 그나마 초등 수준의 피타고라스적 수론입니다. 보에티우스는 성부와 성자와 성령이 하나라는 삼위일체 사상을 근거로 수를 3으로 분류하기를 좋아했습니다. 그 결과 자연수는 완비수, 부족수, 과잉수로 분류했고, 짝수는 짝수적 짝수, 짝수적 홀수, 홀수적 짝수로 분류했으며, 소수는 소수, 비소수, 호소수로 분류했습니다. 『수론』에는 간단한 사칙계산도 없고 생활에 응용하는 계산 문제도 없지요. 게다가 수에 신비성을 부여해 1은 신, 2는 선악, 3은 삼위일체를 의미한다고 했습니다. 전지전능한 신이 천지를 창조한 기간은 6일이고, 6의 약수 1, 2, 3의 합도 6이므로 6을 완전수라고 했습니다. 노아의 홍수 때 방주에 들어간 사람은 노아 부부와 세 아들과 세 며느리를 합해 모두 여덟 명입니다. 보에티우스는 그때부터 인간은 부족한 존재가 되었다고 보았습니다. 왜냐하면 8의 약수는 1, 2, 4이고 1+2+4 =7인데, 7은 8보다 작으므로 8은 부족수라는 것입니다. 이처럼 보에티우스의 수학은 유치하고 우스꽝스럽습니다. 앞에서 언급한 6~12세기 『성경』의 그림도 수학과 마찬가지로 이렇다 할 발전을 이루지 못하고 오히려 퇴보하는 경향을 보입니다.

부활주일을 계산한 비드

보에티우스 외의 수학자로는 **비드**와 **알비누스**(Albinus, 1697~1770)를 들 수 있습니다. 영국의 성직자 비드는 7~8세기의 수학자입니다. 수도원학교에서는 교회력을 작성하기 위해 수학을 가르쳤답니다. 그러니 생활에 반드시 필요한 계산은 손가락셈이었고, 구구단 표도 보통 사람들에게는 알려져 있지 않았다고 합니다. 비드의 저서 『계산론』에는 크리스트교 축제일을 정하는 방법이 설명되어 있는데, 현재 교회에서 기념하는 부활절은 325년 니케아종교회의에서 정한 것을 그대로 지키고 있지요. 즉 '춘분(3월 21일)이나 춘분 이후 보름 다음에 오는 첫 일요일 또는 보름이 일요일이면 그다음 일요일로 한다'는 것입니다. 부활주일이 3월 22일과 4월 25일 사이로 결정되는 이유입니다. 이처럼 종교 일정을 결정하는 일에 관심을 쏟은 것이 긍정적으로 작용하기도 했지요. 종교 기념일을 정하려면 해와 달의 주기와 결부해 천체 운동에 관한 정확한 이해가 필요했기 때문에, 천문학과 수학의 문헌을 들추어야 했습니다. 이는 고대 수학자와 천문학자의 책을 재발견하도록 이끕니다.

웃기는 수학 문제를 내는 알비누스

8세기 아일랜드 출신의 신학자 알비누스는 『오성(悟性)을 예리하게 하는 문제집』의 저자입니다. 이 책은 엉터리 수학 문제집이라 해야 옳습니다. 여기에 나오는 문제는 수학 문제가 아니라 개그 프로그램에 나오는 것처럼 동문서답식 문제이기 때문이지요. 이를테면 "두 사람이 있다. 다섯 마리에 2파운드를 주고 돼지를 100파운드만큼 공동 구입했다. 이것을 분배한 뒤 다시 똑같은 비율로 팔고 이익을 보았다면 그 이유는 무엇인가?"라는 문제가 있습니다. 그리스의 수학자에 비하면 중세 수학자의 연구는 매우 보잘것없지요. 그러나 가는 세월 누가 막겠습니까? 십자군 원정으로 도시가 발생하고 상공업의 발달로 화폐경제가 활발해지자, 이탈리아 상인들이 동방의 아라비아 숫자를 체득해 13세기 말에는 편리한 인도-아라비아식의 셈법을 도입하면서 새로운 세계의 물결이 서서히 밀려듭니다.

중세 도시에 대학이 등장하다

앞에서 이야기했듯이, 십자군 원정을 계기로 중세 도시가 급성장합니다. 그럼 잠시 중세 도시로 여행을 떠나볼까요? 중세 도시는 대개 성벽으로 둘러싸여 있고 성문 앞에는 교수대가 있습니다. 도시의 질서를 어지럽힌 자는 이곳 교수대에서 처벌을 받는데, 손발을 자르는 가혹한 처벌을 받기도 하고 교수형에 처해지기도 합니다. 성문 안은 도로 포장이 전혀 되어 있지 않아 비나 눈이 오면 진흙탕이 되어버렸고, 가축으로 기르는 소나 말, 양이 마구 돌아다니면서 길거리를 지저분하게 만들었습니다. 게다가 제일 더럽다는 돼지까지 가세했으니 중세 도시의 위생 환경은 엉망진창이었습니다. 곳곳마다 악취가 풍겼고 쓰레기는 매우 심각한 수준이었습니다. 아무런 준비와 계획 없이 만들어진 도시에 사람과 가축이 몰려들었고, 게다가 상하수도 시설도 없이 공동 우물에 의존했으니 도시의 위생 상태를 짐작할 수 있겠죠.

중세의 대도시를 중심으로 새로운 계층인 시민들의 지적 욕구를 충족시킬 대학이 만들어집니다. 11세기에 세계 최초로 이탈리아의 **볼로냐 대학**이 설립되고, 12~13세기에 옥스퍼드 대학, 파리 대학, 케임브리지 대학이 세워집니다. 당시에는 **문법, 수사학, 논리학** 세 과목을 수료하면 지금의 학부에 해당하는 학사학위를 받았고, **산술, 기하학, 천문학, 음악** 네 과목을 수강하면 석사학위를 받았습니다.

수도원에서 행해지던 교육과 연구가 대학으로 옮겨지면서 고대 그리스에서 전통적으로 피타고라스 때부터 가르치던 네 과목, 즉 산술, 기하학, 천문학, 음악이 다시 부활합니다.

석사학위를 받은 뒤 신학과 법학, 의학 중 하나를 택해 공부하면 박사학위를 받는데, 그중에서 신학이 가장 어려웠고 법학과 의학은 지금처럼 돈벌이가 가장 잘되는 인기학과였다고 합니다. 법학은 로마 시대에 탁월하게 발달한 학문인데, 권력을 갖는 데는 지금과 마찬가지로 역시 법학이 매력적이었지요. 의학은 고대 그리스 시대부터 인간의 건강과 직결된 것이었으니 돈을 잘 벌 수 있는 분야이고요. 그러나 일부 미래학자들은 앞으로 빅데이터와 인공지능(AI)이 각 방면에서 활용되므로 판사나 의사는 곧 사라질 직업이라고 성급하게 발언하기도 하더군요.

유럽을 휩쓴 페스트

중세 도시의 위생이 불결한 것이 원인이라고 하지만 정확한 이유를 모른 채 유럽을 공포의 도가니로 몰아넣은 사건이 있었으니, 바로 페스트의 출현입니다. 페스트는 중세가 몰락하게 된 큰 이유 중 하나이기도 합니다. 유럽 인구가 3분의 1로 줄었으니까요. **페스트**는 일단 병균에 감염되면 고열이 나면서 3일 정도 지나서 사망합니다. 사망하기 직전에 환자의 피부가 흑색이나 자색으로 변하므로 **흑사병**이라는 이름이 붙었지요. 페스트균은 19세기 말에 과학자 파스퇴르가 치료법을 발견하기 전까지 참으로 무서운 전염병이었어요.

페스트에 의해 오히려 수학에 역사적인 업적을 남긴 위대한 학자도 있답니다. 바로 영국의 뉴턴(Newton, 1642~1727)이에요. 뉴턴이 영국의 케임브리지 대학에서 공부하던 시절, 무서운 페스트가 돌아 대학이 휴교했다고 합니다. 위대한 과학자 뉴턴의 역사적 업적은 이 시기에 탐구한 것이라 하는군요. 시골집에 누워서 잘 닫히지 않는 창문을 통해 들어오는 빛을 통해 산란하는 먼지를 보고 광입자설을 발견했고, 조용한 시골에서 깊이 사색하면서 몰두한 결과 만유인력의 법칙을 발견했다고 합니다.

르네상스의 상업 산술을 준비한 피보나치

13세기는 대성당의 건축을 비롯해 여러 분야에서 중세의 변혁기를 가져왔습니다. 이탈리아와 영국 등에 세워진 대학들에서는 수학을 연구하게 되었고, 베이컨(Bacon, 1214?~1294) 같은 성직자는 수학과 실험과학을 열정적으로 연구하면서 성직자들에게 수학과 자연철학의 진정한 가치를 납득시키려고 애썼지요. 그

러나 베이컨 역시 중세 사람이었으므로 과학을 신학의 시녀로만 여겼습니다.

한편, 수학에 르네상스의 빛을 비춘 수학자 피보나치(Fibonacci, 1170?~1250?)가 13세기에 등장합니다. 피보나치는 성직자가 아니었습니다. 그는 상인의 아들로 상업 도시에서 성장한 뒤에 아라비아숫자를 널리 보급했어요. 저서 **『계산판의 책』**은 유럽에서 베스트셀러가 되기도 했습니다. 사회가 그만큼 새로운 지식의 활용을 필요로 했다는 증거이지요. 책의 내용은 인도-아라비아숫자를 읽고 쓰는 법, 사칙연산, 분수의 계산, 돈을 바꾸는 **환전 문제, 제곱근과 세제곱근 구하는 법, 구적법,** 1·2차 식, **피보나치수열** 등이었습니다. 지중해 연안에서 동방과 유럽의 교역이 활발해지면서 돈을 바꾸는 환전 문제는 매우 현실적인 문제가 되었습니다.

수학적으로 새끼를 낳는 토끼

피보나치수열은 1, 1, 2, 3, 5, 8, 13, 21, ……로 나열되는 수열로 『계산판의 책』 12장에 있는 토끼 문제에 실린 내용입니다. 갓 태어난 암놈과 수놈 한 쌍의 토끼가 있다고 가정합시다. 그런데 토끼는 3개월이 지나야 어른 토끼가 되므로 처음의 **1쌍**은 3개월 뒤에도 그대로 **1쌍**입니다. 하지만 3개월이 또 지나면 어른이 된 토끼가 새끼 **1쌍**을 낳아 모두 **2쌍**이 됩니다. 또 3개월이 지나면 어른 토끼는 새끼 1쌍을 또 낳고, 처음에 낳은 아기 토끼는 이제 어른 토끼로 자랐습니다. 그래서 어른 토끼가 2쌍, 아기 토끼가 1쌍으로 합이 **3쌍**이 되었네요. 다시 또 시간이 흘러 3개월이 지났습니다. 2쌍의 어른 토끼는 2쌍의 아기 토끼를 낳고, 1쌍의 아기 토끼는 어른 토끼로 자랍니다. 그래서 합이 **5쌍**이 되니 식구가 많이 늘어났네요.

그다음 3개월 뒤에는 어떻게 될까요? 좀 복잡하지요? 피보나치는 아주 절묘하게 그 원리를 설명하고 있어요. 초항은 1로 시작하고 두 번째 항은 초항을 한 번 반복합니다. 그러고 나서 초항과 두 번째 항을 더해 1+1 =2를 세 번째 항으로 만들고, 두 번째 항과 세 번째 항을 더해 1+2 =3을 네 번째 항으로 만듭니다. 그럼 다섯 번째 항은요? 세 번째 항+네 번째 항 =2+3 =5가 되겠지요? 따라서 우리는 다음과 같은 규칙을 얻게 됩니다.

$$(n-2)\text{ 번째 항}+(n-1)\text{ 번째 항}=n\text{ 번째 항}$$

이라는 멋진 식을 말입니다! 그런데 더 놀라운 사실은 피보나치수열에서 인접하는 두 항의 비를 무한히 계산하면 황금비가 된다는 것입니다.

$$\lim_{n\to\infty}\frac{a_n}{a_{n-1}} = \frac{1+\sqrt{5}}{2} \fallingdotseq 1.618$$

이지요. 황금비는 여전히 매력적인 수치이지요?

로마식 계산과 아라비아식 계산의 싸움

피보나치로 대표되는 인도-아라비아의 셈법은 당시 유럽에 큰 영향을 미쳤습니다. 로마의 교황청은 새로운 인도-아라비아의 셈법을 사용하는 사람들이 무슨 큰 저항 세력이라도 된 듯이 종래의 로마숫자로 계산하는 법을 지키라고 강요합니다. 물론 교황청 입장에서는 새로운 사고방식이 큰 저항 세력으로 보일 수도 있었겠지요.

원래 상인은 세월의 흐름에 민감하고 적응력이 빠른 사람들인 만큼 교황의 권위에 복종하려 하지 않습니다. 결국 새로운 셈법을 받아들이지 않고 낡은 로마식 계산을 고집하는 낡은 **계산판파**(abacistic school)와 아라비아숫자로 계산하려는 개혁적인 성향의 **필산파**(algoristic school) 사이에 싸움이 붙고 말았습니다. 16세기가 되어서 비로소 구세력은 물러가고 개혁 세력인 필산파가 완전한 승리를 거두어 르네상스를 준비합니다.

르네상스를 준비하는 사회

르네상스 시대의 기간에 대한 여러 견해가 있으나, 수학사학자 김용운 박사는 저서 『수학사대전』에서 1450년부터 1600년까지로 정하고 있습니다. 1453년에 오스만튀르크족에 의해 비잔티움제국이 멸망했으며, 또 실제로 15세기 중엽부터 르네상스의 수학 활동이 두드러졌기 때문입니다.

상공업의 발달로 도시의 새로운 계층인 시민계급이 생겼다고 앞에서 이야기했지요. 이제 도시의 시민도 다시 세분화되기 시작합니다. 돈을 많이 소유한 상류층의 부르주아와 중간층의 소시민적인 부르주아, 그리고 임금노동자인 프롤레타리아 계층으로 말이지요. 이러한 도시민의 계층은 근대 시민혁명과 공산주의 출현의 원인이 됩니다. 교황 세력의 약화와 국왕 세력의 강화, 시민계급의 급성장은 근대 사회의 막을 열기 위한 준비 과정이었던 것이지요.

무한 개념을 도입한 오렘

중세의 마지막 수학자로 빠뜨릴 수 없는 인물은 프랑스의 성직자 오렘(Oresme, 1325~1382)입니다. 그는 **유리 지수, 음의 지수** 등 지수의 개념을 고안했으며, 그리스 시대에 금기시했던 **무한**을 수학의 대상으로 삼습니다. 잴 수 있는 모든 것을 연속량으로 파악하고서 가속하는 운동체를 나타내기 위해 속도와 시간을 기준 삼아 그래프를 그렸지요. 즉, 가로축에 시간의 각 순간을 경도로 표시하고 이들 각 순간에 대해 수직 선분(위도)을 그려서, 각 선분에 길이로 속도를 나타낸 것입니다. 이것은 데카르트의 해석기하학적인 발상입니다.

오렘의 업적은 이 밖에도 무한급수의 합,

$$\frac{1}{2}+\frac{2}{4}+\frac{3}{8}+\cdots\cdots+\frac{n}{2^n}+\cdots\cdots=2$$

를 그래프를 이용해 증명한 것입니다. 중세 후기의 스콜라 철학자들은 무한의 개념을 신앙의 대상으로 적극 받아들였습니다. 14세기, 오렘의 무한급수 연구는 그 당시 사람들이 무한에 대해 관심을 가지고 있었다는 사실을 입증합니다. 무한의 개념은 수학에서 아주 중요합니다. 고등학교 수학에 나오는 미분에서 도함수는

$$f'(x) = \lim_{\Delta x \to 0} \frac{f(x+\Delta x)-f(x)}{\Delta x}$$

와 같이 정의하는데, Δx는 무한히 쪼개진 아주 작은 양을 의미하지요. 적분에서는 정적분의 정의를 다음과 같이 합니다.

$$\lim_{n \to \infty} \sum_{i=1}^{n} f(x_i)\Delta x_i = \int_a^b f(x)dx$$

무한 개념이 근대 수학에서 반드시 필요하다는 사실 이해하시겠지요?

그러나 이처럼 발달했던 수학이 흑사병과 백년전쟁으로 쇠퇴하고 맙니다. 미술에서는 흑사병과 전쟁에도 불구하고 찬란한 르네상스 예술의 개화를 준비하고 있었건만, 수학에서는 또 한차례 공백기를 맞습니다. 수학은 예술이나 다른 학문과 다르기 때문입니다. 수학은 인간의 정신 활동 중 가장 어렵고 완벽한 추상 개념의 학문이므로, 정치적으로나 문화적으로 사회가 안정되어야 왕성한 연구가 가능합니다. 외부로부터 압력이 없는 평화롭고 자유로운 분위기가 보장되어야 수학 연구가 이루어질 수 있습니다. 이처럼 중세 말은 이미 중세에서 벗어난 선각자의 활동이 활발하게 전개되며 르네상스를 준비하는 시기였습니다.

르네상스 미술의 선구자 치마부에와 조토

치마부에(Cimabue, 1240?~1302?)는 1280년경 아시시 마을 성 프란체스코 수도원 성당에 〈그리스도의 생애〉 〈성 프란체스코의 생애〉 등을 벽화로 그립니다. 등장인물은 종래의 그림보다 자연스럽고 생동적이며 감각적으로 표현되었지요. 평면적이고 무미건조하며 사실적이지 못한 중세 미술에서 벗어난 새로운 표현 양식이었습니다. 특히 정확하고 자연스러운 옷 주름과 동작은 그야말로 혁신적이었다고 할 수 있지요.

치마부에의 뒤를 이은 제자 조토(Giotto, 1266?~1337)는 스승보다 더욱 뛰어나게 생동감 있는 그림을 그립니다. 중세의 화가는 하나님의 음성을 듣는 청각 시스템을 중요시하면서 『성경』의 내용을 마음에서 느끼는 대로 그렸지만, 조토는 자신의 눈에 보이는 대로 그리기 시작합니다. 중세 미술의 고정관념을 파괴한 것입니다. 조토는 중세의 평면적인 2차원 세계에서 벗어나 입체감 있는 3차원 세계를 창조했습니다. 마치 화면은 공간적인 깊이가 있는 무대처럼 묘사되었지요. 르네상스에 앞서서 13세기와 14세기를 돋보이게 한 선구적인 화가로 평가받고 있지요.

14세기 전반 두초(Duccio, 1255~1318)도 빼놓을 수 없는 르네상스 미술의 선각자입니다. 13세기 말 치마부에에서 시작해 조토, 두초 등으로 이어지는 미술의 표현 양식은 중세의 전통에서 벗어나려는 과감하고 혁신적인 시도로서, 앞으로 펼쳐지는 르네상스 미술의 서곡이라 할 수 있습니다.

• 제4부 •

상업 산술이 발달한 르네상스

르네상스 수학 훑어보기

르네상스는 흔히 그리스·로마 문화의 부흥이라고 일컫지요. 그러면 서유럽의 수학은 이 시기에 1,000년간 침체되었던 중세를 지나 부흥의 대열에서 어떻게 몸을 추스르고 새로운 시대에 걸맞게 변신했을까요? 르네상스 시기의 수학을 한마디로 말한다면 **사영기하학의 태동**과 **방정식의 해법**, 그리고 **상업 산술**이라 할 수 있습니다.

르네상스 문화혁명의 선두 주자는 이탈리아의 인문학자와 화가입니다. 특히 화가는 중세의 평면적인 그림에서 벗어나 사실적인 그림을 그리고자 했습니다. 수학에서 그리스 문화의 부활은 곧 유클리드기하학의 연구인데, 수학자의 기하학 연구와 화가의 욕구가 딱 맞아떨어집니다. 이른바 원근법(또는 투시화법)이 탄생하게 된 것이지요. 촉각을 기반으로 인식한 유클리드기하학을 시각적으로 연구했더니 흥미롭게도 새로운 기하학이 탄생합니다. 사영기하학은 유클리드기하학과 비교하면 더욱 쉽게 이해됩니다. 한마디로 **유클리드기하를 '만지는 기하'** 라고 한다면, **사영기하는 '보는 기하'**입니다. 유클리드기하에서는 임의의 직선은 아무리 연장해도 만나지 않지만, 사영기하에서는 양 끝이 만납니다. 직선을 손으로 들어 올리면 양 끝이 절대로 붙지 않지만, 아주 멀리 지구 밖에서 바라본다고 가정하면 지구 위에 놓여 있는 직선이 지구를 한 바퀴 돌아서 만나게 되겠지요.

유클리드 직선+무한원점=사영 직선

유클리드 평면+무한원직선=사영 평면

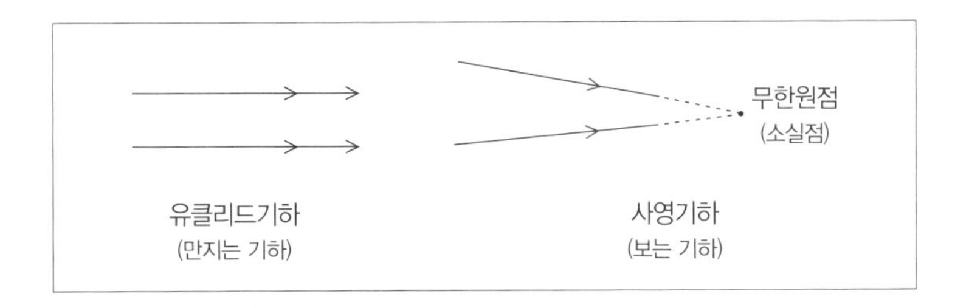

또 유클리드기하에서 평행한 두 직선은 절대로 만나지 않습니다. 두 직선이 평행하다는 것은 한 직선을 손으로 집어서 다른 직선 위에 올려놓을 수 있다고 생각하기 때문입니다. 그러나 사영기하에서 임의의 두 직선은 항상 만납니다. 평행한 직선을 멀리서 바라보면 직선이 사라지는 지점, 즉 소실점에서 만나게 된답니다. 이처럼 유클리드기하와 사영기하는 각각 촉각과 시각에 근거해 인식한 결과입니다. 멀리서 바라보면 사라지는 점, 즉 화가들이 **소실점**이라고 부르는 점을 수학자들은 **무한원점**이라고 불렀습니다. 그러므로 유클리드직선에 무한원점을 첨가한 것이 사영직선이 되고, 무한원점들의 집합은 무한원직선이라 칭하므로, 유클리드 평면에 무한원직선을 첨가한 것은 사영평면이 되는 것이지요.

르네상스 시대에는 도시와 상업의 발달로 화폐경제와 금융업이 활기를 띠었습니다. 따라서 **단리**와 **복리** 등의 이자 계산법이 현실적으로 매우 중요한 문제였습니다. 가령, 원금이 a원이고 연이율이 r일 때, 3년 후의 원리합계 x를 복리로 계산하면 $x=a(1+r)^3$이 됩니다. 원금과 연이율이 주어지면 x는 간단히 구할 수 있지요. 그런데 원금을 a원이라 하고, 3년 후의 원리합계 c원을 얻었을 때 연리 x를 구하려고 하면 $a(1+x)^3=c$이므로 $a(1+3x+3x^2+x^3)=c$ 즉, $x^3+3x^2+3x+1=\frac{c}{a}$가 됩니다.

3차방정식의 문제입니다. 당시는 아직까지 3차방정식의 풀이를 몰랐던 시대였어요. 이런 현실적인 필요성에 따라 16세기에는 3·4차방정식의 해법을 구하는 것이 수학자들의 시대적인 연구 주제였습니다.

복리계산의 과정에서 맞닥뜨리는 고차방정식의 해법은 대수학에서 한 단계 성장했지만, 방정식을 실제로 계산하려면 제곱과 세제곱, 제곱근과 세제곱근을 구해야 했으므로 현실적으로는 매우 불편했습니다. 상거래에서 이러한 불편을 해결해주는 새로운 도구가 필요했는데, 그것이 로가리즘(logarithm)입니다. 앞의 방정식 $a(1+x)^3=c$에서 양변에 로그를 취하면,

$$\log a+3\log(1+x)=\log c \text{ 즉, } \log(1+x)=\frac{\log c-\log a}{3}$$

로 바뀌게 됩니다. 세제곱 또는 세제곱근의 문제가 가감승제의 사칙연산으로

변신하게 되었답니다. 엄청난 변화였지요. 원래 네이피어에 의해 천문학에서 출발한 로그였지만 이처럼 현실 생활을 편리하게 해주었습니다. 현재 고등학교 교과서에 나오는 상용로그는 네이피어와 브리그즈가 함께 논의해, **log1=0, log10=1**로 하자고 약속하면서 **상용로그**가 연구되어 더욱 편리해졌지요. 이 시기의 방정식과 로그의 연구는 앞으로 펼쳐지는 근대 수학에 결정적인 단서를 제공합니다.

르네상스 시대의 개막

겨울잠을 자던 동물들이 기지개를 켜고 일어나듯이 중세 1,000년간 긴 잠을 자던 서유럽이 깨어났습니다. 르네상스의 따뜻한 기운이 돌았기 때문이지요. 르네상스는 고대 그리스·로마 문화의 부흥을 말합니다. 자! 이제부터 역사책에서만 배웠던 르네상스 운동이 수학과 미술에 어떤 영향을 미쳤는지 함께 알아봅시다.

11세기부터 여덟 차례에 걸쳐 출정한 십자군 원정으로 유럽은 도시가 발달하기 시작했다고 중세 시대 챕터에서 이야기했습니다. 14세기가 되었을 때는 이탈리아의 많은 도시 중 피렌체가 특히 넘치는 돈으로 생동력이 있었습니다. 돈이 있어야 먹고 싶은 것을 먹고, 입고 싶은 것을 입고, 가고 싶은 곳을 갈 수 있지요. 무엇보다도 경제력은 밀려오는 르네상스 기운의 원동력이 되었답니다.

르네상스 시대에는 개인의 창조력이 놀라울 만큼 에너지를 발산하면서 탁월한 예술가와 우수한 학자가 많이 배출됩니다. 하나님 중심의 시대에서 인간 중심의 시대로 바뀌니까, 1,000년간 억눌렸던 인간의 창조성이 봇물 터지듯 한꺼번에 분출했지요. 르네상스 시대에는 인간이 하나님의 영역에 도전하는 것이 아니라 하나님의 피조물로서 인간과 동·식물의 위치와 역할을 관찰하고, 그럼으로써 인간의 존엄성을 찾았습니다.

하나님 중심에서 인간 중심으로

크리스트교 신앙으로 충족되지 않은 공허한 인간은 문화의 폐허 속에서 온전한 인간성의 회복을 갈망합니다. 도시 생활을 시작한 시민들이 온전한 인간이 될 수 있는 길은 오로지 '지식의 획득'이라고 믿기 시작하지요. 13세기 말 **단테**(Dante, 1265~1321), **보카치오**(Boccaccio, 1313~1375) 등 선각자들이 등장해 창조적인 르네상스의 인간상을 제시했습니다.

특히 **페트라르카**(Petrarca, 1304~1374)는 고대 그리스·로마의 이교적인 문화와 크리스트교 신앙을 융합·통일시키려 했습니다. 인간의 전인격 형성을 중요시했으며 덕(德)과 지(智)가 조화로운 교양인을 추구했습니다. 조화롭고 균형 있는 교양인이 되려면 중세 대학에서 가르쳤던 7교과(문법, 논리학, 수사학, 산술, 기하학, 천문학, 음악)보다는 역사, 시(詩), 문학, 도덕철학을 중심으로 인문학을 가르치고 연구하기 시작합니다. 중세를 '암흑시대'라고 부른 사람은 바로 '인문주의의 아버지' 페트라르카였습니다. **인문주의**는 새로운 세상에 새로운 사람이 등장할 수 있는 정신적 기틀이 되어 르네상스 문화를 탄생시켰지요.

새로운 시대의 창조적인 인간은 신학의 시녀 노릇을 한 중세의 학문과 예술의 전 영역에서 변혁을 일으킵니다. 과학에서는 실험과 관찰의 정신이 살아났고, 잊혔던 그리스의 유클리드기하학을 연구하기 시작합니다. 미술에서는 중세 말 치마부에와 조토가 살린 생동감 있는 미술이 더욱 탄력을 받아 르네상스의 독특한 화풍, 곧 원근법의 길을 열어놓습니다.

역사를 바꾼 마르코 폴로의 중국 여행

르네상스는 일차적으로 인문학자와 과학자, 예술가가 일으킨 문화 운동이지만, 르네상스를 촉진한 사회적인 요인도 많습니다. 비단길로 불리는 실크로드는 세계 역사에서 르네상스를 열어놓는 데 한몫합니다. 베네치아의 마르코 폴로(Marco Polo, 1254~1324)는 배를 타고 중국으로 들어가 1275년부터 17년간 중국에 머물면서 역사에 큰 공헌을 합니다. 그는 중국에서 보고 들은 바를 조국에 있는 친지와 친구에게 알리고 싶었습니다. 마르코 폴로가 1300년경 감옥에서 회고록 형식으로 쓴 **『동방견문록』**에 우리나라가 소개되었는데, 마르코 폴로는 당시 고려를 중국식 발음으로 Caoli라고 썼습니다.

마르코 폴로

장사에 눈이 밝은 상인들은 마르코 폴로의 중국 이야기를 듣고 금과 은 같은 귀금속, 후추나 계피 같은 향신료, 향료, 약품 등을 중국과 인도로부터 수입해 많은 이익을 봅니다. 이들 상인에 의해 만들어진 길이 바로 실크로드입니다. 고기를 많이 먹는 서양인에게 후추는 아주 중요한 향신료였습니다. 상인들의 빈번한 장사는 수학 발달에 놀라운 원동력을 제공하는 단서가 되었습니다. 당시에 사용하던 로마숫자는 매우 불편한 데 반해, 인도인이 사용하던 숫자가 상거

래에서 편리하다는 사실을 알고 나서 아라비아 상인은 인도숫자를 쓰기 시작합니다. 실로 수학의 역사에서 매우 획기적인 사건이었지요.

상거래에는 인도숫자가 딱이네!

아라비아 상인이 사용하던 인도숫자를 유럽에 전해주었으므로 현재 우리가 사용하는 숫자는 인도-아라비아숫자라고 부르는 것이 정확합니다. 그러나 지금은 편의상 아라비아숫자라고 부르고 있지요. 당시에는 수학을 공부하고 가르치면서 돈을 벌어 생활하는 직업 수학자가 없었답니다. 요즘 같으면 수학을 가르치는 중·고등학교 교사와 대학의 수학 교수, 학원에서 수학을 가르치는 선생님 모두 직업 수학자인 셈이지요.

그러면 대학에 다니지 않는 상인은 어디서 수학을 배웠을까요? 상인 계층은 학교나 수공업 공방에서 기초 수학을 배울 수 있었답니다. 유럽 사회는 경제 성장을 거듭하면서 회계나 장부 작성 등 상업 활동에 필요한 사람이 많이 필요했습니다. 대학 출신보다는 길드나 수공업 공방 출신을 많이 채용했고, 이러한 곳에서 인도-아라비아숫자가 사용되기 시작한 것이지요. 이처럼 당시 상업 산술은 대학에서 수학을 연구하는 사람들이 아닌 상인들이 아라비아숫자를 사용하면서 촉진되었고 근대 수학의 밑거름이 되었습니다. 역사가들은 1350년경부터 1550년경까지를 르네상스 시대라고 부르는데, 1200년대 말부터 미술에서는 치마부에를 선두로 조토, 두초 등이 앞서서 다가올 르네상스 양식을 알리기 시작했어요. 수학에서는 중세 말 피보나치, 오렘 등이 르네상스의 수학을 준비했지요. 시기적으로는 분명 중세인이었지만 다가오는 르네상스 시대를 앞당겼던 선각자들이었답니다.

종교개혁에 불을 지핀 구텐베르크의 금속활자

1445년 독일의 구텐베르크는 인쇄기를 발명했습니다. 고려 시대의 금속활자보다 200년이나 늦은 일이었지요. 그러나 고려의 금속활자가 불교 경전만 인쇄한 것과는 다르게, 구텐베르크는 크리스트교의 경전인 『성경』뿐만 아니라 유클리드의 기하학 책인 **『원론』**도 찍어냈습니다. 고대 그리스 수학의 연구를 촉진한 금속활자는 찬란한 르네상스와 근대를 열어놓는 중대한 역할을 합니다. 구텐베르크는 조폐국에서 주화를 찍어내는 일에 익숙했기 때문에 그 원리에 착안해 알파벳을 마음대로 바꿀 수 있는 **활판인쇄**를 발명했지요. 살아 움직이는 인쇄, 활판인쇄가 인류 역사에 혁혁한 공을 세운 것입니다.

필경사들이 『성경』을 한 번 옮겨 쓰는 데 꼬박 3년이 걸렸지만, 구텐베르크의 금속활자로는 신속한 인쇄가 가능했습니다. 『성경』 한 권의 활자 수가 약 300만 개라고 하는데, 알파벳 26글자의 대소문자와 여러 기호를 조합해 쓰기 때문에 300가지 이내의 금속활자로 충분했던 것이지요. 고려 시대의 금속활자는 한자(漢字)를 일일이 다 만들어서 『직지심경』을 찍었습니다. 같은 금속활자였지만 사용하는 언어 구조의 차이가 문명의 차이를 초래한 것이지요. 가짓수가 많은 한자를 금속활자로 만드는 일은 그냥 붓으로 쓰는 것보다 더 불편해서 활용도가 떨어졌답니다. 게다가 『직지심경』은 별로 수요가 없었지만, 구텐베르크의 금속활자는 일반 평민이 손쉽게 읽을 수 있는 독일어 『성경』을 찍어내 대량 출판이 가능했던 것이지요.

구텐베르크

원래 『구약성경』은 히브리어로, 『신약성경』은 그리스어로 기록되어 있었습니다. 그러다가 로마제국에서 크리스트교가 뿌리를 내린 뒤 라틴어로 번역된 『성경』이 주로 읽히고 예배 의식에 사용되었지만 보통 사람들은 읽기 어려웠답니다. 수도원에서 교육을 받은 수도사나 성직자만이 『성경』을 읽고 이해하고 쓸 수 있는 특권을 누렸던 것이지요.

하지만 1517년 루터가 독일에서 **종교개혁**을 일으켰을 때 그의 연설문과 설교문 등이 구텐베르크가 만든 인쇄기로 찍혀 스위스, 영국 등으로 퍼져나가 종교개혁의 불을 지폈습니다. 『성경』을 빠른 속도로 인쇄해 각국의 『성경』 번역을 가속화시키기도 했습니다. 2017년은 종교개혁 500주년으로 영화 〈루터〉가 개봉되었어요. 기득권 세력의 탄핵에 저항하며 두려움과 괴로움으로 번민하고 가난한 민중을 연민하는 인간 루터의 모습이 잘 묘사되었지요. 혼신의 힘을 다하며 독일어 『성경』 번역에 몰두하는 모습도 감동적이었습니다.

기하학을 흔들어놓은 탐험가들

콜럼버스의 신대륙 발견과 **바스코 다 가마(Vasco da Gama, 1469~1524)**의 희망봉 발견 등은 15세기 유럽인이 가지고 있던 공간에 대한 생각을 뒤흔들어놓았습니다. 기하학이란 **인간이 가지고 있는 공간관(空間觀)**이기 때문에 유클리드기하학을 다시 새롭게 연구하기 시작해 하나의 공간 안에 비례가 정확하게 표현되는 **원근법(투시화법)**을 창조합니다. 한편으로는 유클리드기하학은 사영기하학의 탄생을 예감하게도 합니다. 콜럼버스는 '지구는 둥글다'라는 코페르니쿠스(Copernicus, 1473~1543)의 **지동설**을 도전과 실험 정신을 가지고 몸소 확인한 셈이지요. 서쪽으로 항해하여 신대륙(유럽의 동쪽에 있던 인도라고 믿었지만 실제로는 아메리카 대륙임)에 도착한 경험은 **유클리드기하학**에서 **'임의의 직선은 양 끝이 무한히 연장된다'**는 진리에 대한 믿음을 흔들어놓았습니다. 따라서 '임의의 직선은 양 끝을 무한히 연장하면 만난다'는 공리를 수용할 수 있는 새로운 기하학이 필연적으로 만들어질 수밖에 없었지요. 드디어 새로운 기하학인 **사영기하학**이 탄생합니다. 사영기하학은 중세의 평면적인 그림에서 벗어나 사실적이고 입체적인 그림을 그리려고 노력한 화가들에 의해 촉진된 기하학이라고 말합니다.

사영기하는 보는 기하

사영기하학은 유클리드기하학과 비교하면 좀 더 쉽게 이해됩니다. 한마디로 유클리드기하가 만지는 기하라면, 사영기하는 보는 기하입니다. 유클리드기하에서 임의의 직선은 아무리 연장해도 만나지 않지만, 사영기하에서는 양 끝이 만납니다. 직선을 손으로 들어올리면 양 끝이 붙지 않지만, 아주 멀리 지구 밖에서 바라보면 지구 위에 놓여 있는 직선이 지구를 한 바퀴 돌아서 만나게 되지요. 또 유클리드기하에서 평행한 두 직선은 절대로 만나지 않지만, 사영기하에서는 만납니다. 두 직선이 평행하다고 말하는 것은 한 직선을 손으로 집어서 다른 직선 위에 올려놓을 수 있다고 생각하기 때문입니다. 그러나 평행한 직선을 멀리서 바라보면 앞에서 이야기했듯이 멀리 있는 지점, 곧 **소실점**에서 만나게 되지요.

사영기하학의 기초 개념은 관찰자의 위치를 기준으로 동그란 원을 잡아 당겨서 길게 늘어난 찌그러진 원, 즉 타원이 같게 보일 수 있다는 것입니다. 유클리드기하에서는 한 도형을 손으로 집어서 다른 도형 위에 완전히 포개질 때만 합동이라고 하지요. 그러나 **사영기하에서는 원과 타원이 합동이 됩니다.** 유클리드기하가 인간이 촉각적으로 인식한 기하학의 세계라면, 사영기하는 시각적으로 인식한 기하학의 세계입니다. 도형을 고정된 위치에서 바라보는 관찰자에게는 변하지 않게 나타나지만 무수히 많은 평면으로 투영하면 다양한 도형으로 나타나거든요.

비참한 존재에서 영광 받을 존재로

4세기에 교부 성 암브로시우스는 『인생은 비참한 존재』라는 책을 저술했고, 12세기에 교황 인노켄티우스 3세는 '인간은 세상을 멀리하고 오직 하나님에게 일치시켜야만 인간의 존엄을 확립할 수 있다'는 내용을 저술할 정도로 중세는 인간을 비참한 존재로 생각한 시기였습니다.

그러나 14~15세기에 이르자 고대 그리스·로마의 고전 연구를 통해 이상적인 인간상과 인간의 존엄성을 깨닫게 됩니다. 종교적인 관점에서는 인간이 하나님의 영광을 위해 살 때 초월적 세계에서 하나님과 일치해 성스러운 존재가 될 수 있다고 믿습니다.

중세 시대에는 인간의 상태를 비관적으로 보았지만, 르네상스 시대가 되자 인간은 존경과 영광을 받을 만한 기적과 같은 존재라는 믿음을 절대시했습니다. 이러한 믿음은 르네상스를 촉진시키는 요인이 됩니다.

억압적인 중세에서 벗어난 르네상스인은 창의적이고 자유로운 생각으로 주변에 있는 사물을 사실적으로 완벽하게 묘사하기 시작합니다. 이를 위해서는 사물을 정확히 알아야 하므로 관찰과 실험과 탐구를 통해 회화에서는 **원근법**을, 의학에서는 **해부학**을 탄생시킵니다. 때를 맞춰 금속활자, 현미경, 망원경이 발명되면서 인간이 사물을 인식하는 체계도 바뀝니다. 중세에는 눈에 보이지 않는 하나님의 음성을 들으려고 하면서 시각보다 청각 시스템이 발달했지만, 르네상스 시대에 들어서면 주변 세계를 관찰하기 시작하면서 청각보다 시각 시스템이 발달한 것이지요.

중세에는 육체적인 것을 죄악으로 여기는 금욕적인 생각 때문에 누드화를 그릴 수 없었습니다. 하지만 르네상스 화가들은 아름다운 여인의 벗은 몸을 그리면서 그리스·로마 신화에 등장한 여신의 이름을 빌립니다. 아름다움의 대명사 베누스의 이름을 빌려 보티첼리는 〈베누스의 탄생〉을 그렸고, 〈봄〉이란 작품에는 봄의 여신 플로라가 베누스와 함께 등장합니다.

식물도감을 뛰어넘는 보티첼리의 탐구

보티첼리의 〈봄〉은 순환하는 자연과 시간을 시각적으로 표현한 작품입니다. 동시에 위대한 메디치가(家)의 로렌초를 찬미하는 작품입니다. 르네상스 미술에서 처음으로 그리스·로마의 신화적인 주제를 구체적으로 표현한 것입니다. 그의 작품은 꿈속에서 나올 듯한 애틋하고 아름다운 여성의 모습을 떠오르게 합니다. 야하지 않으면서 상큼하게 관능적인 미를 보이지요. 종교화도 아니지만 세속화도 아닙니다. 문학에 의인법이 있듯이, 그림에서 봄이라는 계절을 의인화해 표현한 것입니다. 그림 중앙에는 사랑의 여신 베누스가 걸어 나옵니다. 왼쪽에는 삼미신(三美神)이 화려하게 춤을 추고 있는데 벗은 것과 별 차이 없는 얇은 옷을 걸치고 있고, 오른쪽에는 봄의 여신 플로라가 등장하는 봄기운이 충만합니다. 플로라 여신의 꽃무늬 드레스를 자세히 살펴볼까요? 이 그림에서 놀라운 점은 오렌지나무를 비롯해 그림 전체에 나오는 식물이 500종이나 되고 봉오리를 펼친 꽃송이만 190가지라는 사실입니다. 심지어 식물도감에도 없는 꽃을 그렸다고 합니다. 이와 같은 **탐구 정신**! 이것이 바로 **르네상스의 정신**입니다.

작품 〈봄〉에서 춤추는 세 명의 여인은 고대부터 화가들이 즐겨 그리던 주제인 **삼미신(三美神)**인데, 이미 앞에서 중세의 삼미신과 비교해보았습니다(128쪽 참조).

르네상스 화가들은 그림을 사실적으로 묘사하기 위해 유클리드기하를 연구한 결과 원근법을 탄생시켰습니다. 인체와 동물, 식물을 새롭게 관찰하기 시작했으므로, 중세 그림 〈제자의 발을 씻기는 예수 그리스도〉를 보면 예수 그리스도를 가장 크게 그리고, 수제자 베드로는 예수보다 조금 작게 그리고, 요한이나 야고보 등 그 외의 제자들은 더 작게 그렸습니다. 인물의 비중에 따라 크기를 다르게 한 것이지요. 그러나 르네상스 화가들은 인체와 동물, 식물을 새롭게 관찰하기

보티첼리, 〈봄〉, 203×314cm, 1477~1478년, 피렌체 우피치미술관

보티첼리의 〈봄〉에 등장하는 여신 플로라

〈제자의 발을 씻기는 예수 그리스도〉

시작했고, 그림에 원근법을 도입해 하나의 유클리드 공간 안에 예수 그리스도와 제자들, 천사, 인간을 모두 같은 크기로 표현하기 시작합니다.

13세기에 베이컨은 "하나님은 이 세계를 유클리드기하의 원리에 따라 창조했으므로 인간은 그 방식대로 세계를 그려야 한다"고 주장했습니다. 그는 과학과 수학에 뛰어난 업적을 쌓은 인물로, 시기적으로는 중세인이지만 사고방식은 이미 르네상스인이었습니다. 따라서 15~16세기가 되었을 때 화가들은 사실적인 묘사를 위해 앞다투어 유클리드기하를 연구합니다. 지동설로 유명한 갈릴레이(Galilei, 1564~1642)는 미술학교에서 원근법을 가르쳤다고 합니다. 회화를 기하학적으로 이해하기 시작했다는 것은 단순히 예술적인 취향의 문제가 아닙니다. 유럽인의 공간에 대한 개념이 바뀌었다는 증거였지요.

원근법=투시화법

자! 지금부터 투시화법이라고 부르는 원근법을 알아봅시다. 원근법이란 가까운 물체는 크게, 멀리 있는 물체는 작게 그리는 표현법입니다. 여러분은 이미 원근법을 다 알고 있답니다. 하지만 유치원 때는 어떻게 그림을 그렸지요? 유치원 아이들은 아직 원근법을 몰라서 가까운 물체를 먼 곳의 물체보다 크게 그리지 않습니다. 자기가 아는 지식대로 그리지요. 미술의 역사에서 볼 때 원근법은 르네상스 이전에도 있었지만 수학적인 비례에 맞지 않는 비율로 그려지는 경우가 많았습니다. 수학적인 비례에 의한 완벽한 선 원근법은 **투시화법(透視畫法)**이라고 부르는데, 최초의 발견자는 교회 건물을 스케치하다가 소실점을 발견한 피렌체의 건축가 브루넬레스키(Brunelleschi, 1377~1446)입니다. 그럼, 소실점이 또 뭐냐고요? 소실(消失)이란 없어진다는 뜻입니다. 평행한 두 직선이 계속 나아가다가 멀리 지평선에서 없어지는 지점이 있는데, 바로 이 위치를 **소실점**이라고 부릅니

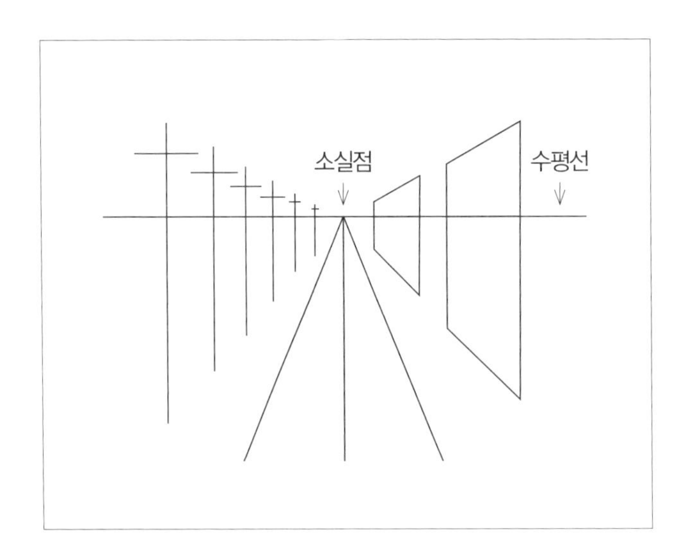

다. 그 후 알베르티는 평면도, 입면도, 시각 피라미드의 횡단면을 이용해 선 원근법을 더욱 발전시켰지요.

최초의 원근법 그림을 그린 마사초

최초의 원근법 그림으로는 마사초(Masaccio, 1401~1428)의 작품 〈성 삼위일체〉를 꼽습니다. 산타마리아 노벨라 성당의 제단화로 그려졌는데, 작품이 처음 공개되었을 때 벽에 큰 구멍이 뚫려 있는 것처럼 보여서 사람들이 무척 놀랐다고 합니다.

하나님과 십자가의 예수, 그 앞에 마리아와 요한, 그 아래에 이 그림을 기증한 부부의 위치는 4중으로 공간적 깊이를 느끼게 합니다. 미술사학자들이 계산해 본 결과 그림 속 채플의 천장은 가로가 2.13미터, 깊이가 2.75미터나 됩니다. 마사초는 이 그림에서 두 개의 소실점을 두었습니다. 하나는 제단 위의 사각형들이 예수 그리스도의 머리 위 한 점에 모이도록 했고, 또 하나는 성당 마룻바닥에서 1.53미터쯤 되는 지점에 우리의 눈높이가 맞추어지도록 설정한 것입니다. 그림 아랫부분에 누워 있는 해골상 위에 적힌 경구는 '여기 누워 있는 나도 예전에는 너희의 모습이었다'라고 합니다. 이 그림은 27세에 죽은 마사초의 천재성이 드러나는 작품이지요.

원근법의 발달은 미술에서 회화의 발달만 가져온 것이 아닙니다. 유럽인으로 하여금 공간을 기하학적으로 생각할 수 있도록 훈련시킵니다. 또 17세기 뉴턴의 운동방정식 발표와도 관계가 있답니다. 공간을 기하학적으로 설명하기 때문에 운동의 문제를 시간과 거리의 수학적 관계로 설명하기 쉬웠던 것이지요. 이것 말고도 또 있습니다. 원근법은 '나'라는 주체가 사물이라는 객체를 파악하는

마사초, 〈성 삼위일체〉, 667×317cm, 1429년, 피렌체 산타마리아 노벨라 교회

새로운 사고방식인 동시에 개인을 존중하는 휴머니즘 사상입니다. 자아에 대한 이러한 개념은 나중에 근대 철학의 주제가 됩니다.

사인·코사인의 정리를 만든 레티쿠스

15세기의 대표적 수학자로는 레기오몬타누스(Regiomontanous, 1436~1476)를 듭니다. 그가 공헌한 천문학 연구는 자연스럽게 삼각법 연구로 이어져 수학의 발전에 기여했습니다. 그가 죽은 뒤에 출판된 『삼각법의 모든 것』은 나중에 지동설을 주장하는 코페르니쿠스의 저서 『천구의 회전에 관하여』에 큰 영향을 준 것으로 알려져 있지요. 후에 레기오몬타누스와 코페르니쿠스의 업적 위에 자신의 견해를 첨가해 논문 「삼각법의 궁전」을 발표한 레티쿠스(Rheticus, 1514~1576)는 오늘날 사용하는 삼각함수표의 기초를 만들었습니다. 이 논문에는, 오늘날 고등학교 수학에서 배우는 **사인·코사인의 가법정리**, 2배각, 3배각의 삼각함수에 관한 공식이 실려 있습니다. 이들은 르네상스 수학의 업적이지만, 근대 과학에 꼭 필요한 공식이라는 사실을 미리 알아차리고 준비라도 한 듯이 근대 수학과 과학에 없어서는 안 되는 것이었지요.

복식부기의 아버지 파치올리

1497년 프란체스코의 수도사 파치올리는 베네치아에서 『신성 비례법』이라는 책을 출간합니다. 그는 과학과 예술의 근본인 수학의 힘이 얼마나 위대한지 설명하고 다섯 개의 정다면체 작도법을 소개합니다. 또 피타고라스처럼 수를 신비로운 것으로 파악했습니다. 비례법은 하나님이 부여한 것으로 수리적으로 나눌 수 없고, 말로 정리할 수 없으며, 수는 그 자체로 존재하는 유일한 것이라고 주장했습니다. 파치올리는 1482년에 유클리드기하학의 『원론』을 라틴어로 번역했고, 1494년에는 베네치아에서 『산술·기하·비 및 비례 대전』을 출간하면서 책 서문에 원근법을 작품에 응용한 이탈리아 화가들을 소개하기도 했습니다. 수학자로서 예술에 관한 이야기를 언급한 파치올리는 진실로 르네상스 정신인 이론과 실용의 결합을 실천한 인물이었지요. 이 밖에도 당시 절실한 문제였던 상업용 장부와 부기에 관한 연구로 **'복식부기*의 아버지'**라고 불립니다.

***복식부기**

예를 들어 설명해볼까요? 어떤 가정의 재산은 4억 원이고 빚은 2,000만 원이라고 합시다. 그런데 아파트를 더 넓은 곳으로 옮기려고 대출금 3,000만 원을 받았습니다. 그러면 보통 재산은 그대로인데 빚만 3,000만 원이 더 늘어났다고 생각하기 쉽습니다. 그러나 엄밀하게 생각하면 빚이 2,000만 원에서 5,000만 원으로 늘어났지만 재산도 4억 원에서 4억 3,000만 원으로 늘어난 것입니다. 그래야 4억 3,000만 원−5,000만 원=3억 8,000만 원이 되는 것입니다. 원래 재산 4억 원−2,000만 원=3억 8,000만 원과 맞는 것입니다. 이처럼 복식부기는 돈이 들어오고 나가는 것을 한눈에 알아보기 쉽도록 기록해, 재산과 빚의 현황을 체계적이고 총괄적으로 파악하도록 하는 부기법이랍니다.

사보나롤라는 예언자인가, 이단자인가?

1486년 도미니크 수도사 사보나롤라(Savonarola, 1452~1498)는 피렌체에서 "신은 나에게 말세가 왔다는 계시를 내리셨다. 나는 벌을 받을 때가 왔다는 소식을 전할 사명을 받았으며, 나는 순교할 것이라고 명하셨다"라고 사순절 강론을 시작했습니다. 앞에서 보았듯이, 보티첼리의 〈봄〉은 그리스·로마의 신화에 등장하는 인물들을 의인화한 그림으로 **신플라톤주의** 작품이라고 합니다. 르네상스 운동의 거점인 피렌체가 그리스·로마 문화를 부활시키는 데 주력했지요. 그런데 그리스·로마 문화는 크리스트교 입장에서는 이교 문화였어요. 사보나롤라는 이교 문화를 버리고 순수한 신앙으로 돌아올 것을 호소하면서, 피렌체 시민의 사치와 향락, 음란을 책망했습니다. 게다가 부패한 로마 교회와 메디치 정권을 비난하면서 위대한 군주 로렌초와 교황 이노첸티우스 8세의 죽음까지 예언했습니다.

로렌초가 설립한 산마르코 수도원에서 설교자로 일하기 시작한 사보나롤라가 로렌초를 공격하니까 로렌초는 사보나롤라를 공격할 설교가를 고용해 음모를 꾸몄습니다. 그러나 피렌체 시민이 사보나롤라를 지지하여 음모는 무력화되고 말았지요. 당시 로마 가톨릭의 타락상은 교황 알렉산더 6세의 경우를 보면 할 말을 잃을 정도입니다. 교황이 일곱 명의 자녀를 두었다는 사실을 공공연하게 발표하고, 추기경의 재산을 뺏기 위해 독살을 지시하며, 권력을 거머쥐려고 딸을 세 번이나 결혼시킵니다. 성직자의 타락을 보고 청빈한 수도사 사보나롤라는 더 이상 침묵할 수 없었지요.

사보나롤라는 또 피렌체에 역병과 전쟁, 홍수와 기근을 예언하면서 말세를 경고했어요. 무서운 경고에 피렌체 시민들은 동요하기 시작했습니다. 양심에 찔린 교황은 사보나롤라를 파문시켰고 안티 세력은 거짓 예언자라고 고소해버립니다. 그런데 사보나롤라의 예언대로 1492년 로렌초는 죽었고, 1494년 프랑스가 침략해 전쟁이 일어났습니다. 피렌체에는 흑사병과 매독이 발생하고 기근까지 겹쳤습니다. 매독은 원래 부도덕하고 음란한 성적 방종과 타락으로 발생하는 것입니다. 사회적으로 혼란에 빠진 피렌체 정부는 혼란의 원인을 사보나롤

라에게 뒤집어씌우면서 마침내 1498년 5월 23일 시뇨리아 광장에서 그를 화형시킵니다. 혼란의 희생양이 된 것입니다. 사보나롤라와 루터의 차이점이 있습니다. 사보나롤라는 교황의 타락을 지적했으나 교황을 부인하지는 않았어요. 반면 루터는 교황권을 부정하면서 종교개혁에 불을 붙입니다.

사보나롤라의 강론으로 화가 보티첼리는 이교적인 그림을 제작한 것을 공개적으로 회개하면서 교회를 위해 헌신하기로 맹세합니다. 또 르네상스의 거장 미켈란젤로(Michelangelo, 1475~1564)도 이 예언자의 설교를 늘 마음에 품고 있었다고 합니다. 한바탕 광란의 폭풍우가 지나가고 1500년대가 되자 이탈리아의 학예를 꽃피운 피렌체는 화려한 문화가 서서히 막을 내리고 16세기 르네상스의 황금시대는 로마로 거점을 옮깁니다.

〈최후의 만찬〉은 누구의 것이 최고?

자, 여러분! 고대 오리엔트의 이집트 시대부터 그리스와 헬레니즘 시대를 지나 중세를 거쳐 숨가쁘게 여기까지 달려왔지요? 이제는 르네상스의 황금기인 16세기의 거장들을 만나봅시다. 르네상스의 거장이라면 여러분이 잘 아는 레오나르도 다빈치, 라파엘로, 미켈란젤로를 꼽습니다. 다빈치 하면 무엇이 떠오르지요? 세계적 베스트셀러로 영화까지 만들어진 소설 『다빈치 코드』가 떠오르나요? 저는 레오나르도 다빈치 하면 그림 〈최후의 만찬〉과 〈모나리자〉가 떠오릅니다. 그런데 최후의 만찬 장면은 다빈치만 그린 것이 아닙니다. 서기 29년 예수 그리스도가 예루살렘에서 십자가에 못 박히기 전에 제자들과 함께 음식을 나눈 식사 장면은 오래도록 화가들이 즐겨 그린 주제였답니다.

중세 말의 두초(Duccio, 1255~1319)와 15세기 기를란다요(Ghirlandajo, 1448~1494)와 디르크 바우츠(Dieric Bouts, 1400?~1475), 16세기 르네상스의 정점이었던 레오나르도 다빈치의 〈최후의 만찬〉을 비교해봅시다. 두초의 〈최후의 만찬〉에서는 성스러움을 표현하기 위해 예수 그리스도는 물론이고 열두 제자의 머리에 모두 후광을 넣었습니다. 제자들은 모두 엄숙한 표정과 꼿꼿한 자세로 동작과 얼굴에는 개성이 전혀 없고 식탁 위 양고기와 쓴 나물, 빵은 미끄러져 내릴 것만 같아요. 원근법을 시도한 초기 작품으로 천정과 벽의 평행한 선들은 소실점에서 만나는데 소실점을 다섯 개나 발견할 수 있습니다. 다음으로 기를란다요의 〈최후의 만찬〉을 살펴봅시다. 산마르코 교회의 수도원 식당 벽면의 그림으로 마가의 다락방이라는 말이 무색할 정도로 화려한 궁륭의 실내 오른쪽에는 공작새가 앉아 있고, 새들이 하늘을 나는 열린 공간으로 묘사된 것이 화려한 느낌을 줍니다. 등을 보이는 예수 그리스도의 겉옷자락의 주름이 자연스럽지요. 여기서 우리가 주목할 점은 소실점의 개수가 두초에 비해 두 개로 줄었다

두초, 〈최후의 만찬〉, 50×53cm, 1308~1311년, 두오모 오페라미술관

기를란다요, 〈최후의 만찬〉, 400×810cm, 1480년, 피렌체 산마르코 수도원

디르크 바우츠, 〈최후의 만찬〉, 180×150cm, 1464~1467년, 르우벤 산피에르 성당

레오나르도 다빈치, 〈최후의 만찬〉, 460×880cm,
1494~1498년, 밀라노 산타마리아 델레그라치에 교회 수도원 식당

는 것!

자, 이번에는 디르크 바우츠의 〈최후의 만찬〉을 감상합시다. 제일 먼저 눈에 들어오는 것은 한 개의 소실점이지요? 소실점의 위치는 화폭 가운데 예수 그리스도를 중심으로 천장 모서리의 선과 식탁의 선이 소실점 하나에 모이는데 벽난로 위에 설정되어 있습니다. 이 그림의 특징은 예수와 열두 제자 외에 집주인 마가처럼 보이는 남성이 예수 뒤에 서 있고, 빨간 모자를 쓴 시종이 오른쪽과 뒤의 창문 밖에 서 있네요. 『성경』에서는 '마가의 다락방'이라고 말하지만, 사실 열세 명의 손님을 초대해 식사를 대접하려면 꽤 여유 있는 가정이었을 거라 짐작됩니다. 바닥의 타일은 지금 우리 눈에도 멋져 보이네요! 이처럼 서양의 화가들은 수학적 비례에 맞는 원근법을 개발하기 위해 수백 년간 지속적으로 연구해 '한 점 투시화법'에 도달한 것입니다.

다빈치의 〈최후의 만찬〉은 많은 부분이 훼손되었음에도 불구하고 다른 작품들보다 뛰어납니다. 다빈치는 열두 명의 제자를 세 명씩 네 그룹으로 나누었고, 예수의 머리 뒤에 소실점을 두고 디자인해 그림 전체에서 3차원적인 입체감을 느끼게 합니다. 십자가에서 죽음으로써 하나님의 뜻을 성취하고자 하는 예수는 초조하고 두려운 마음을 떨칠 수가 없었습니다. 하지만 아무렇지도 않은 표정으로 제자들에게 마지막 설교를 하고 있지요. 예수는 이 자리에서 3년 동안 한결같이 함께한 열두 명의 제자 중 한 명이 배반할 것이라고 폭풍 같은 선언을 합니다.

다빈치는 스승의 말에 깜짝 놀라는 제자들의 모습을 포착해 역동적으로 표현했습니다. 이탈리아의 산타 마리아 델레 그라치에 교회 수도원 식당 전체 벽면에 그려진 그림입니다. 그림 속의 천장 모서리 선과 실제 식당 벽면의 천장 모서리 선이 완전히 일치한다고 해요. 다빈치의 원근법적 공간 계산이 뛰어났기 때문이지요. 수도원 식당에서 식사하는 수도사들은 예수와 함께 만찬을 나누는 착각에 빠진다고 합니다.

예수 그리스도가 실제로 최후의 만찬에서 식사한 메뉴는 양고기와 쓴 나물, 빵, 포도주였지만, 16세기의 다빈치는 양고기 대신 당시 유행하던 장어 요리를 그렸습니다. 그림에는 이처럼 화가의 철학과 욕망, 가치관이 반영되지요. 화가들은 〈최후의 만찬〉을 왜 이렇게 많이 그렸을까요? 크리스트교가 지배하던 중세가 물러갔는데도 여전히 서구 사회는 크리스트교 문화가 자리 잡고 있었어요. 크리스트교의 핵심은 인류의 구원을 위한 예수 그리스도의 '십자가 사건'이므로, 전날 밤 제자들과 나누었던 최후의 만찬은 당연히 의미 있는 주제였겠지요.

미술가가 수학 문제를 어떻게? 몸으로!

요즘은 어디서나 '기능'을 강조하는 것이 유행이지요. 그래서 기능성 운동복, 기능성 화장품 등이 나옵니다. 로마 시대 비트루비우스는 건축에 관해 최초로 이론을 정립한 위대한 인물이었어요. 기능적인 건물을 만들려면 결국 인체 연구가 필요합니다. 비트루비우스는 로마 시대 카이사르 밑에서 일했던 용병 대장인데, 군인이면서도 건축에 재능이 뛰어나 불후의 명작 『건축 10서』를 남겼습니다. 이 책에는 건축 이야기만 있는 것이 아니라 인체의 비례도 설명되어 있습니다. 건축에 왜 인체 비례가 나오냐고요? 건축이란 원래 사람이 생활하기 편리한 공간을 만드는 일이니까요. 건축물은 실용적이고 아름답고 기능적으로 잘 지어져야 합니다.

비트루비우스에 따르면, 사람의 몸은 누워서 신장이 14분의 1만큼 짧아질 때까지 다리를 벌리고 팔과 손가락을 반듯이 펴서 머리의 정수리 높이만큼 들어

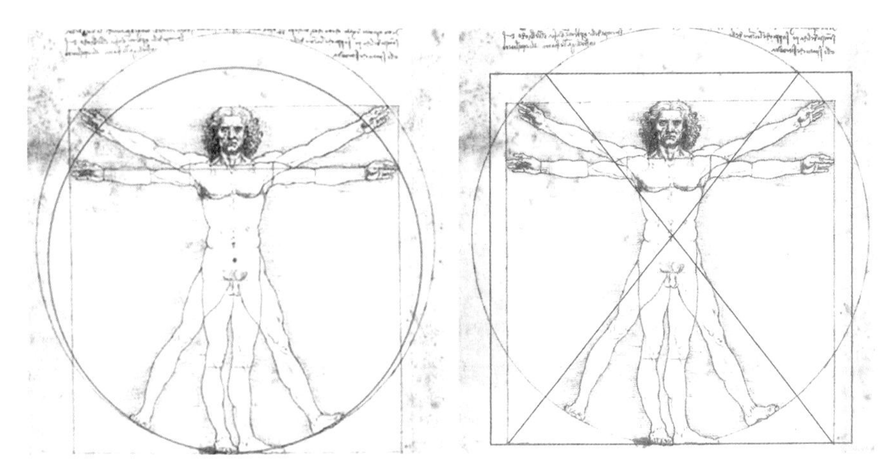

레오나르도 다빈치, 〈비트루비우스의 인체 비례〉, 33.4×24.5cm, 1492년경, 베네치아 아카데미아미술관
정사각형과 같은 넓이를 갖는 원의 작도(좌), 원과 같은 넓이를 갖는 정사각형의 작도(우)

올린다면 완전히 펼쳐진 인체의 중심은 배꼽이 되어야 하고, 벌린 두 다리 사이에는 정삼각형을 그려 넣을 수 있어야 한다고 합니다. 다방면에 호기심 많고 열정적인 다빈치는 이 책을 보자마자 곧 빠져들었습니다. 그 결과 앞서 이야기했던 고대 그리스의 3대 난문제 중 하나인 '원과 같은 넓이를 갖는 정사각형의 작도법'을 멋지게 해결합니다. 미술가가 풀리지 않던 수학 문제를 해결했다는 거 아닙니까!

정사각형과 같은 넓이를 갖는 원의 작도: 정사각형과 같은 넓이를 갖는 원의 작도는 신장의 6분의 1 길이만큼 머리에서 내려온 어깨선을 수평으로 연장하면 가로로 펼친 팔의 가운데 손가락을 관통하는데 배꼽 아래 즉, **단전**에 컴퍼스의 중심을 두고 손가락 끝을 스치도록 작은 원을 그립니다. 이때 정사각형과 새로 작도한 원의 넓이의 비는 1:1.003이 됩니다.

원과 같은 넓이를 갖는 정사각형의 작도: 원과 같은 넓이를 갖는 정사각형의 작도는 정사각형의 밑변 모서리에서 배꼽을 지나는 사선을 두 개 긋고 사선과 원과의 교점을 잡습니다. 두 교점을 수평으로 지나는 직선을 윗변으로 하는 새로 만들어진 큰 정사각형은 원의 넓이와 같습니다. 이때 정사각형과 원의 넓이의 비는 1 : 1.000373이 됩니다.

헬레니즘 시대의 유명한 수학자 아르키메데스는 원주율의 문제를 근삿값으로 해결했는데, 어떻게 해결했는지 살펴봅시다. 그는 저서 『원의 측정』에서 소진법(消盡法)을 사용해 다음과 같이 설명합니다. 아르키메데스는 임의의 원에 내접, 외접하는 정6각형을 그린 다음 수학적으로 설명한 후 논리적으로 변의 개수를 두 배씩 늘려나갔습니다. 정12각형, 정24각형, 정48각형, 정96각형으로 확장했지요. 다각형의 변의 개수가 많아질수록 원에 수렴하니까요. 이 방법에 따라 π의 근삿값을 계산했습니다. 소진법을 완벽하게 사용했는데 그때까지 π는 사용하지 않았지요. π라는 기호는 나중에 수학자 오일러(Euler, 1707~1783)가 처음으로 사용합니다. 『원의 측정』에서 그는 '원의 둘레와 지름의 비는 $3\frac{10}{71}$보다 크고 $3\frac{1}{7}$보다 작다'라고 표현하고 있습니다. 이것을 소수로 나타내면 $3.14103 < \pi < 3.14271$입니다. 아르키메데스는 오차를 소수점 세 자리까지 줄였는데, 다빈치는 오차를 소수점 네 자리까지 줄인 멋진 작도법을 창안했습니다. 이 같은 인체 비례에 대한 사고방식은 누구나 자신의 비례 기준을 가지고 있다는 근대의 주관적인 자아 의식이라고 말할 수 있습니다.

다빈치는 회화가 눈에 보이는 실제 세계를 모두 모사(模寫)할 수 있기 때문에 예술 가운데 가장 고귀한 것이라 생각했지만, 미켈란젤로는 예술은 과학이 아니라 인간의 창조 활동이라고 주장했습니다. 그는 화가라기보다는 조각가였습니다. 결이 거친 대리석으로 고대 그리스 조각의 이상과 인체의 해부학적 구조를 완벽하게 표현했지요. 미켈란젤로의 〈피에타〉는 죽은 예수를 안고 있는 마리아 조각상인데, 구겨진 옷자락의 주름은 마치 지점토로 빚은 듯 기교의 극치를 이룹니다. 아들의 시신을 안고 있는 어머니 마리아의 인간적 고뇌와 신으로부터 얻은 놀라운 평화가 묘하게 교차하는 걸작입니다.

『구약성경』에는 양치기 소년 다윗이 블레셋의 장군 골리앗을 작은 물맷돌로 죽이고 나라를 구하는 이야기가 나옵니다. 교회 주일학교에서는 다윗을 보통 12세 전후의 어린 소년으로 설명하지만, 미켈란젤로는 자그마치 높이 5.17미터나 되는 크기로 만들었습니다. 보통 성인 키의 세 배가 훌쩍 넘지요. 미켈란젤로의 작품 〈다비드〉를 감상해볼까요? 날카로운 눈매, 찌푸린 미간, 충혈된 눈은 노기 띤 얼굴의 긴장감을 묘사하고 있으며, 물맷돌을 쥐고 있는 손의 뼈와 힘줄은 마치 피가 통하는 것 같고 불끈 힘이 솟는 느낌마저 주지요. 몸에 비해 손을 크게 만들어 물맷돌을 강조했습니다. 그리스 조각에서는 볼 수 없었던 마음의 움직임까지 느껴지도록 영웅을 묘사하고 있습니다.

미켈란젤로가 인생 말년에 성 시스티나 성당에 그린 작품을 봅시다. 성 시스티나 성당은 바티칸에서 교황을 선출할 때마다 TV에서 볼 수 있는 곳이지요. 성당은 별로 크지 않은데 천장을 전부 미켈란젤로의 그림으로 장식한 아름답고 기념비적인 장소예요. 전깃불도 없던 시절에 『성경』에 나오는 〈천지 창조〉 이야기부터 〈최후의 심판〉까지 벽면과 천정에 그렸다는 것은 신앙의 힘이 아니고는

미켈란젤로, 〈피에타〉, 높이 174cm, 1499년, 로마 성베드로대성당

미켈란젤로, 〈다비드〉, 높이 517cm, 1501~1504년, 피렌체 아카데미아미술관

미켈란젤로, 〈최후의 심판〉, 13.7×12.2m, 1536~1541년, 로마 바티칸 성 시스티나 성당

불가능한 일이라고들 평합니다. 미켈란젤로는 『성경』과 단테의 『신곡』을 읽거나, 가톨릭 연미사의 「장송가」와 사보나롤라의 설교 등을 듣고서 작품을 구상했다고 전해지지요. 미켈란젤로의 〈최후의 심판〉이 처음 공개되었을 때 인물들의 나체를 보고 교황을 비롯해 많은 사람들이 하나님의 교회를 목욕탕으로 만들었다고 비아냥댔습니다. 심지어 불경스런 그림이라고 비난했다고 해요. 할 수 없이 나중에는 인물들에게 '기저귀'를 채우는 작업을 할 수밖에 없었습니다. 사실 미켈란젤로는 인간이 죽음을 체험하고 부활한 뒤 천국에 들어가면 심판자 예수 그리스도 앞에서 적나라하게 드러날 수밖에 없는 벌거벗은 인간의 모습을 그린 것이지요.

고대 그리스 학자들을 초대한 라파엘로

플라톤이 기원전 4세기경 아카데모스 숲에 세운 학교 아카데미아는 흔히 '아테네 학당'이라고 부르지요. 라파엘로가 그린 〈아테네 학당〉을 감상해봅시다. 중앙에 걸어 나오는 두 사람 중 왼쪽은 플라톤이고, 오른쪽은 그의 제자 아리스토텔레스입니다. 맨발로 걸어 나오는 플라톤은 저서 『타마이오스』를 들고 있고, 아리스토텔레스는 금실로 수를 놓은 화려한 옷을 입고 저서 『윤리학』을 들고 있지요. 천상의 이데아를 추구한 플라톤은 오른손으로 하늘을 가리키고 있으며, 사실과 경험을 중요시한 자연철학자 아리스토텔레스의 오른손은 앞을 향하고 있습니다.

플라톤에서 왼쪽으로 몇 명 건너가면 머리가 벗겨진 사람의 옆모습이 보이지요? 그가 바로 소크라테스입니다. 그다음에 계단에 반라(半裸)의 모습으로 기대어 앉아 있는 노인은 철학자 디오게네스, 오른편 앞쪽에 허리를 구부리고 컴퍼스로 바닥에 도형을 그리고 있는 인물은 수학자 유클리드, 왼쪽 앞에서 책에 열심히 뭔가를 쓰고 있는 학자는 피타고라스입니다. 이 밖에도 다양한 고대 그리스의 학자들이 등장합니다.

흔히 르네상스를 고대 그리스·로마 문화의 재발견이라고 하지요? 〈아테네 학당〉을 보면 그 의미가 확실해집니다. 고대 그리스 학자들의 세계를 라파엘로는 2,000년이 지난 16세기에 이처럼 표현해놓았답니다. 완벽하게 원근법으로 처리한 천장과 기둥, 벽은 웅장한 신전 분위기를 연출하는 무대와 같고, 인물들의 동작과 포즈는 자연스럽고 부드러우면서도 드라마틱하지요. 이 그림이 그려진 동기는 이렇습니다. 교황 율리우스 2세가 라파엘로에게 바티칸 궁 안에 교황청의 법정이 될 서명의 방이라는 곳에 그림을 그려줄 것을 부탁했습니다. 교황이 주문한 주제는 시와 철학, 신학, 법학 등의 학문을 중심으로 고대 그리스 학문의 세계와 크리스트교 정신의 일치였다고 합니다. 교황청에 플라톤의 학교 아카데미아를 지어 감히 이교도의 학자들을 초대한 라파엘로의 저돌적인 발상은 참 당돌하기까지 하지요. 그래서 〈아테네 학당〉은 신플라톤주의 작품이라고 말합니다.

고대 그리스 문화에서 뛰어난 두 여성을 소개할까 합니다. 왼쪽 피타고라스 앞에 서 있는 흰옷 입은 여성은 최초의 여성 수학자 히파티아입니다. 알렉산드리아 대학에서 수학과 철학을 가르친 히파티아(370?~415)는 뛰어난 미모와 심오한 학문으로 유명했는데, 당시 지중해 연안의 왕자들이 구애할 때 "나는 진리와 결혼했습니다"라고 하며 단호하게 거절했다고 합니다. 그녀는 철학에서는 신플라톤주의를, 수학에서는 디오판토스의 대수학을 완성했다고 평가됩니다. 안타깝지만 그녀의 연구 결과와 지서는 모두 소멸되었어요. 그런데 같은 여성으로서 더욱 안타까운 점은 그녀가 마차를 타고 알렉산드리아 대학으로 강의하러 가던 길에 크리스트교 광신도들에 의해 무참히 끌어내려지고 옷이 찢긴 채

라파엘로, 〈아테네 학당〉, 바닥 길이 770cm, 1510년, 로마 바티칸 스탄차 델라 세냐투라

로 질질 끌려다녔다는 거예요. 이미 숨을 거두었건만 사악한 인간들이 조개껍질로 피부를 벗기기까지 했다고 합니다. 오늘날의 시각으로 보면 사이코 패스 같은 기행이지요. 이런 일을 당한 이유는 무엇일까요? 크리스트교가 아닌 이교를 신봉했기 때문이라는군요. 화가 라파엘로가 히파티아를 소크라테스 바로 앞에 세운 것은 그리스 학문의 세계에서 비중 있는 존재이기 때문인 것 같습니다.

주목해야 할 여성이 또 한 명 있습니다. 소크라테스와 플라톤의 중간 위치에 흰옷 입은 금발의 여성은 히파티아보다 700년 앞서 태어난 헤로필로스(Herophilos, B.C. 335~280)입니다. 그녀는 친구 스트라톤의 영향으로 자신이 직접 본 것이 아니면 가르치지 않았다고 해요. 그녀가 실제로 해부했던 시체는 무려 60구나 된다고 합니다. 사람들 앞에서 최초로 인체를 해부해 뇌가 신경의 중추임을 밝히고 생리학의 시초를 열었지요. 지금 같으면 노벨생리의학상을 받았겠지요?

그럼 스트라톤이 누구이기에 헤로필로스에게 이처럼 강력한 영향을 미쳤을까요? 스트라톤은 아리스토텔레스가 세운 학교 리케이온에서 공부한 아리스토텔레스의 수제자였답니다. 스승의 영향으로 사실과 경험을 중시하는 자연과학의 방법론을 철저하게 배웠고, 그것을 친구 헤로필로스에게 전수한 거지요. 학문의 세계에서 스승과 친구의 영향력이 막대하다는 사실을 새삼 깨닫게 합니다.

경제 발전이 방정식 문제를 촉진하다

도시와 상업의 발달로 화폐경제와 금융업이 활기를 띤 르네상스 시대에는 단리와 복리 등 이자 계산이 현실적으로 매우 중요한 문제였습니다. 가령, 다음의 문제를 봅시다. '원금이 a원이고 연이율 r일 때 3년 후의 원리합계를 복리로 계산하면 얼마인가?' 원리합계를 x라고 하면 $x=a(1+r)^3$이지요. 고등학교 수학에서 등비수열을 배울 때 나오는 문제이기도 해요.

이때 원금과 연이율이 주어지면 x는 간단히 구할 수 있지만, 문제를 변형해 '원리합계가 c원이고, 연이율이 r일 때 3년 전의 원금 x원은 얼마일까?'를 생각해보면 $x(1+r)^3=c$이고 정리하면 $x=\frac{c}{(1+r)^3}$가 됩니다. 원리합계보다는 번거롭지만 어렵지 않게 구할 수 있지요. 다음 문제는 '원금 a원이 있는데 3년 후의 원리합계 c원을 얻었을 때 연리 x를 구하라'의 풀이입니다.

$$a(1+x)^3=c\text{이므로 } a(1+3x+3x^2+x^3)=c$$

$$\text{즉, } x^3+3x^2+3x+1=\frac{c}{a}$$

가 됩니다. 이것은 3차방정식의 문제입니다. 당시는 아직 3차방정식을 풀지 못하던 시대였지요. 이런 현실적인 필요성에 의해 16세기에는 3·4차방정식의 해법을 찾는 것이 수학자들의 연구 주제였습니다.

복리의 위력

20세기 천재 과학자 아인슈타인은 복리법에 관해 유명한 말을 남겼습니다. 그는 인간이 만든 가장 훌륭한 마술은 **복리 마술**이라고 표현했답니다. 시간이 지나면서 단리와 복리로 이자가 붙으면 원금은 눈덩이처럼 불어나지요. 가령 담배 피우기를 좋아하는 어떤 청년의 이야기를 해볼까요? 2006년 기준으로 어떤 청년이 대학에 입학한 뒤 2,500원짜리 담배를 매일 한 갑씩 58세까지 피웠다고 가정합시다. 한 달이면 7만 5,000원이 담배 연기 속으로 사라집니다. 그런데 만약 이 돈을 은행에 저축한다면 어떻게 될까요? 연 11퍼센트의 복리로 58세까지 계산하면 연기 속으로 사라질 뻔한 돈은 약 5억 원으로 불어나 있고, 64세까지 계산하면 무려 10억 4,000만 원이 된답니다. 요즘은 금융 이자가 워낙 낮아져 흔히 '제로 금리'라고 부르지만, 우리나라에서 1997년 IMF 외환 위기 전에는 은행의 연 이자율이 13퍼센트였으니 복리의 위력이 대단했겠죠?

르네상스 수학의 대표 주자 페로와 카르다노

3·4차방정식의 풀이법에 관한 유명한 일화가 있습니다. 당시 3차방정식의 해를 근삿값으로 구하는 방법은 이미 알려져 있었지만 일반적인 방법론을 제시할

수는 없었어요. 2차방정식도 인수분해로 해를 구하는 방법이 있었는데, 그 방법은 일반해가 아닙니다. 2차방정식에서 여러분이 잘 외우고 있는 '근의 공식'이 일반해인 것이지요. 르네상스 시대에는 방정식의 해법에 대한 수학자들의 경쟁이 매우 치열해 서로 질문 목록을 보내 공격하고, 논쟁에서 이기면 명성이 아주 높아졌습니다. 1545년 카르다노(Cardano, 1501~1576)의 저서 『위대한 술법』에서 3·4차방정식의 해법이 처음 발표되었습니다. 하지만 카르다노 혼자서 그 방법을 모두 연구한 것은 아니랍니다. 이야기의 내용은 이렇습니다.

맨 처음에 해법을 발견한 사람은 세계 최초로 설립된 이탈리아 볼로냐 대학의 수학 교수 페로인데, 그는 자기의 해법을 출판하지 않고 제자 페라리(Ferrari, 1522~1565)에게 가르쳐주었습니다. 그 후 페라리는 타르탈리아(Tartaglia, 1500~1557)와 수학 시합을 벌입니다. 수학 시합에서 서로가 경쟁자에게 수학 문제를 내고 푸는 방식이 매우 유행했다고 하네요. 타르탈리아는 시합에서 완벽한 승리를 거둡니다.

이 소식을 들은 카르다노라는 야심 많은 사나이는 타르탈리아에게 접근해 거물급 후원자에게 추천서를 써줄 테니 자기에게만 3차방정식 해법의 비밀을 털어놓으라고 설득했지요. 마음 약한 타르탈리아는 1539년 밀라노에서 카르다노에게 해법을 전합니다. 물론 절대로 공개적인 출판을 하지 않겠다는 약속도 받아냈습니다. 하지만 카르다노는 타르탈리아의 해법을 더 연구해 한층 업그레이드된 해법을 『위대한 술법』이라는 책으로 출간했습니다.

카르다노는 타르탈리아에게 해법을 발표를 하지 않겠다고 맹세했지만, 나름대로 약속을 안 지켜도 괜찮다는 명분을 가지고 있었습니다. 물론 타르탈리아는 카르다노를 배신자라고 생각했지요. 카르다노는 명성과 재산도 얻었고 수학자와 의사로서 성공도 거머쥐었지요. 하지만 예수 그리스도의 별점을 치고 네로 황제를 찬양한 죄로 이단자로 몰린 점성술사이자 도박꾼이기도 했습니다.

그러니 말년에는 별로 행복하지 않은 삶을 살았다고 해요. 한편 타르탈리아는 카르다노 때문에 너무 분해 화병으로 죽었다는 이야기도 있답니다.

다빈치 기법을 부정한 틴토레토

틴토레토(Tintoretto, 1518~1594)의 〈최후의 만찬〉은 100년 전 다빈치의 작품과 비교해보면 매우 파격적입니다. 다빈치식의 기교는 완전히 파괴되었습니다. 식탁은 직각으로 과장되게 표현되어 있고, 예수는 중앙에 있는데 얼굴이 너무 작아 알아볼 수도 없습니다. 예수와 그의 제자들 외에 하인들도 등장하고 있고, 가축과 음식 그릇까지 어수선하게 놓여 있으며, 오일 램프에서 나는 연기가 이상

틴토레토, 〈최후의 만찬〉, 365×568cm, 1593년, 베네치아 산 조르조 마조레 교회

하게도 천사들의 구름 떼로 바뀌어 예수의 머리 위로 몰려들고 있습니다.

틴토레토는 앞 시대의 기를란다요나 다빈치처럼 유다의 배반이라는 드라마틱한 사건에는 관심 없었고, 이 땅의 음식인 빵과 포도주가 예수의 몸과 피로 변하는 것을 가시적으로 보여주려고 했습니다. 완벽한 조화에서 벗어나려는 이러한 매너리즘의 몸부림은 앞으로 다가올 20세기 추상의 세계를 알리는 것이었지요. 다빈치의 그림이 완벽히 사영기하학적이라면 틴토레토의 그림은 비유클리드적이라고 말할 수 있습니다.

근대 수학을 준비한 네이피어와 브리그스

복리계산의 과정에서 맞닥뜨리는 고차방정식의 해법은 대수학에서 한 단계 성장했지만, 제곱, 세제곱을 구해야 했으므로 실제적으로는 계산하는 데 매우 불편했습니다. 상거래에서 이러한 불편을 해결해주는 새로운 도구가 필요했던 것이지요. 이 도구가 바로 **로가리즘**입니다. 앞에서 '원금 a원이 3년 후에 원리합계가 c원이 되었을 때 연리를 구하라'는 문제를 생각하면 $a(1+x)^3=c$인데, 양변에 로그*를 취하면,

$$\log a+3\log(1+x)=\log c$$
$$즉, \log(1+x)=\frac{\log c-\log a}{a}$$

가 되어 제곱, 세제곱 또는 제곱근, 세제곱근의 문제가 가감승제의 사칙연산으로 바꾸어 셈할 수 있게 됩니다. 엄청나게 쉽게 변했지요.

원래 로그는 천문학에서 출발했으나 이처럼 실생활을 편리하게 해주었습니

다. 17세기 초에 이미 스테빈(Stevin, 1548~1620)에 의해 **복리계산표**가 만들어졌으나 뷔르기(Burgi, 1552~1632)가 독자적인 로그표를 작성했고, 후에 네이피어(Napier, 1550~1617)는 곱셈, 나눗셈을 비롯해 삼각법의 계산을 편리하게 만들기 위한 수단으로 로그를 발명했습니다. 그의 저서 『놀라운 로그 체계의 기술』에 감동받은 브리그스(Briggs, 1561~1639)는 네이피어를 방문해 함께 논의한 결과,

$$\log 1 = 0, \log 10 = 1$$

로 하자는 결론을 내렸고, 브리그스는 10을 밑으로 하는 상용로그를 연구했지요.

***로그**

로그함수 $y=\log a^x$는 $a \neq 1$이고 $a > 0$일 때 지수함수 $y=a^x$의 역함수라고 정의합니다. 이때 log는 logarithm의 약자인데, 라틴어로 '비율을 나타내는 수'를 뜻한다고 합니다. 케플러가 이것을 줄여서 log로 사용한 것이 지금까지 내려오게 된 것이지요. 그런데 이 로그는 현재 우리 일상생활과 아주 밀접한 관계에 있답니다. 예를 들어, 93dB의 소음, pH5.6의 산성비, 리히터 규모 3.8의 지진 등은 로그함수를 이용해 복잡한 수치를 아주 간편하게 바꾼 것이지요.

기호의 정비

르네상스 시대에는 근대의 과학혁명이 일어날 수 있도록 여러 면에서 준비가 착착 진행되고 있었습니다. 방정식에 관한 연구도 그러하지만 아직 수학을 표현하는 데 기호를 제대로 사용하지 못하고 있었지요. 16세기가 되자 독일에서

대수학이 급속하게 발전해 위드만(Widmann, 1460?~1498?)이 저서 『상업 산술』에서 +, - 기호를 사용했고, 루돌프는 기호와 10진 소수를 사용한 책 『미지수』를 출판했습니다. 슈티펠(Stifel, 1486~1567)은 음수, 거듭제곱, 거듭제곱근을 다룬 『산술 백과』를 출판합니다. 영국의 레코드(Recorde, 1510?~1558)는 등호(=)를 사용한 『지혜의 숫돌』을 저술하고, 란(Rahn, 1622~1676)은 나눗셈 기호(÷)를, 영국의 해리엇(T. Harriot, 1560~1621)은 부등호(〈, 〉)를, 오트레드(Oughtred, 1574~1660)가 곱셈 기호(×)를 『수학의 열쇠』에서 소개하지요.

수학상의 기호가 이처럼 많이 만들어진 것은 인쇄술이 발달했기 때문이기도 하지요. 이러한 일련의 연구물은 모두 근대 수학과 과학을 준비하는 토대가 되었습니다.

그림은 투영의 단면

우리가 유리창을 통해 밖에 있는 풍경을 바라보는 것처럼 원근법을 사용하는 예술가는 캔버스를 유리 스크린처럼 여기면서 그림을 그립니다. 캔버스를 유리 스크린처럼 여기면 투명체가 아닌 방해물이 있을 때 우리의 시선이 도중에 막혀서 대상을 볼 수 없게 됩니다. 중세 이전의 그림에서는 이 **시선(視線)의 법칙**이 지켜지지 않아서 실제로 눈에 보이지 않는 부분까지도 화면에 그리곤 했지요.

르네상스 화가들은 눈에 보이는 대로 사물을 입체감 있고 사실적으로 표현하기 위해 시선의 법칙을 철저하게 지키려고 노력했습니다. 수학적 원리를 회화에 적용시켰을 때 투시화법은 르네상스 미술의 화풍을 만들었고, 나아가서 수학에 사영기하학의 새로운 장을 열게 하는 원천이 됩니다. 화가 알베르티는 **'그림이란 투영도의 단면이다'**라고 선언했을 정도였습니다. 시선들의 집합을 **투영**이

라 하고, 이 선들이 유리 스크린의 한 점을 꿰뚫을 때 생기는 점들의 집합을 **단면**이라 부릅니다.

원근법의 수학적 이론

투시화법의 수학적 이론에 따르면, 실제로는 평행한 직선들이지만 캔버스에서는 만나도록 그려져야 합니다. 지금 캔버스가 수직으로 놓여 있다고 합시다. 눈으로부터 캔버스까지의 수평선과 수직선의 연장은 캔버스의 **주소실점**이라고 불리는 한 점에서 만나게 되지요. 소실점이 지나는 직선을 수평선이라 부르는데, 실제 수평선과 대응되기 때문입니다. 실제로는 평행인 직선들이 캔버스에서는 45도 각도를 이루며 한 점에서 만나는데, 이 점을 **대각 소실점**이라 부릅니다. 따

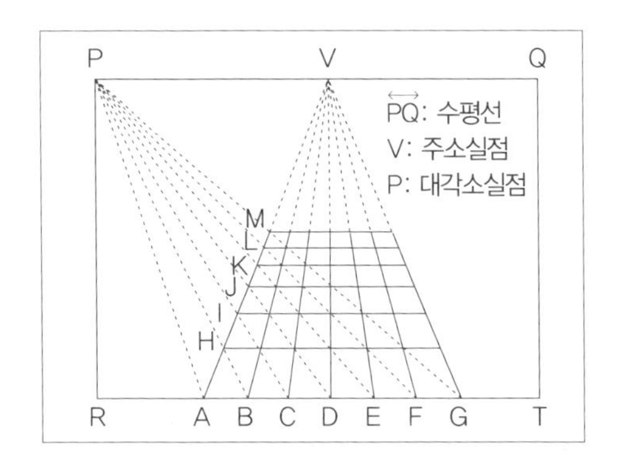

라서 그림을 전시할 때 효과를 내려면 감상자의 눈높이에 소실점이 있도록 하고 소실점에서 대각 소실점까지의 거리와 똑같은 거리에서 그림을 감상하면 더욱 효과적이지요. 마사초의 〈성 삼위일체〉는 소실점이 두 개인데, 아래 소실점을 성당 마룻바닥에서 1.53미터 높이에 둔 것은 그림을 보는 감상자의 실제 눈높이와 일치시키려고 화가가 치밀하게 계산한 결과입니다.

정리하면, **사영(투영)**이란 어떤 한 점으로부터 발사되어 대상물에 집중하는 빛의 다발이고, 사영을 하나의 평면으로 잘랐을 때 평면 위의 교점들의 집합이 **절단**인 것입니다. 이때 대상을 보는 눈의 위치에 따라 절단이 수없이 많이 생길 수 있으며, 하나의 사영에 대한 절단 또한 무수히 많아집니다. 따라서 우리는 하나의 사영에 두 가지 절단을 했을 때, 또 하나의 도형을 두 시점에서 사영했을 때 생기는 도형들 사이에는 어떤 공통의 수학적 성질이 있음을 알게 됩니다. 이와 같은 공통적인 수학적 성질을 연구하는 것이 사영기하학입니다.

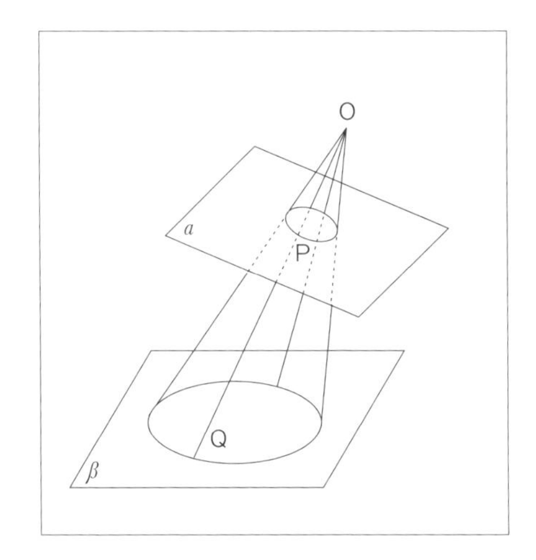

유클리드기하가 촉각적으로 인식한 기하학의 세계라면, 사영기하는 시각적으로 인식한 기하학

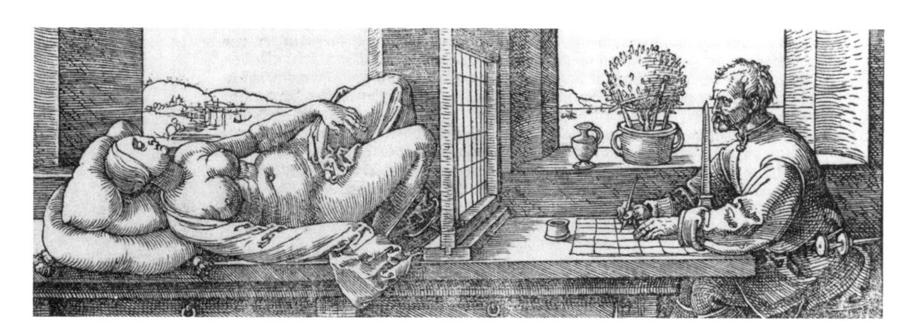

뒤러, 〈원근법 도구〉, 8×22cm, 1525년, 뒤러의 책『측정법』에 실린 삽화

의 세계인 것입니다. 도형을 고정된 위치에서 바라보는 관찰자에게는 변하지 않게 나타나지만 무수히 많은 평면으로 투영하면 다양한 도형으로 나타납니다. 그러므로 데자르그(Desargue, 1593~1662)는 이러한 투시의 변화 과정에서 도형의 어떤 성질이 변하지 않는지를 연구해 사영기하학의 이론 체계를 세웠지요.

참! 독일의 화가 뒤러(Durer, 1471~1528)도 빼놓을 수 없습니다. 뒤러는 마치 좌표평면 같은 격자 틀을 놓고 그림을 그리면서 입체의 묘사와 입면도를 연구해 오늘날 건축과 공학에 활용되는 화법기하학을 발전시키는 데 공헌했습니다. 데카르트의 해석기하학이 지지를 받으면서 몽주(Monge, 1746~1818)의 **화법기하학**과 데자르그의 사영기하학은 별로 빛을 발하지 못하다가 19세기 초가 되어서야 수학적으로 발전합니다. 최근에는 컴퓨터 게임이나 애니메이션에도 사영기하학이 응용되고 있답니다. 2차원 평면에 3차원 입체를 표현하고자 했던 르네상스 화가들과 같은 문제에 직면했기 때문이지요.

• 제5부 •

빛, 운동, 속도를 중시한 근대

근대 수학 훑어보기

근대는 일반적으로 르네상스 이후부터 19세기 전반까지로 보는데, 이 시기 수학자들의 업적은 엄청나게 많습니다. 특히 17세기는 '과학혁명의 시기'라고 부를 정도로 과학적 업적이 가히 혁명적이었답니다.

17세기는 영국의 뉴턴과 독일의 라이프니츠에 의한 **미적분학**의 발명, 프랑스의 페르마와 데카르트의 **해석기하학**, 파스칼과 페르마의 **확률론** 갈릴레이와 뉴턴의 **역학**, 뉴턴의 **만유인력** 등이 새롭게 등장하면서 화려한 과학의 혁명을 일구어낸 시기입니다. 이 시기는 르네상스 시대에 발아한 근대 정신이 모든 생활에 구체적으로 실현되면서 생산력이 증대되었으며, 식민지 전쟁이 발발해 군수공업이 발달하면서 이 모든 것이 가능하게 되었습니다. '새 술은 새 부대에' 담아야 한다는 말처럼 새 시대의 수학을 담아내야 하는 시대적 요청이 천재 수학자들에 의해 구현된 것이지요. 당시 지식인들의 주된 관심 분야였던 빛과 운동, 에너지, 힘 등에 관한 물리학의 문제를 해결하기 위해, 뉴턴은 수학을 도구로 활용하다가 미분의 개념을 창안하게 되었고, 라이프니츠는 철학적으로 사고한 결과 각각 영국과 독일에서 동일한 미분의 개념에 도달합니다. 또한 대수학과 기하학을 결합한 해석기하학으로 운동하는 물체의 위치를 순간순간 나타내는 '변수'라는 편리한 개념을 만들어 전통적인 사고를 거부하는 새로운 시각이 페르마와 데카르트에 의해 나옵니다. 전통적인 개념으로는 한 변이 x인 정사각형의 면적이 x^2이지만 새로운 기하학에서 x^2은 포물선이라는 기하학의 도형이 되어

버립니다. 한편 파스칼은 도박의 문제에서 확률의 개념을 창안하고, 톱니를 이용한 최초의 계산기를 만들기도 하며, 유체역학에서 '파스칼의 원리'라는 유명한 정리도 만듭니다. 즉, 17세기는 동적인 수학이 태동해 놀라운 업적이 쏟아져 나온 시기라고 할 수 있지요.

앞서 르네상스 시대에 화가들에 의해 사영기하학이 발아했다는 이야기를 했습니다. 그러나 기하학적 도형의 사영적 성질들이 체계화되지 못한 채 페르마와 데카르트의 해석기하학에 밀려 빛을 보지 못했답니다. 150년간이나 무대 앞으로 나오지 못하고 숨 고르기를 하다가 1789년 프랑스대혁명이 일어나면서 점점 사영기하학의 필요성이 대두됩니다. 대혁명 후에 발전하기 시작한 측지학과 토목학, 건축학 등에 힘입어 새로운 기하학적 방법이 필요했을 때 프랑스의 수학자 몽주가 화법기하학으로 해결해줍니다. 유클리드기하학이 비현실적인 데 반해 화법기하학은 매우 실용적이고 직관적이지요. 현실적으로 다리를 건설하거나 건물을 지으려면 설계도가 필요한데, 바로 **설계사의 기하학**이 **화법기하학**이랍니다. 중·고등학교 기하에 나오는 입면도, 평면도, 측면도의 개념이 바로 화법기하학의 내용이지요.

화법기하학은 퐁슬레(Poncelet, 1788~1867)에 의해 19세기에 이론적인 체계를 갖추면서 사영기하학이 되었습니다. 사영기하학은 오늘날 애니메이션과 컴퓨터 그래픽에 활용되는 기하학이기도 합니다. 이 밖에도 19세기는 쌍곡기하학과 리만기하학을 아우르는 **비유클리드기하학**이 태어나고 발전한 시기입니다. 여러분이 이해하기 어려우므로 여기서는 자세한 설명을 생략합니다. 그러나 한 가지! 수학자가 만들어놓은 비유클리드기하학에서 아인슈타인의 상대성 이론이 성립할 수 있었다는 사실만 기억하면 된답니다.

수학의 전 분야에서 많은 업적을 쌓은 독일의 수학자 가우스(Gauss, 1777~1855)는 '수학의 황제'라고 부릅니다. 그가 만들어낸 개념 중에서 고등학교 수학에서 흔히 다루는 것으로는 복소평면, 이항정리, 산술평균, 기하평균*, 가우스 분포 등이 있지요. 그는 18세에 2,000년 동안 풀지 못한 정17각형의 작도법을 발견해 수학계를 흥분시키기도 했으며, 괴팅겐 대학에 제출했던 박사학위 논문「대수학의 기본 정리」**는 수세기 동안 수학자들이 이해하지 못할 정도로 시대를 앞선 것이기도 했어요. 이 밖에도 비유클리드기하학 분야에서, 또 천문학 분야에서도 두각을 드러낸 천재였답니다. 고등학교 수학에서 배우는 미적분학은 뉴턴과 라이프니츠가 창안했으나, 여러 수학자들에 의해 엄밀하게 논리적인 체계를 거치면서 발전해갔습니다. 정적분의 기본 정리로 유명한 다음의 정리는 리만(Riemann, 1826~1866)의 작품입니다.

$$F'(x)=f(x)\text{일 때 } \int_a^b f(x)dx=F(b)-F(a)$$

리만은 현대물리학과 상대성이론에서 너무나도 중요한 비유클리드기하학을 창시한 인물로 아인슈타인이 상대성이론을 발표하기 전에 '휘어진 공간'에 대한 기하학을 고안한 인물입니다. 무한 차원 우주 공간과 4차원 시공체를 설명할 수 있는 리만기하학은 매우 아름다우며 강력한 것이었지요.

***산술평균과 기하평균**

x, y의 산술평균은 $\frac{x+y}{2}$이고 기하평균은 $\sqrt{xy}$가 됩니다.

****대수학의 기본정리**

모든 n차 대수방정식은 반드시 n개의 복소수 근을 갖습니다. 가령, 5차방정식은 5개의 복소수근을 반드시 갖는다는 말이지요. 중학교 수학에서 2차방정식의 경우 실근이 없고 허근만 갖는 경우가 있는데, 그것은 복소수를 배우지 않았기 때문입니다. 허근도 실은 복소수근이랍니다. 그러므로 2차방정식은 반드시 2개의 복소수근을 갖게 됩니다.

직업은 하나님이 주신 소명

남부 유럽에서는 피렌체를 중심으로 르네상스 운동이 왕성하게 일어났다는 이야기를 앞에서 했습니다. 한편, 북부 유럽에서는 독일의 루터가 종교개혁을 일으켰는데, 칼뱅과 츠빙글리가 합세하면서 프로테스탄트 세력이 네덜란드, 영국 등으로 점차 확대되어갔지요. 현재 크리스트교에서 프로테스탄트는 '개신교'라고 부르고 로마의 크리스트교는 '가톨릭'이라고 부릅니다. 중세에는 라틴어를 읽고 쓸 줄 아는 성직자와 귀족만이 『성경』의 내용을 이해할 수 있었지만, 15세기에 구텐베르크의 금속활자 발명으로 독일어 『성경』이 인쇄되어 일반 시민도 『성경』을 읽을 수 있게 되었지요. 많은 사람들이 『성경』을 읽고 이해하게 되니까 **'만인 제사장설'**이라는 새로운 주장이 나옵니다.

로마 가톨릭 교리에서 교황은 하나님의 대리자로서 무오(無誤)합니다. 즉 죄가 없는 완전한 사람으로 최고의 영적 수장이지요. 평신도는 예배나 기도를 할 때 하나님과 연결할 수 있도록 성직자가 반드시 필요하답니다. 성직자는 영적 대리인으로서 일반 성도와는 확연하게 구별되는 사람들이었습니다. 그러니 성직자의 권위는 대단했지요.

교황 레오 10세는 성베드로대성당의 개축 공사비를 마련하기 위해, 면죄부를 구입하면 죄가 용서된다는 감언이설로 면죄부를 팔았습니다. 루터는 당시 부패한 가톨릭의 모순을 지적하면서 새로운 신학 이론을 내놓았습니다. 모든 사람은 하나님 앞에서 평등하며, 그리스도의 보혈로 죄사함을 받아 의롭게 된 인간은 모두가 성직자인 동시에 제사장이라는 **만인 제사장설**입니다. 이제 거듭난 인간은 가톨릭의 신부 앞에서 고해성사를 할 필요가 없어졌습니다. 모든 사람이 동등하게 하나님 앞에서 제사장으로서 능력을 위임받았기 때문이지요. 성직자와 평신도는 다만 기능적인 차이만 있다는 것입니다. 모두가 제사장이 되었으므로 직업을 통해 소명을 실현하는 것이 하나님이 인간에게 주신 청지기의 삶이라는 것입니다. 따라서 유럽의 근대에는 **소명=직업**이라는 의식이 생기게 되었지요. 직업의식은 곧 유럽의 산업혁명과 과학혁명을 일으키는 정신적인 토대가 되었습니다. 평민으로 태어나서 귀족으로 신분 상승을 할 수 없었던 도시의 시민들에게 만인 제사장설은 매력적일 수밖에 없었지요. 과거에는 태어나면서부터 상류층과 하류층으로 구별되었는데, 하류층의 사람들은 아무리 노력해도 신분 상승을 꾀하기가 어려웠습니다.

유럽뿐만 아니라 당시 우리나라도 사정은 마찬가지였습니다. 인기 드라마 〈허준〉도 주인공이 조선 시대에 서자로 태어나 과거를 볼 수 없는 자신의 신세를 한탄하다가 마침내는 동의, 즉 한의학을 연구해 임금님의 어의(御醫)가 된다는 이야기입니다. 종교개혁으로 개신교의 평등사상은 네덜란드, 영국 등으로 활발하게 퍼져나갔고 새로운 의욕으로 넘쳐나는 시민들의 활동으로 이곳은 유럽의 상업 중심지가 되었습니다.

한편 르네상스 시대에 연구되었던 방정식과 로그의 연구 등으로 수학 분야는 한층 활기를 띠었으며, 르네상스 시대의 원근법 연구는 데자르그에 의해 사영기하학으로 튼실해졌지요. 사영기하학에서는 천재 파스칼도 혁혁한 공을 세웁니다.

가내수공업에서 공장제수공업으로

17세기가 되었을 때 유럽에서는 르네상스 시대에 발아한 근대정신이 모든 생활에 구체적으로 실현되기 시작합니다. 무엇보다도 과학이 현실 생활에 적극적으로 활용되기 시작하지요. 르네상스에 의해 탄력을 받은 해상 무역이 더욱 활발해졌으며, 그동안 공방과 길드를 중심으로 이루어졌던 가내수공업은 기구를 사용하는 공장제 수공업으로 바뀌었습니다. 공장을 세워서 많은 물건을 생산했지만 지금처럼 자동화되어 있지는 않았습니다. 기구를 쓰지만 사람의 손을 여러 번 거쳐야만 하는 일이었습니다.

우리나라가 박정희 대통령 시절 '경제 개발 5개년 계획'으로 '한강의 기적'을 일으켰을 때 처음으로 한 일은, 농사법과 농기구를 개량하고, 계단식 논을 구축하면서 도로를 넓히고, 지붕을 개량해 초가집을 없애는 **새마을운동**이었습니다. 일자리를 창출하기 위해 가발 공장과 완구 공장 등 경공업 중심의 공장도 많이 세웠습니다. 노동력이 값싼 나이 어린 여자들이 많이 취업했는데, 대부분 가난해서 학교에 갈 수 없는 아이들이었습니다. 당시에는 대개의 가정이 식구는 많고 수입이 적으니 아들을 우선 학교에 보내고, 딸에게는 돈을 벌어오도록 시켰습니다. '목구멍이 포도청'이라고 공부보다는 먹고사는 문제를 해결하는 게 중요했으니까요. 그래서 서울로 괴나리봇짐을 싸들고 무작정 상경하는 처녀들이 많았답니다.

상업의 발달로 도시 발달이 더욱 가속화되니까 이에 따라 직업이 많이 발생합니다. 물건을 운반하는 짐꾼을 비롯해 도매상인, 소매상인, 중개인, 고리대금업자 등 많은 사람이 도시에서 일을 하면서 농업 사회에 비해 신용과 약속이 사회생활의 중요한 덕목이 됩니다. 육로 상업뿐만 아니라 해상무역도 활발해지면서 자연히 시계 개량과 망원경 개발의 필요성을 느끼게 되었지요. 공장제 수공업의 새로운 생산 조직으로 많은 물건을 생산한 영국과 네덜란드, 프랑스 등은 물건을 팔 시장을 확보하기 위해 쟁탈전을 벌입니다.

결국, 식민지 전쟁을 일으키게 되었고 전쟁은 또 군수공업을 촉진합니다. 군수공업의 발전은 다시 수학과 물리학에 큰 영향을 미칩니다. 군수공업에서는 무엇보다도 석탄과 금, 철광석 등 광물을 캐는 일이 중요합니다. 광산에서 채굴

하려면 계속 솟아나는 땅속의 물을 퍼 올려야 하므로 펌프 사용이 중요한 문제이고, 운반을 하려면 도르래를 이용해 끌어올려야 하는데 이는 평형의 문제와 관련 있지요. 또 해상무역에서 중요한 운반 수단인 배의 속력을 그대로 유지하면서 많은 물건을 선적하려면 배의 평형 문제와 물체의 운동 두 분야가 중요합니다. 따라서 이 두 가지 주제, 즉 **정력학(靜力學)과 동력학(動力學)**의 문제가 탐구되기 시작했습니다.

정력학은 고대 그리스 시대부터 이미 존재했지만 17세기가 되자 더욱 확장되었고, 동력학은 새롭게 대두된 문제였어요. 근세 수학을 상징하는 대표적 업적으로 17세기의 5대 발견을 살펴봅시다. 페르마*와 데카르트**의 **해석기하학**, 뉴턴과 라이프니츠의 **미분적분학**, 파스칼***과 베르누이****의 **확률론**, 갈릴레이와 뉴턴의 **역학**, 뉴턴의 **만유인력의 법칙**입니다. 고대 그리스 이래 르네상스 시대까지 2,000여 년 동안 진리로 믿었던 수학, 즉 유클리드기하학으로는 도저히 해결할 수 없는 새로운 시대의 창조물입니다. 동적인 수학이 태동하게 된 결과 놀라운 업적이 쏟아져 나왔지요.

***페르마(Fermat, 1601~1665)**

취미로 수학을 즐겼던 아마추어 수학자입니다. 대학에서 법률학을 전공해 변호사와 행정 관료로 활동했으며, 수학 분야에서는 파스칼과 주고받은 편지에서 확률론의 기초 개념을 제공하기도 했습니다. 17세기 미적분학의 기초를 확립하고 좌표기하까지 고안해 수학의 여러 분야에 공헌한 것으로 인정받고 있지요. 취미로 수학을 즐겼으면서도 350년간 수학자들이 목숨 걸고 매달리게 했던 문제를 내어 수학사에 큰 센세이션을 일으켰습니다.

페르마

**데카르트(Descartes, 1596~1650)

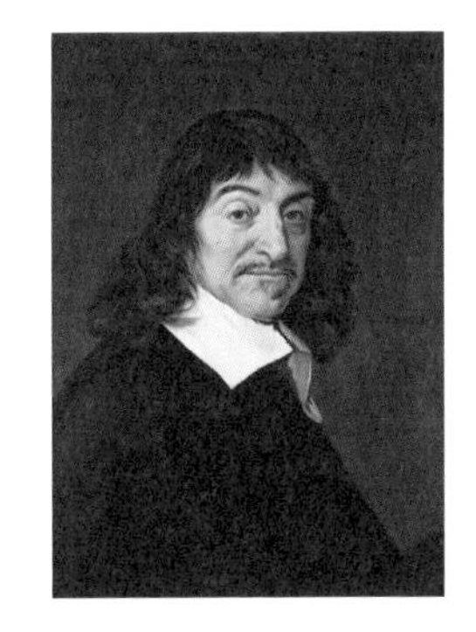
데카르트

해석기하학의 창시자입니다. '나는 생각한다, 고로 나는 존재한다'라는 말로 유명한 근대 철학자 데카르트는 모든 지식은 수학적이어야 한다고 주장했습니다. 수학 분야에서 그는 음수의 개념을 구체적으로 인식해, 음수를 좌표계 위에 표시하고 오늘날의 좌표평면을 만들었습니다. 그의 좌표계는 기하학과 대수학을 결합한 아이디어의 결과이지요. 데카르트 덕분에 수학이 수의 변화를 나타내면서 미적분학의 토대가 마련된 것입니다. 미적분학은 자연현상을 설명할 수 있는 매우 강력한 도구랍니다. 현재 미지수를 나타낼 때 사용하는 x, y, z ……, 지수를 표시하는 a 등은 데카르트가 처음 사용하기 시작했다고 합니다.

***파스칼(Pascal, 1623~1662)

파스칼

'인간은 생각하는 갈대다'라는 말로 유명한 파스칼은 수학에서 두루두루 업적을 남겼습니다. 그가 페르마와 주고받은 다섯 통의 편지는 확률론 분야의 기초 사상이 되었지요. 기하학에서는 12세 때 이미 삼각형의 내각의 합은 180도라는 정리를 증명했고, 17세 때는 '원추 곡선론'을 완성해 데자르그와 함께 사영기하학에 공을 세웠습니다. 또한 세무 공무원인 아버지를 돕고자 했던 효심으로 세계 최초로 계산기를 발명했지요. 또 있습니다! 물리학에서는 '유체는 모든 방향으로 같은 압력을 전달한다'는 파스칼의 원리를 발견했답니다.

****베르누이(Bernoulli)

과학자를 많이 배출한 가문입니다. 음악 분야에서 바흐의 가문은 50여 명의 음악가를 배출한 훌륭한 가문으로 유전학자들의 주목을 받아왔습니다. 스위스의 베르누이 가문 역시 바하 집안 못지않게 과학과 수학 분야에서 걸출한 학자들을 대거 등용시켰답니다. 니콜라스를 시작으로 수학과 물리학에서 열두 명이 이름을 떨쳤는데, 특히, 야콥, 요한, 니콜라스 1세, 다니엘이 유명하지요.

베르누이 가문의 가계도

시간은 돈이다

이전보다 정확하게 개량된 시계는 천문학과 항해에 유용하게 이용되었을 뿐만 아니라 사람들이 많이 다니는 공공장소에 설치되어 대중에게 기계의 위력을 알려주었습니다. 기계에 대한 인식은 역학 이론의 발달을 가져다주었으며, 시계 작동의 규칙성과 시간의 정확한 표현은 운동이나 변화에 대한 과학적인 마인드를 갖게 했지요. 심지어 '시간은 돈'이라는 심리적 변화까지도 일으켰어요. 이처럼 변화하는 새 시대를 대표하는 과학자는 누구일까요? 바로 행성 궤도를 밝힌 케플러(Kepler, 1571~1630)와 지동설을 주장한 갈릴레이입니다.

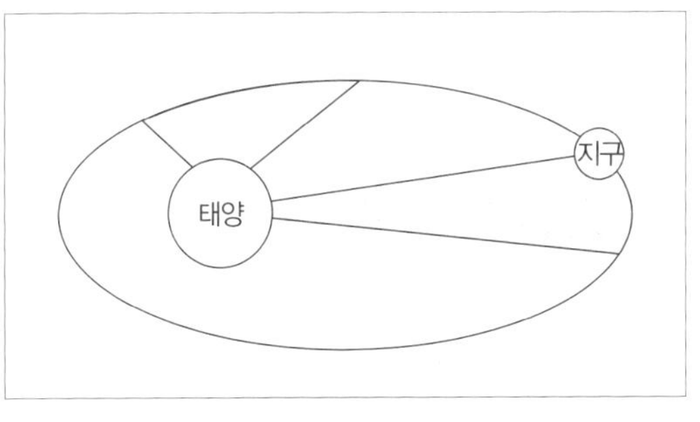

케플러의 제2법칙

1,500년간 프톨레마이오스의 천문학이 세상을 지배해왔는데, 케플러가 최초로 **'태양에서 나오는 중력의 힘이 거리가 멀수록 약해진다'**고 주장합니다. 또 **'행성들의 궤도는 타원인데 태양은 그 타원의 초점 중 하나다'**라는 케플러의 제1법칙을 밝힌 것입니다. 이로써 이미 저세상 사람이 된 코페르니쿠스의 지동설을 옹호했지요. 행성들이 원운동을 한다는 천문학의 신념에 금이 갔던 것입니다. 그는 곧이어 **'한 행성은 같은 시간에 같은 넓이를 통과한다'**는 제2법칙을 밝혔고, **'공전 주기의 제곱은 태양으로부터의 평균 거리의 세제곱에 비례한다'**는 제3법칙까지 내놓았습니다.

갈릴레이는 과학적 영웅?

갈릴레이는 별로 정밀하지도 않은 조잡한 망원경으로 목성 주위를 도는 네 개의 위성을 발견합니다. 그야말로 유럽을 큰 충격에 빠뜨린 사건이었지요. 갈릴레이는 약삭빠르게 목성의 위성들을 메디치가(家)의 별들이라고 명명해 코지모 군주의 환심을 삽니다. 이러한 업적을 등에 업은 갈릴레이는 메디치 궁정의 정

갈릴레이

식 수학자와 철학자로 임명받았지요.

메디치가는 르네상스 운동을 주도적으로 이끌었던 가문으로 학문과 예술 등에 관심이 많았으므로 코지모의 궁정에서는 늘 지적인 토론이 벌어지곤 했습니다. 파티와 함께 벌어지는 토론에는 당시 대표적인 과학자인 예수회 성직자들이 참석했는데, 그때마다 갈릴레이는 코페르니쿠스 이론에 반대하는 예수회 학자들을 공격하고 조롱하면서 메디치가의 귀족들에게 재미난 구경거리를 제공했답니다. 지적이고 권위 있는 사람들이 우롱당하는 것을 은근히 즐기도록 갈릴레이가 교만을 부렸던 것이지요.

그러던 어느 날 갈릴레이의 친구인 추기경이 교황이 되었습니다. 바로 우르마누스 8세입니다. 갈릴레이는 지동설을 지지할 수 있는 좋은 기회를 얻은 것이지요. 그러나 경망스러운 자만심은 그만 종교재판까지 이르게 합니다. 새로운 과학에 호의적인 교황은 지동설에 관해 공개적으로 글을 써도 좋다고 보장해주었답니다. 그런데 조건이 있었어요. 입증된 사실이 아니라 단지 가설로 발표하라는 것이었습니다. 갈릴레이는 권한을 마구 휘두르면서 1632년에 친구인 교황을 조롱하는 듯한 책 『천문 대화』를 발표했습니다. 마침내 화가 난 교황은 교황청 이단 재판소로 갈릴레이를 불러 심문했는데, 그때 그의 나이는 69세였답니다. 앞 시대의 코페르니쿠스와 케플러가 로마 교황청의 권위에 정면으로 도전하지 않는 범위 안에서 자유롭게 연구하고 저술 활동을 한 것과는 대조적으로,

갈릴레이는 지나친 행동으로 이단 재판소에 불려 가고 가택 연금을 당했던 것입니다. 우리가 재판에 회부되고 가택 연금을 받은 사람이 더 용감한 영웅이라고 판단한다면 잘못이겠지요. 바티칸 교황청이 지동설의 체계를 탄압한 이유는 무지가 아니라 교황의 권위 유지였다고 평합니다.

필자는 초등학교 시절 추운 겨울 새벽에 아랫목에 엎드려 어린이 신문에 실린 갈릴레이의 전기를 재미있게 읽었습니다. 갈릴레이가 감옥에 갇혀 관절염으로 고생한 것을 무척 안타까운 마음으로 읽은 기억이 생생합니다. 그러나 실제로 그는 감옥에서 단 하루도 머물지 않고 호화로운 숙소에 묵었다고 합니다. 가택 연금을 당했다는 것도 사실은 출판과 강의가 금지되고 외출을 못한 것뿐이지 많은 손님을 맞이하면서 풍족한 생활을 했다고 합니다. 교황의 심기를 건드리기는 했지만 여전히 갈릴레이에게는 성직자 친구들이 많아서 요즘 말로 '빽'이 좋았던 거지요.

재판 마지막 날 심문관들은 갈릴레이가 자신의 주장을 철회할 것을 이미 알고 있었고, 예정대로 갈릴레이는 자신의 믿음을 번복했다고 합니다. 우리가 흔히 상상하듯이 그렇게 드라마틱한 사건이 아니었지요. 갈릴레이라는 과학 영웅에 대한 믿음에 금이 갔다고요? 위인전을 쓰는 작가들이 솜사탕처럼 부풀린 겁니다. 그의 과학적인 업적은 위대했지만 인품은 업적에 따라가지 못했어요. 과학자의 업적과 인품이 반드시 비례하지는 않는 법이니까요.

천문학의 교통경찰 뉴턴

천문학자들의 이론이 계속 나오면서 유럽 사회는 몹시 혼란에 빠졌습니다. 케플러는 '행성은 태양에서 발생하는 신비스러운 자기력에 의해 타원궤도를 돌고, 행성의 관성 때문에 행성의 속도가 느려지는 것'이라고 주장했으며, 갈릴레이는 '행성은 완전한 원운동을 하는데 관성에 의해 행성의 운동이 유지되는 것'이라고 주장했답니다. 게다가 프랑스의 데카르트는 케플러의 모델을 설명하면서 '천체는 관성 때문에 직선으로 움직이고 행성은 태양계의 소용돌이 때문에 곡선으로 움직인다'고 설명했습니다.

당시의 천재들이 제각기 다른 목소리를 내었으니 누구의 장단에 박자를 맞추어야 할지 몰랐겠죠? 이런 혼란한 체계를 한꺼번에 멋지게 묶어버린 이가 바로 뉴턴이랍니다. 1687년 뉴턴은 『자연철학의 수학적 원리』라는 유명한 책을 저술했는데, 이 책에서 운동의 법칙 세 가지를 발표합니다. 중학교 과학 교과서에 나오는 원리들이지요. **'모든 물체는 외부의 힘이 가해져서 상태가 변화되지 않는 한 정지 상태 또는 직선 운동 상태이다'**라는 **관성의 법칙**과 $F=ma$로 유명한 **'운동의 변화는 힘에 비례하는데, 힘과 직선을 이루는 방향으로 일어난다'**고 하는 **가속도의 법칙**, 마지막으로 **'두 물체에 힘이 서로 작용하고 있을 때, 두 물체가 받는 힘의 크기는 똑같으나 방향은 반대이다'**라고 하는 **작용·반작용의 법칙**입니다.

최초의 미적분학 저서 『자연철학의 수학적 원리』

뉴턴의 연구는 앞의 다양한 이론을 하나로 묶은 것인데, 접착제는 바로 **중력**이었습니다. 뉴턴은 사과뿐만 아니라 위성과 행성 등 질량을 갖는 모든 물체가 사물을 자신에게로 끌어당기는 힘을 중력이라고 밝힙니다. 그는 만유인력이라는 개념을 단순하고 우아하게 수학 공식으로 보여주었습니다. 새로운 천문학에 관해 코페르니쿠스가 서곡을 연주하고 갈릴레이, 케플러, 데카르트가 각각 다른 악장을 연주했다면, 뉴턴이 멋지게 마지막을 장식한 것이라고 말할 수 있지요.

행성의 궤도가 타원이라는 사실이 발견되자 이것을 설명하는 데 언어가 필요했습니다. 유클리드기하학으로는 설명이 불가능했기 때문입니다. 기존의 유클리드기하학은 도형의 문제에서 증명만 일삼았고 변화하는 양에 관해서는 관심조차 없었기 때문이지요. 새로운 수학의 언어는 무한대와 무한소에 부딪히고 맙니다. 갈릴레이는 '무한대'가 실제로 존재한다고 믿었으므로 원을 무한개의 변으로 이루어진 다각형으로 생각했습니다. 뉴턴의 『자연철학의 수학적 원리』는 『프린키피아』라고도 부르는데, 무한의 개념을 토대로 미적분학이라는 새로운 학문의 영역을 소개한 최초의 책이었습니다. 여기서 그는 **'입자가 지나가는 면적은 걸린 시간에 비례한다'**는 것을 증명해 케플러의 제2법칙을 일반화했던 것입니다. 이러한 분위기에서 새로운 기하학이 탄생할 수밖에 없었겠지요.

표지를 염소 가죽으로 만든 유럽판 『프린키피아』는 초판으로 80권이 출판되었는데, 그중 한 권이 2016년 12월 미국 뉴욕 크리스티 경매에서 370만 달러(약 44억 원)에 낙찰되었다고 해요. 그런데 이 책이 완성되도록 물심양면으로 지원한 사람이 있었어요. 핼리혜성으로 유명한 영국의 천문학자 에드먼드 핼리는 뉴턴과 막역한 사이였나봐요. 핼리는 직접 이 책의 원고를 교정도 해주고 집필하도록 격려도 해주었고, 영국 왕립 협회가 출판 지원을 할 수 없게 되었을 때는 경제적인 책임까지 감수했다고 합니다. 뉴턴의 학문적인 심오함을 인정하고 존경했기 때문에, 또 이들의 두터운 우정이 있었기에 가능한 일이었지요.

대수학 + 기하학 = 해석기하학

데카르트와 페르마에 의해 탄생한 새로운 기하학인 해석기하학을 살펴봅시다. 데카르트는 16세기에 발달한 대수를 고대 그리스의 기하에 적용하면서 기하의 응용을 엄청나게 확대시켰습니다. 직선이나 곡선을 방정식이나 함수로 표현하면서 기하의 문제는 대수의 문제로 바뀌었는데, 이때 가장 중심적인 역할을 하는 것은 변수였지요. **변수**란 운동하는 물체의 위치를 순간순간 나타내주는 편리한 개념입니다. 데카르트는 거듭제곱 x^2에 대해 전통적인 사고를 거부하고 새로운 시각으로 바라봅니다. 이제 x^2은 더 이상 한 변을 x로 하는 정사각형의 면적이 아닙니다. x를 두 번 곱한 수가 되었고, 기하학적으로는 포물선이 된 것입니다. 데카르트는 아직 변수의 개념을 충분하게 활용하지 못했지만, 후에 뉴턴이 미분적분학으로 크게 활용합니다.

데카르트는 프랑스의 뛰어난 철학자인 동시에 수학자였어요. 그는 몸이 허약해 늦게 일어나는 이른바 '늦잠형 인간'이었는데, 스웨덴 여왕에게 부탁을 받아 추운 지방인 스웨덴에서 새벽마다 여왕에게 수학을 가르치다가 그만 폐렴에 걸려 일찍 사망했다는 일화도 있습니다. 데카르트는 몸이 너무 허약해 학창 시절 기숙사에서 특별히 동급생들보다 늦게 일어나는 것을 허락받을 정도였다고 합니다. 침대에 오랫동안 누워 있는 버릇 때문에 천장에 붙어 있는 파리의 위치를

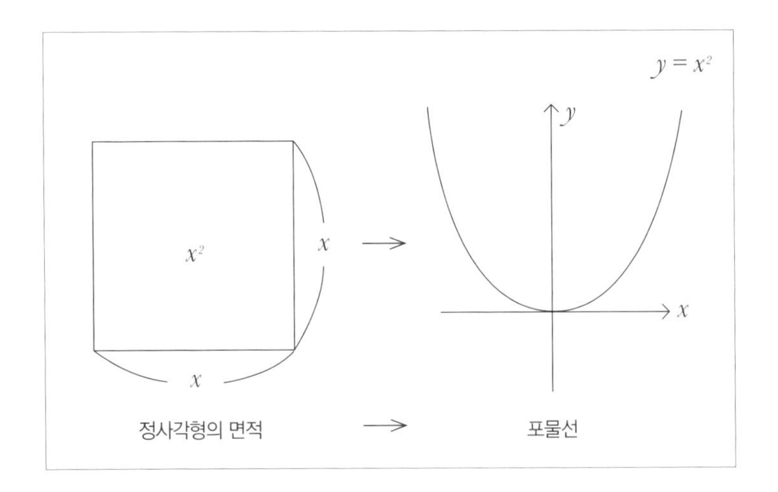

표현하는 방법을 수학적으로 생각하다가 좌표평면에 대한 아이디어를 얻었다는 에피소드도 남겼지요.

상금이 걸린 페르마의 마지막 정리

급수의 이론과 미분을 도입해 기하학의 영역을 확장한 인물이 또 있었으니 바로 페르마입니다. 그래서 해석기하학에 대한 업적을 이야기할 때는 데카르트와 페르마 두 사람을 모두 거론한답니다. 페르마에 관해 빼놓을 수 없는 일화를 소개하겠습니다. 수학의 역사에서 대단한 사건이거든요.

때는 바야흐로 1963년경입니다. 우리나라는 1960년 4·19 혁명, 1961년 5·16 군사 정변을 지나 정치와 경제가 매우 불안하던 시절이었지요. 필자가 동네 골목에서 공기놀이와 고무줄놀이를 하면서 뛰어놀던 시절, 영국에서는 케임브리지의 작은 도서관에서 열 살 난 와일스라는 사내아이가 우연히 『마지막 문제』라는 책을 보았습니다. 이 '마지막 문제'는 오랫동안 수학자들이 풀지 못한 문제로, 푸는 사람에게는 10만 마르크의 상금을 주겠다고 쓰여 있었습니다. 그날부터 어린 와일스는 수학자가 되어 그 문제를 풀겠다는 꿈을 간직하지요. 수학자 페르마가 『산술』이라는 책을 읽으면서 노트가 없어서 그랬는지, 아니면 움직이기 귀찮아서 그랬는지 책의 여백에 수학적 아이디어와 풀이를 써놓았습니다. '2보다 큰 자연수 n에 대해 식 $x^n+y^n=z^n$을 만족하는 수 x, y, z는 존재하지 않는다. 나는 이미 이 문제의 증명 방법을 발견했지만 여백이 너무 좁아서 쓰지 않는다'라고 적어놓았던 것입니다.

이를 본 독일의 수학자 볼프스 켈이 1908년에 '앞으로 100년 안에, 즉 2007년 안으로 페르마의 정리를 푸는 자에게는 상금 10만 마르크를 주겠다'는 유언을 남긴 것입니다. 수학자들이 어찌 가만히 있었겠어요? 대가가 없어도 문제 푸는 것을 좋아하는 사람들인데 엄청난 돈까지 생긴다니 더욱 구미가 당겼겠지요. 그래서 많은 수학자들이 문제를 풀려고 노력했지만 허사였습니다. 한마디로 페르마의 정리란 $n=2$일 때는 $x^2+y^2=z^2$으로 피타고라스의 정리가 되는 것인데, 2보다 큰 자연수이기 때문에 $x^3+y^3=z^3$, $x^4+y^4=z^4$, …… 등을 만족하는 x, y, z가 존재하지 않는다는 것입니다.

대박을 터트린 와일스 교수

당시 페르마는 법률가였습니다. 아직 수학자라는 전문 직업이 없던 시대였으니까 그는 아마추어 수학자인 셈이지요. 와일스의 지도교수는 페르마의 정리를 해결하려고 애쓰는 와일스에게 포기하라고 충고했습니다. 많은 수학자들이 엄청 고생하고도 풀지 못한 문제였으니까요. 와일스는 프린스턴 대학의 수학 교수로 재직하면서 7년 동안 다른 사람에게 이야기하지 않고 혼자 연구를 이어나갔습니다. 드디어 1993년 6월 케임브리지 대학의 뉴턴 연구소에서 연구 결과를 하루에 한 시간씩 3일 동안 강의하면서 증명했습니다. 마지막 3일째 강의에서 박수와 함께 카메라 플래시가 터지고 이 소식은 인터넷을 통해 전 세계로 퍼져나갔지요. TV에 출연한 것은 물론이고, 한 청바지 회사에서 광고 제의까지 받았다고 합니다. 와일스가 만 40세 때의 일입니다.

그런데 아뿔사! 6개월 후에 200쪽이 넘는 논문의 증명에서 오류가 발견되었습니다. 7년 동안 자나 깨나 생각하며 완벽하다고 확신하고 세상에 발표한 논문에서 오류가 나오다니! 와일스는 미칠 지경이었습니다. 와일스는 혼자서는 진전이 없자 자기가 가르친 제자와 공동으로 틀린 곳을 수정하기 시작했습니다.

만약 오류가 수정되지 않으면 수년 동안의 노력이 물거품이 되고 전통 있는 미국의 명문 프린스턴 대학의 수학 교수로서 명예도 떨어지는, 실로 진퇴양난의 상황이었습니다. 1년 후 1994년 9월에 오류를 해결해 논문을 제출했고, 1995년 2월에 증명에 오류가 없다고 공표되는 극적인 사건이 일어났습니다. 독일 괴팅겐 과학원에서 기다리고 있던 상금 10만 마르크가 350년 동안 기다리다가 드디어 주인을 만나게 된 것이지요. 13년 늦게 풀렸더라면 엄청난 상금이 증발할 뻔했던 수학계의 대사건이랍니다.

현재의 화폐 가치로 독일의 마르크를 계산하면 20억 원의 엄청난 상금이 됩니다. 하지만 독일은, 제1·2차 세계대전을 겪으면서 화폐개혁이 단행되었어요. 제1차 세계대전에서 패한 독일은 막대한 전쟁 배상금을 물기 위해 화폐를 마구 찍어내면서 극심한 인플레이션을 겪었지요. 1922년 5월 1마르크였던 신문 한 부의 가격이 1,000마르크까지 뛰었어요. 1948년 6월 화폐개혁이 있던 일요일에 수많은 독일인이 자살을 합니다. 한순간에 마르크화(mark貨)의 가치가 폭락했기 때문이지요. 와일스 교수가 받은 상금은 얼마였을까요? 1997년 6월 27일, 와일스는 5만 달러의 상금을 받았다고 합니다. 우리나라에서도 박정희 대통령이 화폐개혁을 단행해 하루아침에 돈의 가치가 10분의 1로 줄어든 적이 있었습니다. 그전에 6·25 전쟁 후에도 화폐개혁을 했다고 하네요.

아무튼 와일스 교수가 받은 상금보다는 350년간 해결되지 않던 문제를 해결했다는 사실이 더 큰 의미가 있습니다. 우리나라의 형편과 비교해볼 때, 와일스가 페르마의 정리를 풀 수 있었던 것은 탁월한 능력은 물론이거니와 동네마다 도서관이 있는 영국의 문화적 환경 때문이 아니었나 싶습니다. 게다가 프린스턴 대학에서는 교수들에게 매년 논문 발표를 강요하지 않았으므로 7년 이상을 한 주제에 집중할 수 있었던 것이지요.

만 40세 미만의 수학자만 받을 수 있다는 까다로운 조건 때문에 애석하게도 와일스는 수학 분야의 노벨상인 필즈상을 받지 못했어요. 대신 이를 안타깝게 여긴 국제수학연맹(IMU)에서 그의 업적을 기리기 위해 은으로 만든 기념패를 수여했다고 합니다. 그는 1995년 페르마상을 시작으로, 2004년 피타고라스상, 2016년 아벨상까지 수학 및 과학과 관련된 상을 15개나 수상한 대학자가 되었고, 2000년에는 대영제국 훈장까지 받는 행운을 누렸답니다.

같은 생각을 가진 화가와 수학자

과학혁명의 시대인 17세기에 미술 분야에서는 어떤 변화가 일어났을까요? 우선 네덜란드 화가 호베마(Meindert Hobbema, 1638~1709)의 작품 〈미델하르니스의 가로수길〉을 볼까요? 멀리 지평선 위에 건물이 보이고 아름다운 가로수가

호베마, 〈미델하르니스의 가로수길〉, 103.5×141cm, 1689년, 런던 국립미술관

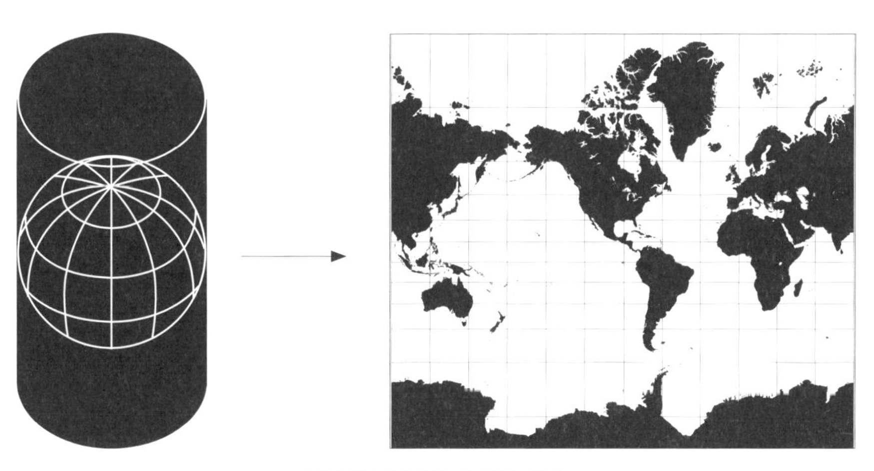

메르카토르 도법으로 그린 지도

줄지어 서 있으며 평행하는 마을 길의 소실점은 멀리 지평선 위에서 만나도록 되어 있습니다. 구름도 아름답고 흙냄새 물씬 풍기는 평화로운 마을의 모습이지요. 르네상스 이후 자연을 관찰하고 탐구하는 정신은 자연과학을 발달시켰고, 회화에서는 자연 풍경을 이처럼 아름답고 사실적으로 묘사하도록 만들었습니다. 화가가 캔버스 위에 수평선이나 지평선을 그려 넣고 소실점을 첨가하는 원근법과, 수학자가 좌표평면 위에 그래프를 그리기 위해 수평선의 가로축과 수직선의 세로축을 교차시키는 것은 본질적으로 같은 개념입니다.

해상무역이 발달하면서 좀 더 정밀한 지도가 요구되었던 시기에 개발된 **메르카토르 도법** 역시 마찬가지입니다. 종이 위에 가로축을 위도로, 세로축을 경도로 입체인 지구를 표현하는 방식도 본질적으로는 같은 개념입니다. 모두가 근대정신의 산물이라고 말할 수 있지요. 1569년, 네덜란드의 수학자이자 지리학자인 메르카토르는 공처럼 둥근 지구를 평평한 종이 위에 그리는 투영법을 고안합니다. 지구를 원기둥 모양으로 가정한 원통도법입니다. 경선의 간격은 일정하게 분할하면 되었지만, 위선의 간격은 적도에서 멀어질수록 면적이 크게 확대되는 문제점이 있었어요. 때문에 위도 80~85도 이상의 지역에서는 사용하지 않고 주로 항해용 지도로 사용하기에 편리했다고 합니다. 경선과 위선이 직각으로 교차되므로 지도에서 각도를 읽은 뒤에 그 각에 나침반을 맞추어 항해하면 편리하기 때문이지요. 메르카토르의 획기적인 투영법은 유럽의 대항해시대가 열리는 데 이바지했으며, 지리학자들은 메르카토르를 지도 제작으로 기업을 일으킨 벤처 사업가라고 평합니다. 화가 뒤러의 투영법에 관한 책 『측정법』이 1525년에 발간되었으니, 메르카토르의 연구가 40년 이상 늦은 것이지요. 투영법의 개척자는 역시 화가였다는 사실을 부인할 수 없습니다. 종이 위에 그려지는 가로와 세로의 축 위에 운동, 시간, 공간의 개념을 시각적으로 표현하는 사고방식은 과학 발전에 촉매제가 되었습니다. 따라서 미술의 원근법은 수학과 지도 제작,

나아가 과학에까지 영향을 미쳤다고 말할 수 있습니다.

역동적인 바로크미술

남부 이탈리아를 중심으로 한 로마 가톨릭은 북부의 프로테스탄트 세력이 커질수록 위기감을 느끼면서 더욱 미술의 힘에 의지합니다. 라틴어를 모르는 신자들에게 교리를 설명하거나 지식인들을 설득해 개종시키는 데도 미술을 사용하는 것이 효과적이라고 생각했기 때문이지요. 유럽의 17~18세기 미술 사조는 바로크, 로코코, 자연주의, 신고전주의 등으로 분류되지만, 아마추어인 우리는 이를 모두 자연주의라고 불러도 무방합니다. 자세히 말하자면, **바로크**란 '변칙적인' '비뚤어진'이라는 뜻입니다. 정적이며 고전적인 16세기 회화에 비해 상대적으로 활기차고 동적이기 때문이지요. **로코코**는 사치스럽고 관능적이며 기교를 부리는 화풍이라고 말할 수 있습니다. **신고전주의**는 문자 그대로 로코코미술에 대한 반동으로 고전의 재부활을 의미합니다. 이러한 양식은 모두 활기차고 역동적인 사실주의를 나타내지요.

17세기의 탐구 주제: 빛·운동·속도

17세기에 수학은 매우 역동적으로 변했는데, 이는 미술에서도 마찬가지였습니다. 당시 지식인들의 탐구 주제는 빛, 운동, 에너지, 속도 등이었습니다. 이는 고대 그리스 시대부터 금세기까지 과학자와 수학자가 끈질기게 연구해온 주제이기도 합니다. 아인슈타인의 상대성 원리도 빛에 관한 연구였지요. 17세기에는 이러한

카라바조, 〈의심하는 성 도마〉, 107×146cm, 1602~1603년, 포츠담 상수시

주제에 더욱 관심이 고조되어서 뉴턴은 빛의 광입자설과 운동방정식을 발표했고, 회화에서는 명암에 의한 극적인 대비가 표현된 그림이 주류를 이룹니다. 17세기 카라바조(Michelangelo da Caravaggio, 1573~1610)의 작품 〈의심하는 성 도마〉를 보실까요? 예수의 열두 제자 중 유독 의심 많은 도마가 부활한 예수 그리스도의 창 자국을 만져보는 장면이 너무도 리얼하게 묘사되어 있습니다. 완전성을 추구했던 르네상스 회화와 비교해볼 때 파격적이고 불경스럽기까지 합니다. 예수의 제자들이 위엄 있고 경건한 모습이 아니라 남루한 옷을 입은 평범한 노동자로 묘사되어 있기 때문이지요. 여기서 눈여겨볼 것은 르네상스의 회화와 비교해 빛과 그림자를 대비시켜 『성경』의 내용을 좀 더 현실감 있게 표현한 점이지요.

최초의 여성 화가 젠틸레스키

최초의 여성 화가 아르테미시아 젠틸레스키(Artemisia Gentileschi, 1593~1652?)의 작품 〈홀로페르네스의 목을 베는 유디트〉을 볼까요? 이 그림은 아시리아 군대가 이스라엘로 쳐들어오자 미모가 뛰어난 유디트이 적진으로 들어가 적의 대장 홀로페르네스를 죽이는 순간을 묘사합니다. 작품이 발표되었을 때 남자의 최후가 너무나 참혹하게 묘사되어 있다는 점, 유디트이 혼자의 힘으로 부족해 하녀의 도움을 받아가면서도 전혀 두려움 없이 칼을 대고 목을 자르는 모습이 저승사자처럼 당당하다는 점, 게다가 유디트의 얼굴이 화가의 얼굴과 똑같다는 점에 놀랐다고 합니다. 젠틸레스키는 19세 때 성폭력을 당해 법정에 섰던 것으로 유명한 화가입니다.

우리나라에서는 불과 1980년대까지만 해도 성폭력의 가해자인 남자는 여자에게 돈을 주거나 공갈 협박으로 으름장을 놓고 피해자인 여자는 수치스러워 쉬쉬했던 것이 현실이었습니다. 그러나 이제 세상이 많이 달라졌습니다. 미국 할리우드에서 촉발된 미투(Me too) 운동과 더불어 2018년 1월 한국 여성계도 그동안 쌓였던 분노가 터졌지요. 서지현 검사가 법조계의 성추행과 비리를 폭로한 것입니다. 이것이 도화선이 되어 연극계, 연예계, 교육계로 미투 운동이 일파만파 퍼지고 있습니다.

젠틸레스키는 400년 전에 성폭력 피해자로서 당당하게 법정에 섰던 용감한 여성이었습니다. 그녀의 분노심이 홀로페르네스의 목을 자르는 유디트의 역할로 조금이나마 해소되었겠지요. 르네상스의 작품에서는 사건이나 행위가 종결된 상태를 묘사했지만, 근대에는 이처럼 순간을 포착해 그림을 그린 점이 독특합니다. 그만큼 17세기에는 수학자와 화가 모두 변화하는 양과 순간의 변화에 민감한 반응을 보였던 것입니다.

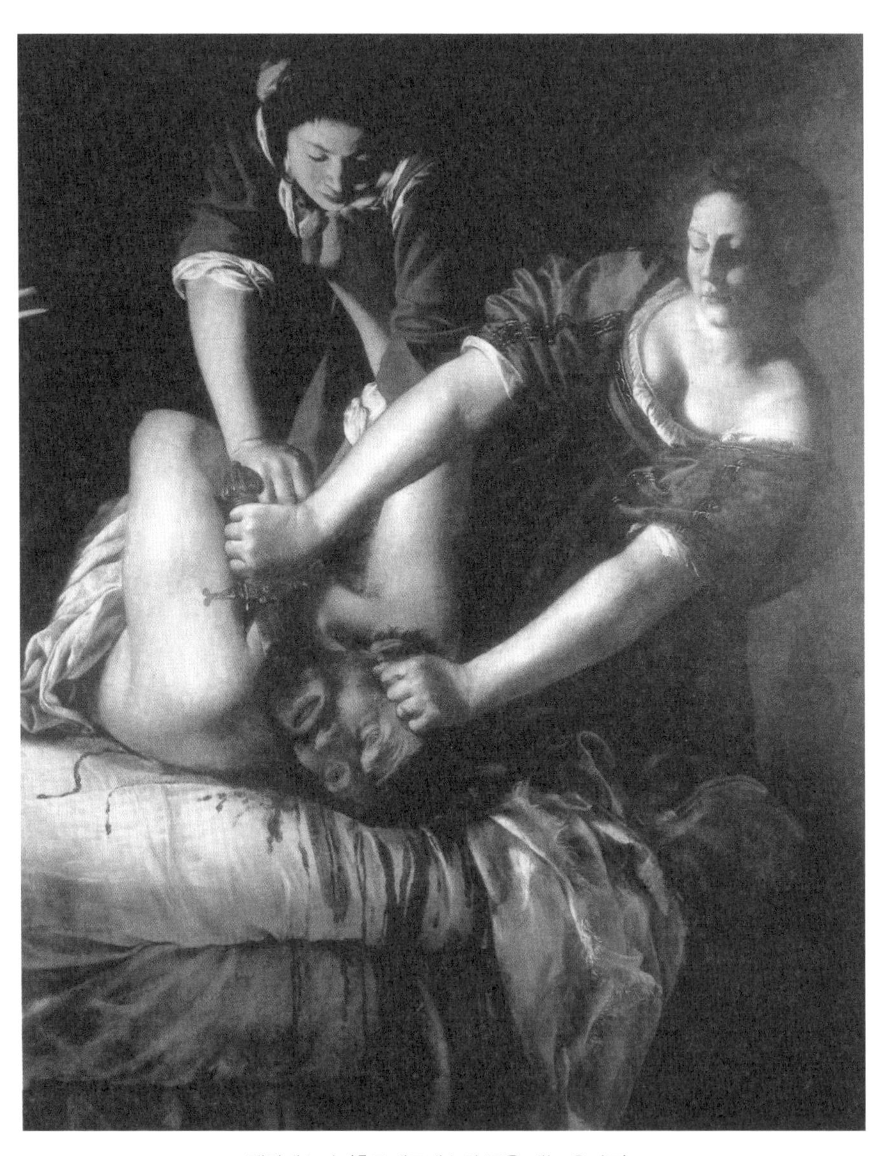

젠틸레스키, 〈홀로페르네스의 목을 베는 유디트〉,
158.8×125.5cm, 1614~1620년, 나폴리 카포디몬테미술관

뚱뚱한 여자를 좋아한 루벤스

여자의 누드를 가장 잘 그렸던 화가 루벤스(Rubens, 1577~1640)의 작품을 살펴볼까요? 〈레우키포스의 딸들의 납치〉에서는 약탈당하는 두 여자의 동작이 역동적이다 못해 처절하게 느껴집니다. 루벤스는 대각선 구도를 이용해 관람자의 시선을 대각선을 따라 움직이도록 합니다. 16세기의 다빈치나 미켈란젤로와 같은 화가들의 고전주의 작품을 보면 감상자의 눈은 자연스럽게 소실점에 멈추게 되고, 질서 있고 정연한 안정감을 느끼게 됩니다. 투영법의 수학적 원리가 작용하기 때문이지요.

이에 비해 17세기 바로크미술에 해당하는 루벤스의 작품은 감상자의 시선을 고정시키지 않고 대각선을 따라 움직이게 하므로 훨씬 역동성을 느끼게 합니다. 여성의 나체를 앞모습뿐만 아니라 뒷모습과 밑에서도 볼 수 있도록 그려서 이전 시대의 작품들과 매우 다른 양식을 보인다고 하지요. 그런데 여자들의 몸이 너무 뚱뚱하게 보이지 않나요? 마른 여자들은 기운이 없어 보이므로 역동적으로 표현될 수 없습니다.

또 그 시대에는 뚱뚱한 여성을 아름답게 여겼답니다. 아름다움의 기준은 시대에 따라 변하는 법이니까요. 요즘에는 몸짱, 얼짱의 시대가 지나고 동안(童顔)이 유행하는데, 이는 모두 TV와 인터넷의 영향을 받았기 때문입니다. 더욱이 먹거리가 풍요로운 시대여서 영양학적·의학적으로 비만이 질병임을 선포하고 비만과의 전쟁을 시작한 시대이지요.

루벤스, 〈레우키포스의 딸들의 납치〉, 222×209cm, 1618~1619년, 뮌헨 고전회화관

순간의 화가 할스

프란스 할스, 〈즐거운 토퍼〉, 79.5×66.5cm, 1627년, 암스테르담 왕립미술관

칼뱅의 종교개혁 이후 17세기 네덜란드는 크리스트교 세계관 아래 풍부한 경제력과 더불어 회화에서 순수한 형태의 미술을 낳는 황금기를 이룹니다. 과거에는 그림의 모델이 왕족을 비롯해 귀족, 성직자였지만 이제는 상인과 서민, 가난한 농부, 사냥꾼 등도 하나님 앞에서 평등하다는 의식 아래 그림의 주인공이 됩니다.

순간의 화가로 알려진 프란스 할스(Frans Hals, 1580?~1666)의 작품 〈즐거운 토퍼〉를 봅시다. 이 작품은 즉흥적인 순간을 완벽하게 표현하고 있지요. 그림 속 인물의 입술은 촉촉하며 곧 말을 하려고 하는 것 같고, 손은 마치 움직이는 것처럼 느껴지지요. 그래서 할스는 **순간의 화가**로 불렸답니다. 당시 유럽 지식인의 관심사였던 운동과 속도, 시간의 개념이 이처럼 표현되었던 것이지요.

사진일까? 초상화일까?

루벤스는 여성의 나체를 가장 잘 그리는 화가로 유명합니다. 동화 『플랜더스의 개』의 주인공 네로가 보고 싶어했던 교회 그림의 화가도 바로 루벤스입니다. 루벤스는 크리스트교의 종교화를 많이 그렸지요. 그의 작품 〈십자가를 세움〉은

루벤스, 〈십자가를 세움〉, 462×341cm, 1610~1611년, 안트베르펜 대성당

반다이크, 〈사냥 중의 찰스 1세〉, 272×212cm, 1635년경, 파리 루브르박물관

예수가 달린 십자가를 근육질의 사나이 아홉 명이 세우는 순간을 묘사했는데, 대각선의 구도이기 때문에 관객은 곡선적인 리듬감을 느끼게 되고, 아홉 명 각각의 동작이 역동적이어서 불끈 솟는 힘과 거친 호흡이 느껴질 정도이지요. 이처럼 바로크미술은 격렬한 움직임을 색채나 선으로 선명하게 표현한 것이 아니라 빛과 그림자를 대조시켜서 표현했습니다.

옆의 그림을 볼까요? 백마 타고 가던 임금님이 나무 그늘 밑에 백마를 세워두고 호위하던 부하들도 잠시 쉴 때, 부지런한 시종이 "임금님! 잠깐 여기 좀 보세요!"라고 발랄하게 외치면서 찍은 스냅사진 같지요? 그러나 이것은 당연히 스냅사진이 아닙니다. 사진은 200년 후 1837년에 루이다게르가 발명하거든요. 이 작품은 1635년 반다이크(Van Dyck, 1599~1641)의 〈사냥 중의 찰스 1세〉라는 그림으로 영국 왕 찰스 1세의 공식 초상화라고 합니다. 지금도 그렇지만 당시에도 초상화는 정면이나 측면으로 상체만 그리는 것이 상식이었지요. 화가가 순간 동작을 이렇게 파격적인 모습으로 그린 것은 분명 당시의 시대정신이 반영된 결과입니다.

불공평한 단체 사진 〈야간 순찰〉

렘브란트(Rembrandt Harmenszoon van Rijn, 1606~1669)의 작품 〈야간 순찰〉을 볼까요? 연극 무대 위의 한 장면처럼 느껴지지요? 그런데 연극 장면이 아니라 그룹 초상화라고 합니다. 혁신적인 초상화이지요. 등장인물들이 크기에 관계없이 똑같은 돈을 내고 주문한 단체 초상화라고 하니 너무 불공평하다는 생각이 듭니다. 구석에 얼굴만 조금 비치는 사람들은 불만이 많을 것 같지요? 어쨌든 빛과 구도, 색채 기술의 절정을 보여주는 작품으로 평가받고 있습니다. 할스와 마찬

렘브란트, 〈야간 순찰〉, 363×437cm, 1642년, 암스테르담 국립박물관

렘브란트, 〈돌아온 탕자〉, 264×205cm, 1668~1669년, 상트페테르부르크 에르미타주박물관

가지로 빛, 움직임, 등장인물의 상호 교환적인 행동을 통해 생생한 감정을 느끼게 하는 작품입니다.

이번에는 렘브란트의 〈돌아온 탕자〉를 감상해볼까요? 이 그림의 주제는 『신약성경』「누가복음」 15장에 나오는 이야기입니다. 유복한 가정에서 태어난 성실한 큰아들과 자유로운 영혼의 작은아들 이야기지요. 작은아들은 아버지를 졸라 재산을 상속받은 뒤 외국에 가서 허랑방탕한 생활을 하며 가진 것을 모두 탕진합니다. 오갈 데 없는 비참한 존재가 되었을 때 마지막으로 갈 곳은 아버지 집이었어요. 남루한 옷을 입고 초췌한 모습으로 돌아온 탕자를 아버지는 팔을 벌려 안아줍니다. 아버지의 오른손과 왼손의 크기가 다른 것이 특징이에요. 맨발로 무릎 꿇은 아들을 끌어안은 아버지의 여성스러운 오른손은 자비로운 모성(母性)을, 남성적인 굵직한 왼손은 강인한 부성(父性)을 표현합니다. 사랑과 고통이 교차되는 순간입니다. 원근법의 규칙에서 벗어나 화가의 내면이 표현되기 시작합니다. 즉 현대 미술의 서광이 비치기 시작하지요. 러시아 상트페테르부르크의 에르미타슈박물관의 대표작으로 꼽히는 그림입니다.

독신주의자 뉴턴

갈릴레이가 죽은 1642년 성탄절에 우연찮게도 뉴턴이 영국에서 태어났습니다. 뉴턴은 케임브리지 대학을 다니다가 유럽에 페스트가 창궐하자 시골로 내려갑니다. 그때 중력과 **무한급수, 미적분, 광입자설** 등을 발견했지요. 그리고 곡선에 접선을 긋는 문제로부터 발달한 **미분학**과, 곡선으로 둘러싸인 부분의 면적을 구하는 일에서 시작한 **적분학** 사이에 매우 밀접한 관계가 있다는 사실을 발견합니다.

뉴턴

뉴턴은 25세의 젊은 나이에 유럽 최고의 수학자가 되었고, 케임브리지 대학의 교수로 평생 연구에만 몰두하면서 앞에서 이야기한 17세기의 과학 업적 다섯 가지 영역 중 세 영역에서 혁혁한 공을 세웠지요(212쪽 참조). 필자는 뉴턴, 데카르트, 라이프니츠 등 천재들이 학문에 정진하느라 여성에게는 관심이 없었는지, 아니면 학문적으로는 뛰어나지만 남성적인 매력이 부족하거나 성격이 괴팍했는지, 평생 독신으로 살아간 이유가 궁금한 적이 있었습니다. 그러나 제 생각이 모두 틀렸다는 것을 나중에 알게 되었지요.

당시의 사회상을 살펴봅시다. 뉴턴이 20년간 회장으로 지낸 영국의 왕립 학회 초기 회원 대부분은 자발적으로 결혼을 하지 않고 정절을 지키면서 살 것을 맹세했다고 합니다. 중세 대학들이 성직자를 양성하기 위해 세워졌으므로 성직자에게 요구하던 동정(童貞)을 학자에게도 암암리에 요구했던 것이지요. 『성경』에는 사도 바울이 예수 그리스도를 위해 독신으로 지내는 것이 좋다고 설교하는 구절이 있습니다. 물론 사도들은 독신으로 살면서 순교까지 했던 사람들이었어요. 하나님에 대한 사랑이라는 성스러운 목적으로 정절을 지키려는 생각은 중세를 지나 17세기가 되어서도 이어졌습니다. '현대 화학의 아버지'로 불리는 보일(Boyle, 1627~1691), 물리학자 후크(Robert Hooke, 1635~1703) 등 많은 과학자들이 동정을 지켰다고 해요.

과학에서 소외된 여성

과학자가 동정을 지킨 이유는 자연에 대한 탐구를 하나님에 대한 예배로 여기면서 학문 연구를 성직처럼 생각했기 때문입니다. 영국, 프랑스 등에서는 과학협회를 수도원적 전통의 연장으로 생각하면서, 순수한 남성의 정신만이 진정한 지식을 발견할 수 있다고 주장하며 결혼을 과학 활동을 저해하는 구속 행위로 여겼다고 합니다. 그러니 여자는 가능한 멀리해야 하는 존재로 생각되었겠지요.

이러한 상황에서 여성에 대한 사회적 편견은 어떠했을까요? 고대 그리스 철학자 아리스토텔레스, 중세의 교부 철학자 토마스 아퀴나스 등은 여성을 열등한 존재로 폄하했습니다. 구텐베르크의 금속활자 발명으로 『성경』이 빠르게 출판되었건만, 영국에서는 1543년에 의회에서 여성에게는 『성경』을 읽을 수 있는 권리를 제한하는 법을 통과시켰습니다.

> 귀족 여성은 개인적으로 『성경』을 읽을 수 있지만 상인 계층 여성은 남성이 보는 앞에서만 읽을 수 있고, 하류 계층 여성에게는 전혀 읽을 수 없도록 금지한다.

종교개혁의 근원지 독일에서는 여성들끼리 모여서 『성경』에 관해 이야기하는 것조차 금지되었습니다. 17세기에도 여전히 여성에 대한 사회적 편견은 고쳐지지 않았어요. 여성은 과학을 접할 수도 없었고, 대학에 입학하는 것조차 불가능했습니다.

수학 때문에 귀족이 된 뉴턴

뉴턴은 평민 출신이지만 뛰어난 업적으로 1705년 영국의 앤 여왕으로부터 기사 작위를 받았고, 죽어서는 웨스트민스터 사원에 묻힐 수 있었습니다. 영국에 못 가본 독자들은 영화를 통해서 뉴턴의 무덤을 구경할 수 있습니다. 2006년에 개봉된 영화 〈다빈치코드〉를 보면 됩니다. 성배의 비밀을 풀기 위한 과정에서 뉴턴의 무덤이 잠깐 나오거든요.

영국에서 뉴턴이 미적분법을 구상한 당시에 독일에서는 라이프니츠(Leibniz, 1646~1716)도 미적분법을 독자적으로 구상했습니다. 뉴턴은 운동을 시간과 거리에 대한 함수로 생각하고서 물리의 문제를 수학적으로 표현한 결과 곡선에 대한 접선이 곧 속도가 된다는 사실을 알게 되었지요. 뉴턴과 라이프니츠 모두 독실

한 크리스트교 신자로 과학을 하나님 나라를 전파하기 위한 도구로 여겼습니다.

컴퓨터를 예언한 라이프니츠

라이프니츠는 독일에서 태어나 신학, 법학, 철학, 수학을 공부했습니다. 그는 라이프치히 대학에서 어린 나이를 문제 삼아 법학 박사학위를 수여하지 않을 정도로 조숙한 천재였습니다. 현재 우리가 사용하는 미분, 적분, $\frac{dy}{dx}$, $\int dx$의 기호 등은 모두 그가 창안한 것이지요. 뉴턴과 라이프니츠 두 사람이 같은 시기에 같은 개념에 도달한 것은 다른 학문에서는 결코 볼 수 없는 일인데, 바로 이 점이 수학이 위대한 이유이기도 합니다. 라이프니츠는 중국 청나라 황제 강희제에게 크리스트교를 포교하기 위해 중국을 방문했다가 이들의 음양오행설을 접하고서 전자계산기의 원리를 예언한 인물로도 유명하답니다. 현재 우리가 사용하는 컴퓨터는 일찍이 라이프니츠가 예언한 것이라고 말할 수 있습니다.

미적분학에서 공동 우승한 뉴턴과 라이프니츠

라이프니츠는 프랑스 파리에 외교관으로 머물다가 물리학자 호이겐스를 만나면서 수학에 눈을 뜹니다. 그는 독학으로 파스칼, 페르마, 월리스, 데카르트의 수학을 공부하면서, 1673년부터 4년 안에 미적분학을 발견합니다. 뉴턴의 유율법 발견은 1665~1666년에 이루어졌습니다. 라이프니츠는 논문을 1674년에 영국 왕립 학회에 보고했는데, 학회에서는 이미 같은 사실이 뉴턴에 의해 발견되었다고 통지합니다.

기호 사용이 편리한 라이프니츠의 방법이 영국을 제외한 유럽의 여러 나라로 널리 퍼졌습니다. 그러자 어떤 영국의 수학자가 이를 시샘해 라이프니츠가 뉴턴의 결과를 표절한 것처럼 글을 발표했습니다. 결국 흥분한 라이프니츠는 반박문을 발표했고, 이후 수학계는 걷잡을 수 없는 싸움으로 빠져듭니다. 영국과 유럽 대륙의 싸움으로 크게 번지다가 1820년대에 들어서면서 비로소 두 사람의 독자적인 발견이 공인되었습니다. 150년 만에 종결된 것이지요. 두 거장의 업적은 철학에도 많은 영향을 줍니다. 뉴턴의 업적은 18세기 경험철학에, 라이프니츠의 업적은 관념철학에 영향을 미쳤습니다.

사치스러웠던 유럽의 18세기

정치적으로 서양의 16~18세기를 **절대주의 시대**라고 합니다. 절대주의 시대는 한마디로 전제군주가 절대 권력을 휘두르는 왕정의 시대이지요. 절대주의는 중세 봉건사회에서 시민사회로 변화하던 시기에 국왕과 시민계급이 결합되어 나타난 과도기적 정치 형태입니다. 프랑스 베르사유에 궁전을 짓고 사치와 향락을 일삼은 것으로 유명한 루이 14세, 15세, 16세 등은 이 시기의 대표적인 왕입니다. 영국 왕실에서는 과학 연구를 적극적으로 후원해 뉴턴 같은 과학자들의 업적을 가능케 했으며, 과학의 발전과 함께 크리스트교인의 직업에 대한 소명 의식이 영국 산업혁명의 토대가 됩니다. 산업혁명은 공장제 기계공업을 촉진하고 대량생산을 부추겨 자본주의가 발달하는 원인이 되기도 합니다.

바로크미술에 대한 반동으로 고전의 부활을 표방하는 프랑스의 신고전주의 화가 푸생(Nicolas Poussin, 1594-1665)의 〈최후의 만찬〉을 감상해볼까요? 식탁에서 식사하는 것이 아니라 엎드려 있는 모습이 마치 찜질방 같지요? 맞아요. 긴

푸생, 〈최후의 만찬〉, 95.5×121cm, 1640년대, 케임브리지 피츠윌리엄박물관

장을 풀고 편하게 엎드려 이런저런 잡담도 하면서 스승의 강론을 경청하는 모습입니다. 그런데 예수 그리스도가 살던 서기 1세기에는 실제로 이런 자세로 식사를 했다고 합니다. 새삼 문화의 차이가 느껴지는군요. 아무튼 푸생은 소실점 하나를 예수의 머리 위 창문에 세팅했습니다. 빛과 어둠의 표현은 바로크적이지만 루벤스나 렘브란트처럼 역동적이지는 않습니다. 같은 17세기이지만 바로크 화풍과 신고전주의 화풍의 차이를 알 수 있지요.

프랑스대혁명이 일어나다

18세기는 미술에서 절대왕정의 퇴폐적인 분위기를 반영하는 로코코양식이 유행합니다. 태양왕으로 불렸던 루이 14세는 칼과 창으로 귀족을 억압하지 않고 축제, 연극, 무도회 등에 초대하여 때마다 새로운 복장과 예절을 요구하면서 교묘하게 억압했습니다. 찬란하고 화려한 귀족의 에티켓과 접대법이 베르사유궁전에서 제정되는 동안, 프랑스의 재정은 파산 지경에 이르렀다고 합니다.

로마의 귀족이 그러했듯이 프랑스의 귀족도 사치와 향락에 빠지고 전염병과 흉년과 기근으로 민심이 흉흉해지면서 1789년에 프랑스대혁명이 일어납니다. 프랑스 신분제도의 모순과 구제도의 타파를 외치며 들고일어난 민중의 항거였지요. 그 결과 추기경과 파리 대주교는 시민들로부터 받던 십일조를 포기하겠

다고 선언했고, 특권층인 주교와 사제는 국가에서 봉급을 받는 공무원 신세로 전락합니다. 놀라운 변화였지요. 배고픈 민중은 가만히 참고만 있을 수 없었습니다. 6,000명의 아줌마 부대가 빵을 달라고 외치면서 베르사유궁전으로 몰려갔습니다. 루이 16세가 파리로 끌려온 뒤 왕비 마리 앙투아네트와 야밤에 도망치려다 실패하고 1793년에 단두대에서 반역죄로 사형당하면서 화려한 절대왕정의 시대가 막을 내립니다.

그네 타기가 외설적이라고?!

사치와 향락의 시대였던 18세기에 유행한 로코코 양식의 그림을 볼까요? 프랑스의 프라고나르의 작품 〈그네〉입니다. 이 작품은 관능과 쾌락을 추구하는 외설적인 그림이라고 합니다. 그네 타기는 18세기 귀족 사회에서 크게 유행한 놀이였어요. 그런데 이 그림을 외설적이라고 하는 이유는 모델이 루이 15세의 신하 상-주리앙 남작과 그의 애인이기 때문입니다. 더군다나 뒤에서 그네를 밀어주는 사제 복장의 남자는 여인의 남편이라고 하네요! 그만큼 18세기 프랑스는 외설적인 이야기들이 판을 쳤고, 또 루이 14세를 비롯한 프랑스 왕들의 사생활이 매우 문란하고 복잡했습니다. 여기서 필자가 주목하는 것은 귀족과 애인의 밀회가 아니라 속옷까지 보이며 그네를 타는 여성 모델이 슬리퍼를 떨어뜨리는 순간을 화가가 잘 포착한 점입니다. 수학자의 눈에 띄는 18세기 사조의 특징은 17세기 바로크미술처럼 순간의 속도를 묘사한 것입니다.

프라고나르, 〈그네〉, 88.9×81.28㎝, 1766년, 런던 월러스컬렉션

영웅 나폴레옹의 등장

혁명으로 사회가 어지러울 때 프랑스의 식민지 코르시카섬에서 프랑스를 증오하면서 독립을 꿈꾸던 젊은이가 역사의 무대에 주인공으로 등장합니다. 나폴레옹이 바로 그 주인공입니다. 나폴레옹은 프랑스대혁명을 열렬히 지지하면서 육군사관학교에 입학해 포병 장교가 됩니다. 해군 장교는 상류층 자제만 입학이 허용되고 육군에서도 보병과 기병은 훌륭한 가문의 자제에게만 허용되었으니, 식민지 출신 생도 나폴레옹은 하는 수 없이 포병으로 지원했지요. 그는 탁월한 전술력으로 27세에 이탈리아 원정군의 사령관이 됩니다. 이집트를 원정하다가 프랑스 정부의 위급함을 알아차리고는 의회의 보수파 세력과 손을 잡고 쿠데타에 성공합니다.

다비드, 〈나폴레옹 황제의 대관식〉, 621×979cm, 1806~1807년, 파리 루브르박물관

나폴레옹은 루이 16세가 죽은 뒤 들어선 총재정부를 무너뜨리고 1795년 집정정부를 세웠습니다. 그는 프랑스의 영토를 넓히는 데 공을 세우면서 마침내 1804년에는 국민투표로 다시 제정을 수립해 황제 나폴레옹 1세로 즉위합니다. 역사가들은 그가 전쟁에만 능한 단순한 군인이 아니었다고 평합니다. 박학다식한 나폴레옹은 이집트 원정에서 인류 문화에 기념비적인 로제타석을 발견했고, 침략과 동시에 프랑스의 박물관을 채울 예술품과 문화재를 약탈해왔습니다. 덕분에 현재 프랑스는 세계의 문화유산을 보려고 관광객이 몰려들어 많은 관광 수입을 올리고 있지요. 나폴레옹은 국민 교육 제도도 정비했으며 자기가 겪은 서러움을 국민이 겪지 않도록 출신 성분을 따지지 않는 관리 제도를 시행했답니다. 한 가지 더, '수학은 국력'이라는 말도 했습니다.

〈나폴레옹 황제의 대관식〉은 18세기 말에 나폴레옹의 수석 화가였던 다비드(David, 1748~1825)의 작품입니다. 17세기 바로크미술과는 많이 달라졌지요? 르네상스 시대 라파엘이나 레오나르도 다빈치의 작품처럼 조화롭고 안정적입니다. 대신 역동성은 많이 없어졌지요. 로코코에 대한 반동으로 다비드는 색채보다 소묘와 선이 우월하다는 신념으로 고전주의 양식을 따르고 비례를 중요시했습니다. 이름하여 **신고전주의**라고 부르지요. 〈나폴레옹 황제의 대관식〉은 노트르담대성당에서 거행되었던 나폴레옹 황제의 즉위식을 그린 그림이지요. 교황 피오 7세 앞에서 나폴레옹은 왕관을 받아 자기 머리에 손수 쓰고 있고 그의 아내 조세핀이 무릎을 꿇고 경하하는 장면입니다. 인물을 적절하게 배치한 덕분에 많은 귀족이 밀집한 대성당이건만 소란하거나 어수선한 느낌은 전혀 들지 않습니다. 웅장한 건물에 비치는 절제된 밝은 빛은 근엄한 분위기를 감돌게 합니다.

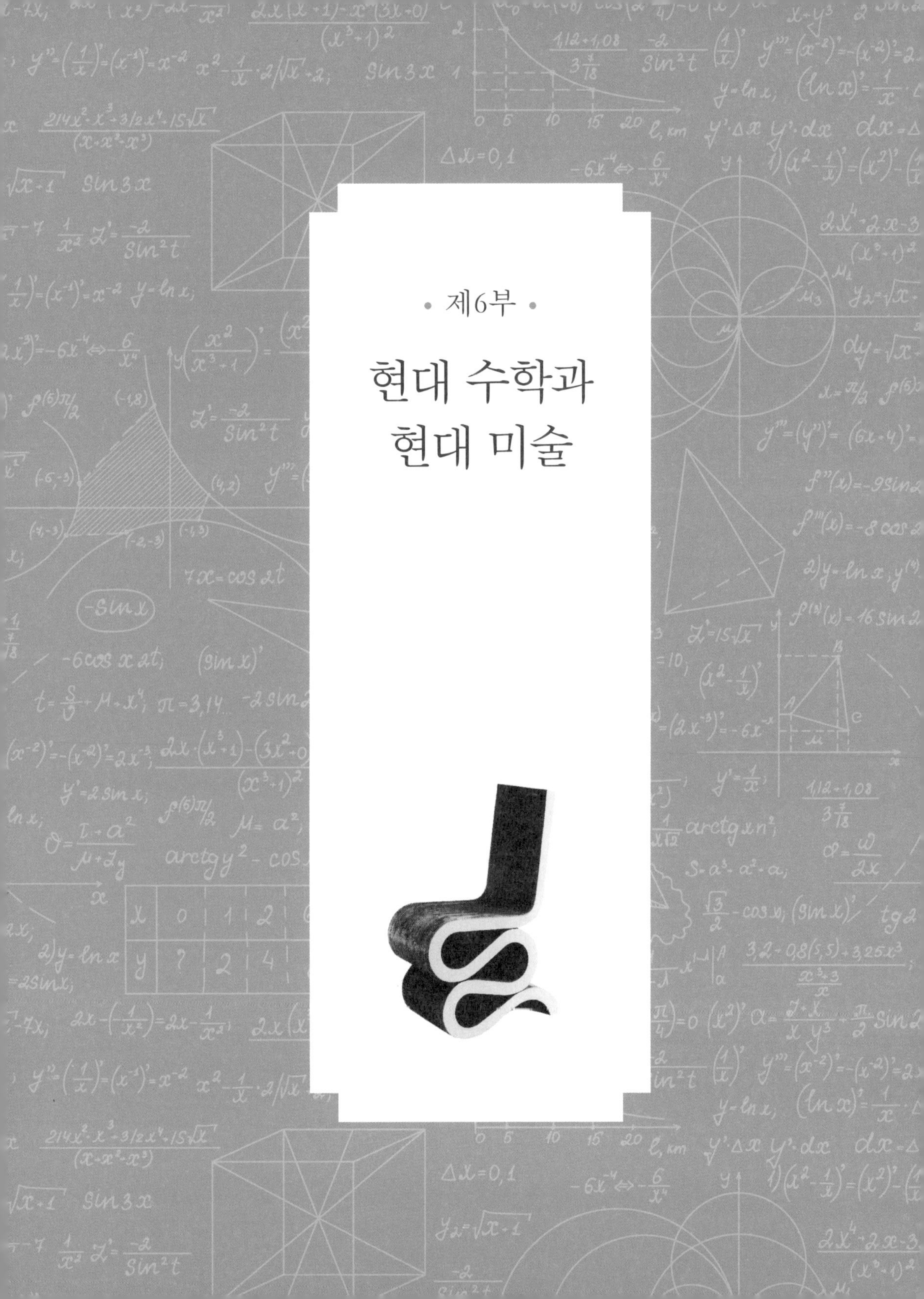

• 제6부 •

현대 수학과 현대 미술

현대 수학에서는 먼저 무한의 개념을 도입해 수학의 추상화를 선도해나간 집합론의 창시자 칸토어를 언급하게 됩니다. 그다음으로는 위상수학(topology)을 소개한 뒤에, 20세기 최고의 수학자 힐버트를 언급해야 합니다. 또 20세기 후반에 등장한 프랙탈 이론도 빼놓을 수 없는 분야이지요.

칸토어는 집합이라는 개념을 소개하면서 집합을 구성하는 원소의 개수에 관심을 가졌습니다. 개수가 유한일 때는 별 문제가 없지만 무한일 때가 문제였습니다. 무한을 인식하게 된 것은 칸토어에게 행복인 동시에 불행이었지요. 그는 무한집합에서 **셀 수 있는 무한집합**과 **셀 수 없는 무한집합**을 구별합니다. 자연수의 집합은 무한이지만 셀 수 있는 무한이고, 실수의 집합은 무한이지만 셀 수 없는 무한입니다. 또 짝수의 집합은 자연수 집합의 부분집합임에도 불구하고 짝수의 개수와 자연수의 개수가 같다고 했습니다. 그는 단위 길이의 선분이 전체 수직선과 같은 개수의 점을 가진다는 사실을 증명했습니다. 더욱 놀라운 사실은 이것이 차원과 관계없이 성립한다는 점입니다. 다시 말하면, 1cm의 선분과 1cm^{2}의 정사각형과 1cm^{3}의 정육면체에는 모두 점의 개수가 똑같고, 이때 개수는 무한개인데 '셀 수 없는 무한개'라는 것이지요. 칸토어는 데데킨트에게 보낸 편지에서 자신도 쉽게 믿어지지 않는다고 고백했답니다. 이것이 바로 불행의 씨앗이었지요. 이유는 뒤에서 자세히 설명하겠습니다.

20세기의 기하학이라 하면 보통 토폴로지(위상기하학)를 드는데, 우리가 고대 그리스 시대부터 탐색해왔던 유클리드기하학, 사영기하학, 해석기하학 등과 비교할 때 엄청나게 다른 성질을 가진 기하학이지요. 간단히 말하면, 기하학이 발달하면서 사영기하학은 유클리드기하학보다 조건이 더 단순하게 된 것이고, 토폴로지는 사영기하학보다 더 단순하게 되어 연속함수의 성질만 다룬다고 생각하면 됩니다. 수학에서는 단순해지는 것을 일반화된다고 하지요. **유클리드기하학이 애당초 도형의 운동과 변환을 무시했기 때문에 해석기하학이 합동변환과 닮음변환을 연구하는 것이었다면, 사영기하학은 사영변환을, 위상기하학은 위상변환을 연구하는 것**이라고 말할 수 있습니다.

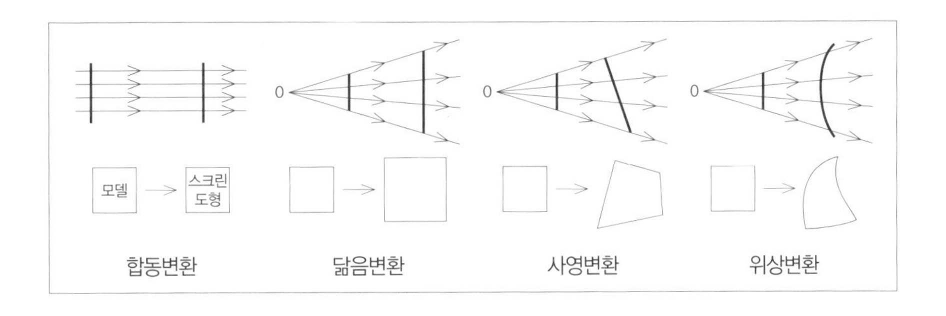

스크린과 모델을 평행하게 놓은 뒤에 빛을 멀리서 평행으로 투영하면 합동변환이고, 같은 조건에서 빛을 한 점에서 중심투영을 하면 모델의 도형이 확대되는 닮음변환이 됩니다. 그런데 닮음변환에서 스크린을 평행으로 놓는다는 조건

을 무시하고 임의로 놓으면 직사각형이 임의 사각형으로 되는데 이를 사영변환이라고 하지요. 사영변환에서 스크린을 물렁물렁한 고무막 같은 것으로 생각해 직사각형이 단일 폐곡선으로 변환되는 것이 바로 위상변환이고요.

현대 수학의 특징 중 하나로 자만심을 가졌던 인간의 지성에 한계성을 지적하는 패러독스가 등장합니다. 대표적으로 **러셀의 패러독스**와 **호텔 패러독스**라고 불리는 힐버트의 무한 논리 등이 있지요. 러셀의 패러독스는 일명 **이발사의 패러독스**라고 부르는데, 다음과 같은 논리적 모순을 지닌 이야기로 설명되기 때문입니다.

어떤 마을에서 한 이발사가 "나는 스스로는 절대로 면도하지 않는 사람에게만 면도를 해주는 사람이다"라고 말했습니다. 그렇다면 이발사는 누가 면도를 해주게 될까요? 먼저 우리는 이발사가 스스로 면도하는 경우와 안 하는 경우로 나누어 생각해야 합니다. 만일 이발사가 스스로 면도를 한다면, 이발사는 스스로 면도하는 사람이 됩니다. 그런데 이발사는 스스로 면도를 안 하는 사람에게만 면도를 해야 하므로 스스로 면도하는 사람에게 면도를 해주어서는 안 됩니다. 그러므로 이발사는 자신을 면도해서는 안 되는 것이지요. 이번에는 만일 그가 스스로 면도하지 않는다면 그의 주장 '스스로 안 하는 모든 사람에게 면도를 해주는 사람'에 어긋납니다. 결국 이발사는 스스로 자신을 면도한다고 하면 해서는 안 되고, 스스로 하지 않는 것도 안 되므로 항상 모순이 되는 것이지요. 이를 **순환 논리**라고 말합니다. 말로 설명하면 이처럼 복잡하지만 수학적 기호를 이용하면 아주 간략하게 설명되지요.

프랙탈(fractal)은 1975년 만델브로에 의해 시작되었는데, **부서진 상태** 또는 **조각**을 뜻합니다. 조각조각 부서진 것과 같은, 똑같은 모양의 도형들이 무한히 반복되는데 조각이 도형의 전체 모양과 닮은꼴인 것이 특징이기도 하지요. 이를 **자기상사성(self-similarity)**이라고 합니다. 프랙탈 도형은 컴퓨터 때문에 가능한 기하학이지요. 복소수를 활용하면 상상하기조차 어려운 아름다운 모습을 연출하기도 하고, 우리의 인식 세계를 확 바꾸어놓기도 하는 도형이랍니다. 과거의 개념으로는, 점은 0차원 도형이고, 선은 1차원, 면은 2차원, 입체는 3차원의 도형이었지요. 즉, 도형의 차원은 정수였답니다. 그러나 프랙탈에서는 코흐 곡선이 선들의 집합임에도 차원이 1.26이고, 시어핀스키 삼각형은 면들의 집합이지만 약 1.5849차원으로 실수 차원의 도형이 존재하는 희한한 세계가 펼쳐진답니다.

19세기는 과학의 세기

18세기 이후 유럽에서는 산업혁명이 일어납니다. 선두 주자는 영국이었습니다. 영국은 17세기의 과학 발전과 새로운 기계의 발명, 크리스트교인의 근면한 직업의식으로 산업혁명을 가장 먼저 성공한 나라입니다. 산업혁명은 생산력을 폭발적으로 증가시켜 근대 자본주의를 성립시켰고, 자본주의의 발전은 자본가와 노동자, 즉 부르주아와 프롤레타리아라는 두 계급을 만들었습니다. 영국의 노동자 계급은 노동조합을 결성해 자본가와 대결하기 시작하지요. 평등 사회를 실현하려는 사회주의 운동이 일어난 것입니다.

유럽의 19세기는 근대 시민사회가 성숙한 **과학의 세기**라고 말할 수 있습니다. 화학에서는 돌턴의 **원자설**, 아보가드로의 **분자설**이 발표되었고, 생물에서는 다윈이 **진화론**을, 멘델이 **멘델의 법칙**을 발표하지요. 의학에서는 파스퇴르가 **예방접종**을 시작해 질병 치료에서 질병 예방의 단계로 발전시켰으며, 노벨은 **다이너마이트**를, 에디슨은 **전등과 축음기**를 발명했습니다. 실로 과학의 세기라고 부를 만합니다.

철학에서는 그토록 오래 지속되었던 크리스트교의 전통에 '신은 죽었다'라고 도전장을 내밀었지요. 그런데 이처럼 폭탄적인 발언을 했던 니체도 알고 보면 아주 숫기 없는 총각이었다고 하네요. 자기가 흠모하던 살로메라는 여성에게 사랑을 고백할 용기가 없어 편지를 직접 주지 못하고 친구에게 부탁했는데, 바로 그 친구가 살로메를 사랑한 연적이었으니 애정 문제에서는 꽤나 멍청한 사나이였답니다. 물론 장가도 못 갔다고 해요. 뉴턴이나 라이프니츠 같은 과학자들처럼 하나님에 대한 헌신 때문이 아니라 여자에 대한 두려움 때문이라네요!

자율성을 추구한 19세기

과학의 세기인 19세기 유럽 사회의 지성인이 추구한 가치는 한마디로 **자율성**이었습니다. 자율성이란 기존의 전통적인 생각과 관습에 얽매이지 않고 그야말로 자유롭게 사고의 영역을 넓히고 정체성을 고민하는 것이지요. 그렇다면 자율성의 추구가 수학과 미술에서 각기 어떤 변화를 일으켰을까요? 자유로운 사고의 혁명은 프랑스에서 다양하게 분출되었습니다. 1863년 마네(Edouard Marnet, 1832~1883)의 〈풀밭 위의 점심 식사〉를 보세요. 양복 입은 신사와 어울리지 않는 두 여자! 한 여인은 벌거벗은 채로 신사들과 함께 앉아 있고, 또 한 여인은 뒤에서 목욕을 하고 있네요. 대낮에 점잖은 신사들과 알몸으로 풀밭에 앉아 있는 여인을 등장인물로 설정한 마네의 반란은 논란의 대상이 되었답니다.

고대 오리엔트 시대부터 지금까지 수학은 역사 속에서 주도적인 역할을 해왔습니다. 19세기에는 수학의 역사에서 큰 획을 긋는 사건이 일어납니다. 칸토어(Goerge Cantor, 1845~1918)는 '수학의 본질은 자유'라고 주장하더니 1883년에 획기적인 이론인 **집합론**을 발표합니다. 지금 성인 남자들이 군대 용어로 알

마네, 〈풀밭 위의 점심 식사〉, 214×269cm, 1863년, 파리 오르세미술관

고 있는 '집합'이란 단어를 필자는 중학교 2학년 때 수학에서 처음으로 배웠답니다. 1957년 소련(현 러시아)이 세계 최초로 인공위성 스푸트니크(Sputnik)를 발사한 사건 때문이지요. 충격을 받은 미국은 자국이 소련보다 뒤처진 이유를 수학과 과학 교육의 문제점이라고 판단하고, 새수학 운동(New Mathematics Movement)을 일으켰습니다. 인지심리학자 피아제와 브루너가 이 운동에 많은 영향을 미쳤지요. 새수학 운동의 여파로 1970년대 우리나라 초등학교 수학 교과서에 집합 개념이 들어왔답니다. 칸토어의 집합론에서는 그때까지 두려움의 대상이었던 무한에 대해 새로운 이론을 소개합니다.

큰 무한과 작은 무한을 비교한 칸토어

집합의 크기는 보통 그 집합을 이루는 원소의 개수로 말하는데, 개수가 무한일 때는 원소의 크기를 표현하기가 곤란하잖아요. 칸토어는 무한집합을 **셀 수 있는 무한집합**과 **셀 수 없는 무한집합**으로 구별했습니다. 자연수의 집합은 셀 수 있는 무한이고, 실수의 집합은 셀 수 없는 무한입니다. 또 자연수 전체는 분명히 정수 전체보다는 작은 것 같은데도 자연수 집합과 정수 집합의 원소는 셀 수 있는 무한집합으로 원소의 개수가 같다고 했습니다.

1877년 칸토어는 수학자 데데킨트에게 편지를 보냅니다. 사랑을 고백하는 연애편지를 보내려 했던 것이 아니라, 데데킨트가 가정해본 문제를 증명했기 때문입니다. 팩스도 없고 이메일도 없던 시대니까 편지를 보낸 거지요. 칸토어는 이 편지에서 단위 길이의 선분은 전체 수직선과 같은 개수의 점을 가진다는 것을 증명했습니다. 더욱 놀라운 점은 이것이 차원과 관계없이 성립한다는 사실입니다.

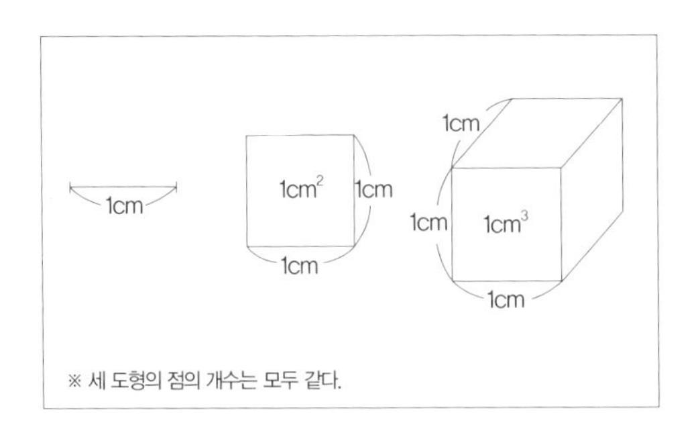

다시 말하면, 1cm의 선분과 $1cm^2$의 정사각형과 $1cm^3$의 정육면체에는 모두 똑같은 개수의 점들이 있으며, 이때 점의 개수는 무한개인데 '셀 수 없는 무한개'라는 것이지요. 칸토어 자신도 쉽게 믿어지지 않는다고 고백했답니다. 눈에 보이지 않는 엄청난 추상의 세계를 넘나들었으니 정신세계가 온전할 리 있겠어요? 아니나 다를까 스승도 인정해주지 않는 획기적인 발상과 주장으로 힘들어하던 천재 칸토어는 안타깝게도 정신병으로 말년을 불우하게 보냈답니다. 칸토어는 유대인의 전통을 따라 셀 수 있는 무한의 수를 히브리 알파벳의 첫 문자인 ℵ(알레프)로 나타내 지금까지 수학에서는 ℵ를 사용하고 있습니다.

1883년은 독특한 해

'신은 죽었다'라고 니체가 선언한 것과 칸토어가 집합론을 발표한 것은 모두 1883년의 일입니다. 그런데 흥미로운 일이 한 가지 더 있습니다. 그해에 점묘파 화가가 등장한 것입니다. 집합이란 원소들의 모임으로 수학적인 대상을 작은 요소로 보는 개념인데, 미술에서도 사물을 점들의 집합으로 보는 후기 인상주의 점묘파가 등장합니다.

쇠라, 〈아니에르의 물놀이〉, 201×300cm, 1883~1884년, 런던 국립미술관

모네, 〈수련〉, 200×200cm, 1914년, 도쿄 마츠가타컬렉션

최초의 점묘파 화가 쇠라(Seurat, 1859~1891)는 2년에 걸쳐 〈아니에르의 물놀이〉라는 작품을 완성했습니다. 이제까지 그림을 선으로 긋던 방법을 부정하고 작은 점들을 찍어나가기 시작했습니다. 물론 엄청 오랜 시간이 걸렸다고 해요. 그의 화풍은 후기 인상주의로 햇빛 아래 순색을 더 잘 표현하기 위해 등장했다고 하지요. 좀 더 밝은 색을 표현하기 위해, 순색과 원색의 작은 점을 찍어서 눈의 망막에서 두 색이 혼합되는 원리를 이용한 것입니다. 수학에서 점들의 집합이 곡선과 곡면이 되듯이 회화에서는 점집합이 사람과 나무로 표현된 것뿐입니다. 수학자와 미술가가 대상을 점으로 쪼개는 사고방식은 당시의 시대정신입니다. 이렇듯 1883년은 기존의 권위와 전통, 관습에 도전하는 천재들의 발상이 동시에 분출된 해라고 말할 수 있지요. 칸토어의 집합론 발표 이후 수학의 모든 분야는 엄청나게 변화합니다. 수학의 추상화 작업이 시작된 것이지요.

우선 미술의 추상화를 설명하겠습니다. 유럽의 미술가들이 전통적으로 표현한 주제는 늘 그리스·로마 신화와 『성경』의 이야기입니다. 하지만 자율성을 추구하면서 신화나 종교적인 이야기에서 벗어나 화가 자신의 주관적인 생각을 표현하게 되었지요. 새로운 화풍인 인상주의가 출현해 형태가 와해되고 찰나적인 인상과 순간적인 움직임을 표현하기 시작합니다. 이때 순간적인 움직임은 17세기 바로크미술의 경향과는 좀 다릅니다. 인상주의의 순간적인 움직임은 태양광선 아래 순간적인 인상으로 카메라같이 빛으로 형태를 포착하는 것입니다.

물리학에서 빛에 대해 갑론을박하던 파동설과 입자설이 입증되었듯이, 모네(Claude Monet, 1840~1926)가 빛을 **파동**으로 인식하고 그렸다면 쇠라는 빛을 **입자**로 인식하고 그렸습니다. 인상파 화가들은 사물이 빛에 의해 형태가 드러나고 빛의 강약에 따라 형태와 느낌이 달라진다는 믿음을 가졌습니다. 광학적 지식이 인간의 보는 방식을 변화시킨 것이지요. 모네의 〈수련〉을 볼까요? 연못 위에 핀 수련 꽃송이는 세밀하게 묘사되어 있지 않습니다. 형태가 와해되었기 때문입니다. 모네는 근대 미술가로 분류됩니다. 그러나 86세까지 살면서 말년(20세기 초)에는 거의 추상적인 그림들만 그렸지요.

초상화 대신 독사진으로

루이 다게르는 1837년 은판 사진술을 발명하고, 2년 후 1839년에 최초로 인물 사진을 찍습니다. 1880년에는 휴대용 카메라와 롤필름이 대중화되기 시작하지요. 당시 초상화를 집에 걸어놓는 것은 부자들만 가능했던 일입니다. 보통 사람들은 감히 엄두도 못 냈습니다. 그러다가 초상화보다 값이 싼 사진이 등장하니까 보통 사람들은 초상화 대신 사진으로 대리 만족을 합니다.

그러나 사진 기술이 발전하면서 귀족들도 이 새로운 것에 흥미를 느끼게 됩니다. 그림과는 또 다른 재미가 있으니까요. 하지만 귀족의 초상화를 그리던 직업 화가들이 서서히 일감이 없어져 직업을 잃게 됩니다. 변화된 시대에 적응하기 위해 사진사로 전업하거나 사진 스튜디오의 소도구 담당자가 되기도 했답니다. 사진술의 발달은 화가들에게 또 다른 시각을 갖게 했습니다. 그동안 육안으로 잘 포착되지 않는 움직임을 사진기로 찍어서 사진을 잘 관찰한 다음 그 장면을 그림으로 표현하는 화가들도 생겨났습니다.

드가(Degas, 1834~1917)의 〈프리마 발레리나〉는 발레리나의 순간 동작을 사진처럼 묘사한 작품입니다. 순간의 동작이지만 17세기 바로크미술처럼 역동성은 없습니다. 한편 3차원적인 사실 묘사를 하는 데 사진이 그림보다 더 빠르고 편리해, 화가들은 새로운 영역으로 눈을 돌립니다. 눈에 보이지 않는 세계, 즉 추상의 세계를 추구하기 시작한 것이지요.

드가, 〈프리마 발레리나〉, 58×42cm, 1876~1878년, 파리 오르세미술관

여성의 정체성을 표현한 나체 자화상

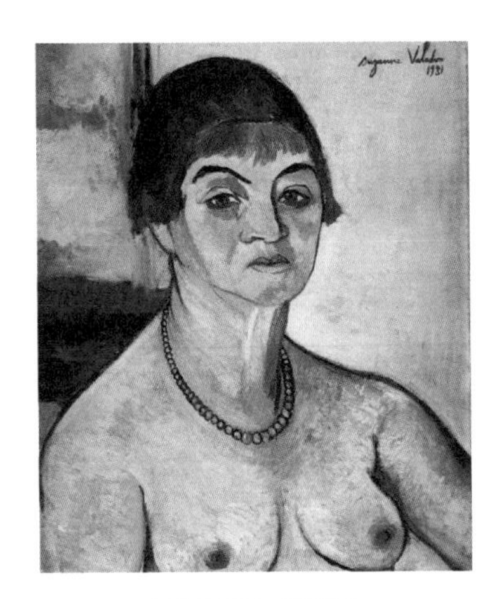

수잔 발라동, 〈자화상〉,
1931년, 파리, 개인 소장

1883년은 수학에서 칸토어가 집합론을 발표한 역사적인 분기점입니다. 공교롭게도 점묘파 화가 쇠라의 작품도 같은 해에 만들어졌다고 했지요. 여기서 또 주목하고 싶은 작품이 있습니다. 여성 화가 수잔 발라동(Suzanne Valadon, 1865~1938)이 그린 최초의 나체 자화상입니다. 고대 그리스와 헬레니즘 시대에는 여성보다 남성의 나체가 조각으로 많이 표현되었습니다. 그리스 남성만이 이상적인 인간이라는 그리스인 특유의 우월감이 있었기 때문입니다. 여성과 노인은 소외 계층이었지요. 그럼에도 불구하고 여성의 신체를 표현하고 싶었던 남성들은 여자가 아닌 여신의 이름을 빌립니다. 그래서 〈밀로의 베누스〉를 포함해 많은 작품의 제목에 여신의 이름을 붙였습니다.

그러나 중세 시대로 접어들면서 인간의 육체는 죄악시되었고, 아리스토텔레스, 토마스 아퀴나스 등에 의해 여성은 아담을 유혹한 악마적이고 열등한 인물로 폄하되면서 인체의 아름다움이 묘사되지 못했습니다. 르네상스가 도래했을 때도 미술가들은 여전히 신화와 『성경』 이야기를 결합한 형태로 여성의 누드를 제작했어요. 남성 위주의 포르노적 사고였지요.

그러나 19세기에는 여성의 몸을 남성의 성적 대상이 아닌 여성의 정체성을 드러내는 그 무엇으로 바라보는 의식이 생겨났습니다. 수잔 발라동은 비천한 출신으로 학교 교육도 제대로 받지 못한 여성이었습니다. 그녀는 당시 유명한 인상주의 화가들의 모델을 하다가 그림을 그리게 되었는데, 첫 명성을 안겨준 그림은 자신의 몸을 그린 자화상이었습니다. 이 그림의 모델은 에로틱한 매력을 풍기는 날씬하고 예쁜 처녀의 몸이 아닙니다. 아기를 낳은 뒤 부기가 빠지지 않아 푸석푸석한 여인의 자태입니다. 그럼에도 모성의 고귀함과 당당함을 일깨우는 작품으로 평가되고 있지요.

제1차 세계대전의 영향

20세기에 진입한 유럽인들은 과학의 발달로 인간을 '만물의 영장'이라 여기며 자긍심과 자부심이 대단했습니다. 그러나 20세기에 인간이 쌓아놓은 지식과 과학기술의 바벨탑이 무너지는 참혹한 전쟁이 두 번이나 일어납니다. 제1차 세계대전은 1914년 오스트리아의 황태자 부부가 보스니아의 수도 사라예보를 방문했다가 세르비아 비밀결사의 한 청년에게 저격당하면서 발발했습니다. 오스트리아와 독일을 중심으로 한 **동맹국**과 미국, 영국, 프랑스, 러시아 등의 **연합국**이 식민지 쟁탈을 벌이는 전쟁이었지요.

1918년에 막을 내린 제1차 세계대전은 서구 문명에 커다란 전환점이 됩니다. 자만했던 마음에 낙담과 좌절감이 대신 자리매김했고, 자신감과 활력을 잃은 서구 문명은 멸망할 것이라는 예언이 떠돌기도 했습니다. 대참사를 일으킨 인간의 지성을 의심하면서 이성의 본질이 무엇인지 고민했고 자유 민주 체제는 위기를 맞게 됩니다. 또 1929년 미국 주식시장의 폭락으로 풍요의 나라 미국에서 **경제 대공황**이 발생합니다.

이러한 시대 상황에서 새로운 국면의 수학 이론이 혜성처럼 등장합니다. 바

로 **토폴로지**라는 분야입니다. **위상기하학** 또는 **위상수학**이라고 부르지요. 프랑스의 푸앵카레, 독일의 뫼비우스, 리스팅 등에 의해 만들어진 20세기의 새로운 기하학입니다. 위상기하학에서서는 유클리드기하학, 해석기하학, 사영기하학처럼 도형들이 합동인지 아닌지 비교해보거나, 넓이나 부피를 계산하거나, 평행하는 대응변들이 만나는지 전혀 따지지 않습니다. 오로지 가장 본질적인 성질, 즉 연속함수에 의해 점이 점으로 옮겨지는지를 문제 삼습니다. 그러므로 위상기하학은 일명 **고무막 위의 기하학**이라고 부릅니다.

자! 노란 고무 밴드 하나로 간단히 실험을 해볼까요? 동그란 고무 밴드를 손으로 간단하게 삼각형 모양 또는 사각형 모양으로 만들어보세요. 세게 잡아당기면 도형이 크게 만들어지고 약하게 잡아당기면 작게 만들어지지요. 손을 놓아버리면 변형된 삼각형 또는 사각형의 모양은 원래대로 작은 원이 됩니다. 이처럼 삼각형 또는 사각형이 처음의 원과 합동이라는 새로운 토폴로지의 세계에서는 도형의 넓이와 크기, 길이 등에는 전혀 관심이 없습니다. 여기서는 칸토어의 집합론이 도구로 사용되지요. 그렇다면 수학자가 토폴로지의 새로운 세계를 열어가고 있을 때, 미술가는 자기 영역에서 어떤 작업을 했을까요?

원근법을 파괴하는 추상

프랑스의 화가 세잔(Cezanne, 1839~1906)의 그림 〈사과와 오렌지가 있는 정물〉을 보실까요? 사과와 오렌지의 선명한 색채도 인상적이지만, 과일이 놓여 있는 모습이 마치 얌전히 앉아 있는 소녀가 아닌 정열적으로 매력을 뿜으면서 다가오는 야성미 넘치는 아가씨 같은 인상을 줍니다. 자유분방하게 접힌 하얀 테이블 때문이기도 하지만, 과일을 바라보는 화가의 시점이 르네상스 시대나 근대처럼 한 점이 아니라 여러 점이기 때문입니다. 정면과 왼쪽 위, 또 오른쪽 위에서 각각 바라본 모습을 하나의 공간에 퍼즐처럼 조합하여 원근법을 파괴한 것입니다. 세잔의 다른 작품 〈생빅투아르산〉은 화가의 시점에서 대상을 바라본 대로 그리는 것이 아니라, 밝고 어두운 색채만 가지고 원근을 느낄 수 있도록 한 것이 독특한 점이지요. 역시 르네상스적 선원근법을 파괴한 것입니다.

물체를 바라보는 피카소의 시점은 세잔보다 더욱 많아졌습니다. 입체파의 거장 피카소의 작품을 볼까요? 〈게르니카〉는 에스파냐 내란 때 민간인이 학살당하는 것을 보고 분노하면서 그린 작품입니다. 이 작품은 화가의 시점이 하나가

세잔, 〈사과와 오렌지가 있는 정물〉, 74×93cm, 1895~1900년, 파리 오르세미술관

피카소, 〈게르니카〉, 349×775cm, 1937년, 파리 루브르박물관

피카소, 〈거울 앞의 잠자는 여인〉, 130×97cm, 1932년, 런던 헬리네머드갤러리

아니라 여러 점이며, 또 화가의 내부이기도 하지요. 여러 각도에서 바라본 것을 종합한 피카소의 솜씨는 원근법의 부정인 동시에 고정관념의 파괴였습니다. 입체주의적인 선들과 분할된 면들이 어두운 색과 함께 분노, 절망감, 울부짖음 등을 잘 나타내고 있습니다. 사실주의를 파괴하니까 추상적으로 나아가게 되는 것이지요. 〈거울 앞의 잠자는 여인〉은 원근법이 완전히 파괴되어 의자에 앉아 있는 여인이 실제 모습과는 거리가 멀지만 행복한 여인의 마음만은 오롯이 느껴지는 작품입니다. 이처럼 피카소의 작품은 추상적으로 표현되었음에도 불구하고 인간의 고통과 분노, 행복의 감정들이 잘 드러납니다.

사물을 단순화시키는 추상

20세기에 피카소와 쌍벽을 이루는 거인 마티스(Matisse, 1869~1954)의 1940년 작품 〈나부〉를 볼까요? 귀스타브 모로는 제자 마티스에게 '회화를 단순화하는 데 천재'라는 칭찬을 아끼지 않았다고 합니다. 〈나부〉는 연필을 불과 10여 차례만 움직여서 관능적인 여인을 표현한 작품입니다. 불필요한 것을 제거하고 가장 기본적인 요소만 남겨놓은 기법은 위상수학에서 위상 변환과 같은 개념입니다. 피카소와 마티스의 그림에서는 길이와 크기, 면적은 더 이상 의미 없는 요소가 되어버렸습니다. 즉, 미술에서 위상 변환이 일어난 것이지요. 이러한 단순화는 곧 추상의 한 방법입니다.

마티스의 1948년 작 〈붉은 색의 커다란 실내 풍경〉에서는 벽과 천장, 바닥이 구별되지 않습니다. 유클리드적인 3차원 공간이 파괴된 것이지요. 벽과 천장, 바닥을 온통 붉은색으로 칠한 것은 공간을 위상적으로 바라보았기 때문입니다. 보통 우리는 방 안의 공간을 직육면체 상자의 내부로 생각합니다. 유클리드적

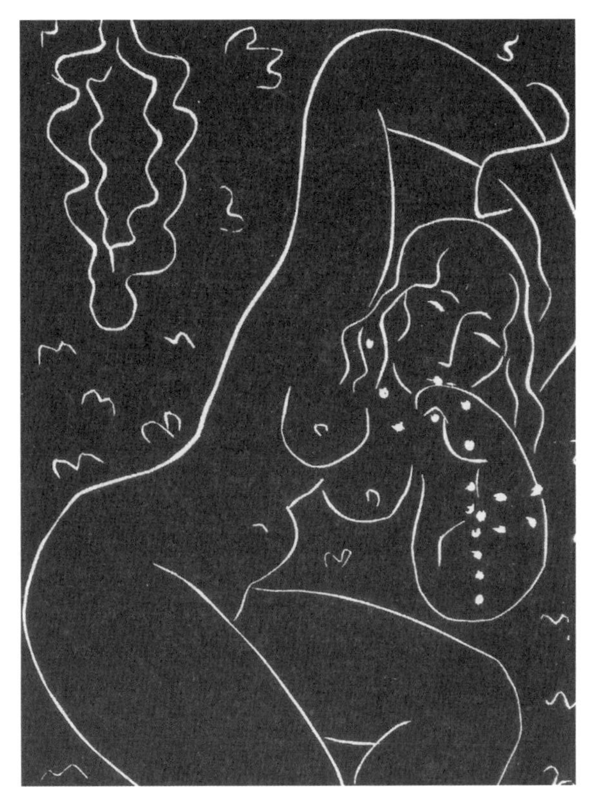

마티스, 〈나부〉, 44×32.7cm, 1940년

마티스, 〈붉은색의 커다란 실내 풍경〉, 146×97cm, 1948년, 파리 퐁피두센터 국립현대미술관

으로 바라보기 때문이지요. 그러나 토폴로지에서는 사각형과 원이 합동이듯이, 직육면체와 정육면체, 구면이 모두 같은 도형으로 인지됩니다.

수학자와 미술가의 뫼비우스 띠

독일의 수학자 뫼비우스는 뒤에 나오는 그림처럼 직사각형을 가지고 마주보는 대변을 180도로 비튼 다음, 풀로 양 끝을 붙여 획기적인 곡면 띠를 만들었습니다. 이름하여 '뫼비우스 띠'입니다. 보통의 띠는 가장자리가 두 개이지만 뫼비우스 띠는 가장자리가 한 개가 되고, 보통의 띠는 면이 두 개이지만 뫼비우스 띠는 면도 한 개가 됩니다. 2차원 곡면을 한 번 꼬아 붙여서 안과 밖을 구별할 수 없는 기상천외한 곡면을 만든 것이지요. 수학자의 상상 속에서 만들어진 곡면이니 현실 생활에서는 필요 없는 도형일까요? 천만의 말씀입니다! 뫼비우스 띠는 현재 마트의 계산대, 에스컬레이터의 손잡이, 공장의 컨베이어 벨트에 사용되는데, 원통형의 벨트보다 두 배로 오래 쓸 수 있어 매우 경제적이라고 합니다.

동시대의 예술가들도 가만히 있지 않았겠지요? 스위스의 건축가이자 조각가인 막스 빌(Max Bill, 1908~1994)의 조각 〈끝없는 표면〉도 유한한 평면을 뫼비우스 띠로 만들었을 때 무한히 반복해 걸을 수 있는 곡면이 생성되는 것을 간파해 〈끝없는 표면〉이라고 이름 지었습니다. 네덜란드의 판화가 에셔(Escher, 1897~1972)의 작품 〈뫼비우스 띠와 불개미〉*도 오르고 또 올라도 끝이 없는 뫼비우스 띠의 성질을 잘 묘사하고 있지요. 이외에 옵아트로 표현된 뫼비우스 띠

* https://www.mcescher.com/gallery/recognition-success/mobius-strip-ii/ 참조.

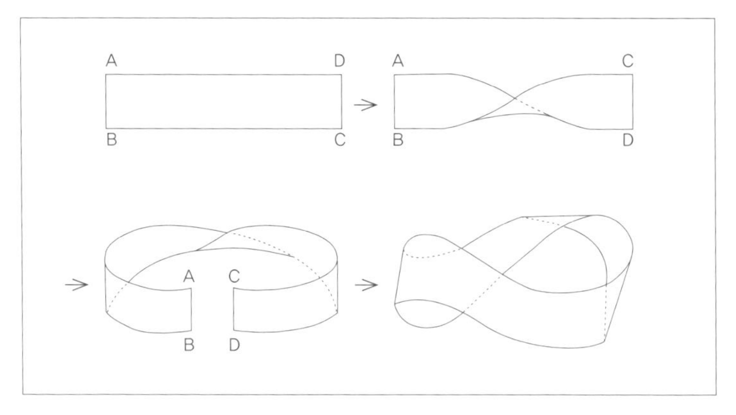

뫼비우스 띠를 만드는 과정

막스 빌, 〈끝없는 표면〉, 1953~1956년

도 있습니다. 이처럼 수학과 미술은 다른 장르임에도 불구하고 끊임없이 문화적 공감대를 형성해왔습니다. 이 같은 문화적 공감대를 필자는 김용운 박사의 '범패러다임' 이론으로 설명합니다(346쪽).

초현실의 세계

칸토어 이후 독일의 수학자 힐버트는 3차원 공간에 만족하지 않고 n차원 공간으로 수학의 공간을 확장했고, 나아가 무한 차원의 공간을 만듭니다. 먼저 무한의 개념을 생각해봅시다. 무한에 반대되는 말은 당연히 유한입니다. 유한과 무한의 차이는 인간과 신(神)의 차이로 이해하면 편합니다. 우리 인간은 유한 시간 동안 유한 공간에서 살다가 죽을 수밖에 없는 숙명을 가지고 있습니다. 하지만 신은 무한 시간과 무한 공간에 존재하므로 **무소부재**(無所不在)하고 **전지전능**(全知全能)한 존재이지요. 무소부재란 존재하지 않는 공간이 없으니 결국 모든 공간에 있는 무한 공간의 존재라는 말이 됩니다.

힐버트의 무한 호텔

천재 수학자 힐버트(Hilbert, 1862~1943)가 유한과 무한의 차이를 설명한 재미있는 이야기를 소개하겠습니다. 일명 **호텔 패러독스**라고 부르는데요. 지중해 연안에 객실이 1만 개가 있는 호텔이 휴가철이라 모두 예약이 끝난 상태라고 가정해봅시다. 이때 추가로 한 명이 더 인터넷 예약을 하려고 해도 프로그램상 불가능하고, 또 호텔 프런트에서 지배인에게 사정을 해도 입실은 불가능합니다. 1만 개의 객실이 있는 엄청 큰 호텔이라고 해도 1만은 유한의 수이기 때문이지요. 그런데 무한개의 객실이 있는 호텔은 상황이 다릅니다. 무한 명이 모두 투숙해 객실이 다 차더라도 이 호텔에서는 한 명의 손님을 더 받을 수 있습니다. 어떻게요? 자, 힐버트의 설명을 들어봅시다. 1호실 손님은 2호실로, 2호실 손님은 3호실로, 3호실 손님은 4호실로, …… 방을 옮기게 하고, 1호실에 새로온 손님을 투숙하게 한다는 논리이지요. 그럼 한 명을 추가하는 방법은 알겠는데 두 명을 추가할 때는 어떻게 하나요? 지금의 방법을 한 번 더하면 되겠지요. 무한개에 하나를 더해도 무한개이고, 두개를 더해도 무한개, 세 개를 더해도 무한개이므로, 이런 논리를 계속해나가면 무한 호텔에서는 예약이 완료된 휴가철에 1,000명도 추가할 수 있고, 1만 명도 추가할 수 있는 아주 편리한 호텔이지요.

자, 그럼 이번에는 좀 더 생각을 넓혀볼까요? 무한 호텔의 객실이 다 찼는데, 무한 명의 손님이 더 투숙할 수 있을까요? 무한 호텔의 지배인은 마음의 넓이도 무한하답니다. 언제든지 공손하게 손님을 맞이합니다. 어떻게 가능할까요? 바로 수학자 힐버트의 천재적인 발상 때문이지요. 지배인은 곧 안내 방송을 시작합니다. "죄송합니다, 손님 여러분! 오늘 아름다운 이곳 휴양지를 찾아오신 손님이 너무 많아서 다 셀 수도 없습니다. 아마도 무한 명이 오신 것 같습니다. 그러나 여러분이 조금만 협조해주신다면 불편 없이 모든 손님이 저희 호텔에 묵으시면서 함께 휴가를 즐기실 수 있습니다. 1호실 손님은 2호실로, 2호실 손님은 4호실로, 3호실 손님은 6호실로,…… 이동해주십시오." 다시 말하면 1→2, 2→4, 3→6,…… 으로 객실 번호에 2를 곱해 옮기는 것입니다. 따라서 객실은 자연수 전체의 집합인데 짝수 번호의 객실로 이동하게 되어 결국 홀수 번호 객실이 남게 됩니다. 새로 온 무한 명의 손님이 홀수 번호 객실에 투숙하면 되는 것이지요. 이것을 수학적으로 표현하자면,

$$\{1, 2, 3, \cdots\cdots\} = \{2, 4, 6, \cdots\cdots\} \cup \{1, 3, 5, \cdots\cdots\}$$

이고, 자연수의 집합을 N, 짝수들의 집합을 A, 홀수들의 집합을 B라고 한다면 $N = A \cup B$이지요. 하지만 집합 원소들의 개수에서 우리가 알고 있듯이 $n(N) = n(A) + n(B)$은 성립하지 않으며, $n(N) = n(A) = n(B)$가 되는 것입니다. 이것

이 곧 무한집합과 유한집합의 차이점이지요. 수학에서 무한대를 기호로는 ∞로 쓰지만, 무한집합의 개수를 표시할 때는 히브리 문자 ℵ(알레프)로 표시하는데,

$$\aleph+1=\aleph,\ \aleph+2=\aleph,\ \cdots\cdots\ \aleph+\aleph=\aleph$$

가 된답니다.

천재의 건망증

천재 힐버트의 건망증은 가히 천재적이었다고 합니다. 하루는 손님을 초대했는데 손님이 도착할 시간이 다 되어 부인이 2층 침실로 올라가서 옷을 갈아입고 오라고 부탁을 했답니다. 그런데 2층으로 올라간 힐버트! 그만 자기가 왜 2층으로 올라왔는지 잊어버리고 침대에 누워 잠이 들었답니다. 손님과 함께 그를 기다리던 부인이 기다리다 못해 침실로 올라가보니 세상모르게 꿈나라로 가 있더랍니다. 부인이 얼마나 당황스럽고 민망했겠어요? 천재라고 매사에 완벽하고 탁월한 사람은 아니지요. 주어진 유한 시간과 유한 공간에서 뛰어난 업적을 이루자니 일상생활에서는 매끄럽지 못하고 이해 안 되는 멍청한 면을 보일 수밖에 없는 것이 아닐까요?

수학자들의 욕망은 한이 없어 자꾸 무한에 도전했습니다. 결국 현실 세계가 아닌 초현실의 세계로 나아갔지요. 수학에서는 힐버트가 초현실의 세계를 만들었다면, 미술에서는 어떨까요? 미술에서도 초현실주의 화가들이 등장합니다.

4차원을 표현하는 화가

뒤샹(Duchamp, 1887~1968)의 1912년 작품 〈계단을 내려오는 누드〉를 볼까요? 이 그림은 움직임을 연속적인 형태로 중복해서 표현했습니다. TV의 슬로우 화면에 익숙한 우리야 별 무리 없이 이해되지만, 처음 공개되었을 때는 엄청난 조롱과 비난이 쏟아졌다고 하지요. 2차원 평면의 캔버스에 4차원의 시간을 구현한 작품으로 입체파이지만 피카소보다 유연함을 준다고 평합니다.

1920년대 후반 물리학자 아인슈타인(Einstein, 1879~1955)이 상대성이론을 발표하면서 공간과 시간에 대한 새로운 인식이 예술가들을 더욱 자극합니다. 초현실주의의 또 다른 그림을 감상합시다. 스스로를 천재라고 말하는 달리의 〈기억의 고집〉에는 축 늘어진 시계와 기묘한 살덩어리가 있습니다. 구석에 있는 주황색 시계는 부패해 파리와 개미 떼가 바글거리는 그로테스크한 그림이지요. 표현 기법은 사실적이지만 인간의 잠재의식 가운데 있는 초현실의 세계를 묘사했답니다. 프로이트와 융의 무의식 세계를 기반으로 3차원이 아닌 4차원의 세

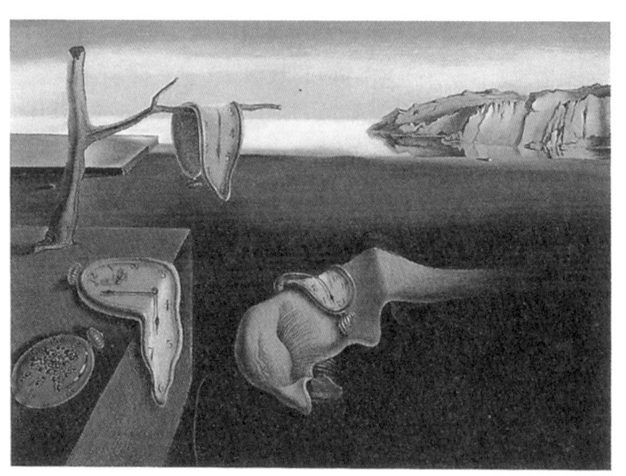

달리, 〈기억의 고집〉, 24×33cm, 1931년, 뉴욕 현대미술관

뒤샹, 〈계단을 내려오는 누드〉, 147.5×89cm, 1911~1912년, 필라델피아미술관

계가 비이성적으로 잠재의식과 결합한 형태로 나타났던 것이지요.

토폴로지의 세계: 직선=곡선

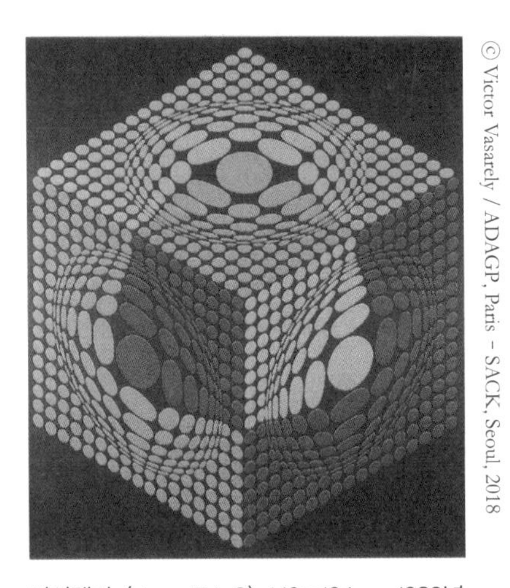

바사렐리, 〈Hexa-Tri-C〉, 149×134cm, 1983년

힐버트는 '어떤 명제라도 그것이 성립하는가를 판정할 수 있는 공리 이론이 있다'고 확신했습니다. 그러나 힐버트의 이론도 한계에 도달합니다. 괴델이 힐버트 이론의 오류를 지적한 것입니다. 이른바 괴델의 **불완전성의 정리**라고 부릅니다. '공리계의 무모순의 증명은 그 공리계의 내부에서는 할 수 없다'는 이야기입니다.

한편 노벨문학상과 노벨평화상을 받은 수학자 러셀(Russell, 1872~1970)은 유명한 **러셀의 패러독스**를 발표합니다. 간단한 집합 하나로 '모든 집합의 집합은 존재할 수 없다'라고 칸토어의 집합론에 도전한 것입니다. 가령 다음과 같은 집합을 생각해봅시다. $S=\{x : x \notin x\}$라고 하면 S는 자기 자신을 원소로 갖지 않는 집합들의 모임이지요. 이때 $S \in S$라고 하면 주어진 집합 S의 조건에 맞게 되어 $S \notin S$이 되고, $S \notin S$라고 하면 $S \in S$가 됩니다. A라고 하면 B가 되고, B라고 하면 A가 되어서 돌고 도는 논리이지요. 이를 **순환 논리**라고 부릅니다. 모순이 드러나는 것입니다. 결론적으로 모든 집합을 모으면 집합이라는 그릇에 담을 수가 없습니다.

미술에서도 역시 패러독스에 바탕을 둔 작품들이 등장합니다. 미국의 브리짓 라일리(Bridget Riley, 1931~)의 작품 〈반듯한 곡선〉[*]은 제목부터 이율배반적이지요. 유클리드적 의미로 반듯한 것은 직선이지 곡선이 아니었습니다. 그러나 토폴로지의 세계에서는 자연스러운 일입니다. 토폴로지의 세계에서는 곡선이 직선이고 직선이 곡선이 되거든요. 매우 단순한 작품인데 직선으로 물결 같은 부드럽고 유연한 흐름을 느끼게 하지요. 헝가리 출신 바사렐리(Victor Vasarely, 1906~1997)의 〈Hexa-Tri-C〉는 직선 대신에 원을 새로운 도구로 사용해 정육면체를 그렸습니다. 정육면체의 2차원 평면에 돌출한 3차원 반구 역시 기존 상식을 무너뜨리고 있지요.

마그리트의 패러독스

초현실주의 화가 마그리트의 작품을 볼까요? 마그리트는 파이프를 그려놓고서 '이것은 파이프가 아닙니다'라고 써놓았습니다. 글을 참이라고 생각하면 그림이 거짓이 되고, 글을 거짓이라고 생각하면 그림이 참이 됩니다. 참이라고 생각하면 거짓이 되고, 거짓이라고 생각하면 참이 되는 순환 논리를 러셀의 패러독스처럼 멋지게 표현한 것입니다. 마그리트는 자만한 인간의 논리적 한계에 경고를 주는 초현실주의 화가랍니다.

그다음 작품은 마그리트의 〈유클리드의 산책〉입니다. 유리창 너머 저 멀리 길 위에 개미만 한 크기의 두 점이 보이세요? 두 사람이 산책을 하는데 너무 멀어서 개미처럼 보입니다. 한 사람은 수학자 유클리드 선생님이고 한 사람은 바

* https://www.diaart.org/collection/collection/riley-bridget-straight-curve-1963-2005-010 참조.

마그리트, 〈이것은 파이프가 아니다〉, 60×81cm,
1929년, 로스앤젤레스 카운티미술관

마그리트, 〈유클리드의 산책〉, 162.5×130cm, 1958년

로 나라고 가정해봅시다. 창문 너머 바라보이는 길에서 내가 지금 유클리드 선생님과 산책을 한다고 가정할 때, 마그리트는 사실은 유리창 밖에서 현재 일어나고 있는 상황이 아니라 캔버스 위의 점이라고 주장하고 있습니다. 즉, 감상자에게 창문과 캔버스를 가지고 공간의 의미를 헷갈리게 만드는 것이지요.

유클리드는 어떤 수학자였지요? '평행하는 직선은 결코 만날 수 없다'는 유클리드기하학의 대가(大家) 아닙니까? 평행선 공준을 주장했던 유클리드를 멀리 지평선의 소실점에서 만나도록 평행선 공준의 모순을 지적하는 마그리트의 번뜩이는 아이디어가 대단하지 않나요?

힐버트 공간과 초현실주의

무한 명의 투숙객이 묵을 수 있는 무한 호텔의 예를 들어서 무한 개념을 쉽고 친숙하게 설명한 20세기 최고의 수학자 힐버트는 마침내 수학의 공간을 무한으로 확장합니다. 무한 공간에 거리의 개념을 제시하고 '힐버트 공간(Hilbert space)'이라 명명했습니다. 무한 공간도 황당한데 거기서 거리를 계산할 수 있다고요? 물론입니다. 무한을 다루는 학문은 수학밖에 없습니다. 그럼 무한 공간의 점은 어떻게 표현할 수 있을까요? 여러분이 잘 알다시피 1차원 공간인 직선의 점은 (x)로 표시하고, 2차원 평면의 점은 순서쌍 (x, y)로, 3차원 공간의 점은 (x, y, z)로 표시하지요. 다 알고 있는 사실이라고요? 물론이죠. 하지만 차근차근 차원을 확장해볼까요? 4차원의 점은 (x, y, z, w)가 되겠죠? 이런 식으로 확장하면 n차원 공간의 점은 $(x_1, x_2, x_3, \cdots x_n)$로 쓰면 되죠. x, y, z를 사용하면 어떻게 n개를 셀 수가 있겠어요? 자, 드디어 무한 차원 공간으로 들어갑니다. 바로 $(x_1, x_2, x_3, \cdots x_n, \cdots)$ 형태가 점을 표시하는 방법이 되었어요. 점을 표시하는 좌표가 아니고 수열 같다고요? 맞아요. 무한 차원 공간의 점은 무한수열로 표시할 수밖에 없어요. 힐버트가 정의한 방법이지요. 그는 이러한 점을 가지고서 거리를 정의했어요. 위상기하학을 기저로 무한히 확장된 공간으로 현실 공간이 아닌 사이버 공간이자 초현실적 공간입니다.

한편, 미술에서는 1924년 브르통(Andre Breton, 1896~1966)을 중심으로 『초현실주의 선언』이 출판되고 '초현실주의 연구소'가 설립됩니다. 초현실주의는 20세기 가장 영향력 있는 미술 운동으로 에른스트(Max Ernst, 1891~1976), 르네 마그리트(René Magritte, 1898~1967), 달리(Slavador Dali, 1904~1989), 에셔(D.C. Escher, 1898~1972)를 중심으로 무의식을 통해 의도적으로 의식을 교란시키고자 합니다. 의식과 무의식은 이미 프로이트와 융에 의해 제시된 개념입니다. 초현실주의자들은 종래 합리와 논리를 추구했던 것에 도전장을 내밀었어요. 즉, 불합리하고 비논리적인 것들과의 소통을 추구했습니다.

위상기하학이 종래의 기하학에서 문제 삼았던 각, 비례, 평행성, 넓이, 체적 등을 문제 삼지 않고 오직 함수의 연속성만 주목하듯이, 미술의 초현실주의 운동도 이와 유사한 맥락으로 이성적인 의식에서 벗어나 불합리와 비논리적인 무의식의 세계를 추구했습니다.

파격적인 초현실주의 작품

초현실주의의 선두 주자 에른스트는 고대 그리스의 기하학자 유클리드의 초상화를 이렇게 묘사했습니다. 얼굴은 피라미드를 닮은 기하학적인 입체로, 옷은 고상하고 품위 있는 벨벳으로, 눈은 지혜의 동물인 올빼미의 눈인데 어둠을 밝히는 노란 빛을 발산하고 있습니다. 코와 입은 고대 그리스의 처마 끝 장식 모양

에른스트, 〈유클리드〉, 65×57.5cm, 1945년, 휴스턴미술관

© René Magritte / ADAGP, Paris - SACK, Seoul, 2018

마그리트, 〈강간〉, 73.3×54.6cm, 1934년, 뉴욕 메트로폴리탄미술관

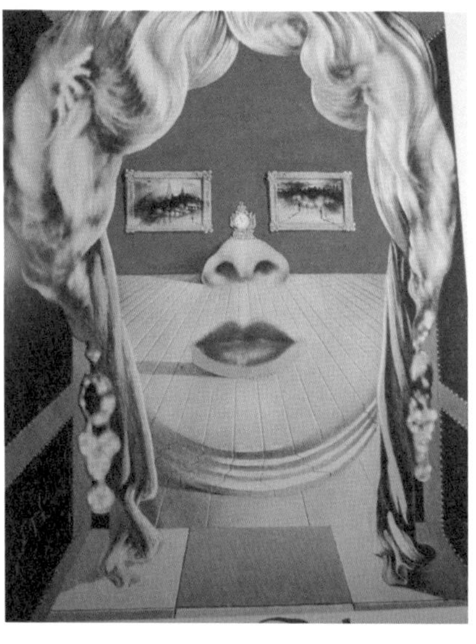

© Salvador Dalí, Fundació Gala-Salvador Dalí, SACK, 2018

달리, 〈아파트에 쓰일 수 있는 메이 웨스트의 얼굴〉, 31×17cm, 1935년, 시카고 아트인스티튜트

이고, 머리에는 하얀 장미꽃 두 송이를 장식했으며, 지(知)를 추구하는 이성적인 인간의 모습을 날카롭게 표현하고 있습니다. 지혜로운 인간을 둘러싼 배경은 직선과 곡선이 교차하는 평면이 서로 오버랩되고 있는 기하학적 공간이지요.

마그리트의 〈강간〉은 현실성이 파괴된 매우 파격적인 작품입니다. 성폭행하는 남성이 피해자 여성을 바라보는 시각을 마그리트는 이렇게 묘사한 것 같습니다. 달리의 〈아파트에 쓰일 수 있는 메이 웨스트의 얼굴〉은 여인의 얼굴을 아파트의 실내장식으로 꾸민 초현실적인 공간입니다. 마그리트가 여성의 얼굴을 성폭행의 대상인 여성의 몸으로 표현했다면, 달리는 입을 소파로, 얼굴을 방의 바닥과 벽으로 분할했고, 눈은 창문으로 장식한 아파트의 실내로 묘사했습니다. 실제로 달리는 이러한 소파와 의자를 상업적으로 제작해 돈을 번 예술가이기도 합니다.

초현실주의 화풍으로 변신한 아테네 학당

초현실주의 화가들의 새로운 면모를 보이는 작품을 소개하겠습니다. 16세기 르네상스의 거장 라파엘로가 그린 〈아테네 학당〉은 앞서 르네상스의 회화에서 자세히 살펴본 그림이지요. 화가 달리는 아테네 학당에 불이 난 위급한 상황을 그림 〈불타는 아테네 학당 1〉처럼 묘사했습니다. "불이야!"라는 소리에 동요하는 인물들 위에 작은 사각형 점을 툭툭 찍었고, 잿빛 연기가 자욱한 학당을 회색으로 처리했지요. 천장에서 날아오는 불덩어리를 형형색색 색종이로 묘사했으며, 인물 위에 찍힌 작은 사각형에 비해 커다란 색종이들은 불의 위험성과 파괴력을 상징하는 것 같습니다. 불이라고 하면 보통 파괴력 있는 시뻘건 색을 연상하지만, 화가 달리는 예쁜 색종이로 고정관념을 깼네요.

〈불타는 아테네 학당 2〉는 물동이를 가지고 와서 불을 끄려고 하는 사람들과

달리, 〈불타는 아테네 학당 1〉, 32.2×43.1cm, 1979~1980년

달리, 〈불타는 아테네 학당 2〉, 32.2×43.1cm, 1979~1980년

노인을 들쳐 업고 피하는 사람, 불을 피하려고 다급하게 천장으로 매달리는 사람들로 뒤엉킨 아비규환의 모습을 묘사하고 있습니다. 〈불타는 아테네 학당 1〉보다 더 극적인 장면을 보여줍니다. 플라톤이 세운 최초의 학교 '아카데미아'는 서구 역사에서 인간 지성의 숭고함을 상징하는 곳인데, 불이 난 극한 상황에서는 무의식적인 본능이 인간의 의식인 지성을 앞서는 모습을 이처럼 처절하게 묘사한 것 같습니다.

수학의 명제와 회화의 패러독스

앞에서 살펴본 마그리트의 〈이것은 파이프가 아니다〉의 이율배반적 명제의 논리를 인지과학자 호프스태더(Hofstadter, 1945~)는 저서 『괴델, 에셔, 바흐: 영원한 황금 노끈』에서 '1단계 이상한 고리'라고 설명하고 있습니다. 그는 논리의 역설을 1단계와 2단계로 분류했어요. 다음 문장을 볼까요?

'다음의 문장은 거짓이다. 앞의 문장은 참이다.'

처음 문장 '다음의 문장은 거짓이다'를 참이라고 가정하면, 두 번째 문장 '앞의 문장은 참이다'는 거짓이어야 되므로 앞의 문장은 거짓이 하고 맙니다. 즉, 참으로 가정했던 처음 문장 '다음의 문장은 거짓이다'가 거짓이 되는 것입니다. 이번에는 처음 문장을 거짓이라고 가정해볼까요? 처음 문장을 거짓이라고 가정하면 두 번째 문장은 참이어야 합니다. 따라서 앞의 문장이 참이 되어야 합니다. 즉, 처음 문장을 거짓이라고 가정하면 참으로 되돌아오고, 참으로 가정하면 거짓이 되는 것입니다. 이러한 순환 논리를 마그리트는 작품 〈거대한 날들〉에서

마그리트, 〈거대한 날들〉,
91×79.2cm, 1930년, 개인 소장

멋지게 표현했어요. 여자의 옷을 강제로 벗기려는 남자와 여자의 몸이 오버랩된 것 같기도 하고, 다른 한편으로는 남자의 성(sex)을 가진 인간이 여성의 성(gender)을 원하는 트렌스젠더(transgender)의 상태를 표현한 것 같기도 합니다. 여성도 아니고 남성도 아닌 이중 부정의 의미를 던지는 것이지요. 트렌스젠더의 개념이 없었던 옛날에는 필자도 이 그림을 보고 미처 성 소수자를 생각하지는 못했을 것 같아요. 그러나 이제 세상이 많이 변했지요. 소수자의 인권을 보장해달라는 의견이 매스컴을 통해 이슈가 되고 있는 세상이니까요.

융(Carl Jung, 1875~1961)은 프로이트가 의식과 무의식으로 분석한 정신(mind, spirit)을 의식, 개인 무의식, 집단 무의식으로 분류한 분석심리학의 창시자입니다. 융은 '개인 무의식'이 일단 개인의 경험에서 비롯되고 소멸하지 않으며 기억 은행과 같은 것으로서 꿈의 형성에 중요한 역할을 한다고 말했습니다. 반면에 '집단 무의식'은 개인의 일생에서 한 번도 의식된 적이 없는 원시적 이미지를 가지는 것이라고 주장했습니다. 그러니까 우리는 한 번도 경험해보지 않은 한국인의 집단 무의식을 이미 가지고 태어난다는 것입니다. 융은 정신의 외면에는 '페르소나'가 있다면, 정신의 내면은 '아니마'와 '아니무스'로 되어 있다고 말합니다. 아니마란 남성이 가지고 있는 무의식적인 여성성을 의미합니다. 아니마는 보통 사내아이가 유아기에 어머니에게 투사하는 성향인데, 성장하면서 이런 여성성은 사라지고 남성답게 변합니다.

아니무스 역시 아니마와 마찬가지로 이해하면 됩니다. 아니무스는 여성이 가지고 있는 무의식적인 남성성을 의미합니다. 여자아이가 유아기에 아버지에게 투사하는 심리 현상으로 필자의 딸도 유아일 때 아빠랑 결혼하고 싶다며 하얀 드레스를 사달라고 조르더니, 드레스를 입고 나서는 언제 결혼식을 하냐고 묻곤 했답니다.

남성의 경우 아니마의 성향이 많으면 여자가 되고 싶은 남성, 즉 트렌스젠더가 되고 싶은 것입니다. 여성의 경우는 아니무스의 성향이 넘치면 남성이 되고 싶은 여성인 것이지요. 필자의 눈에는 요즘 세대를 반영하듯이, 트렌스젠더의 상태를 마그리트가 표현한 것처럼 보입니다.

'2단계 이상한 고리'를 판화가 에셔는 〈그리는 손〉*과 같이 손이 손을 서로 피드백하며 그려주는 것으로 표현하고 있습니다. 미술 평론가 진중권은 에셔가 사유의 논리를 역설적으로 표현했다면 마그리트는 사유의 내용인 그 의미를 깼다고 말합니다. 다시 말하면, 〈유클리드의 산책〉에서 감상했듯이 마그리트는 유리창과 캔버스를 착각하도록 유도하여 우리가 생각하는 내용의 의미를 다시 생각하게 한다는 것입니다. 초현실주의 화가는 아니지만 게르하르트 리히터(Gerhard Richter, 1932~)의 〈간호사 얼굴〉**을 보면 필자는 호프스태더의 2단계 고리를 생각하게 됩니다. 리히터는 사진을 회화로 베끼는 작업을 시도한 것이지요. 사진이란 특별한 양식과 구성 없이 그냥 보이는 대로 보는 것인데, 리히터는 물감이 마르기 전에 표면을 한 번 쓸어줌으로써 윤곽을 흐리게 만드는 수

* https://www.mcescher.com/gallery/back-in-holland/drawing-hands/ 참조.
** https://www.mcescher.com/gallery/back-in-holland/drawing-hands/ 참조.

법을 사용해 마치 빛바랜 사진처럼 회화를 처리한 것이 특이하지요. 그 결과 사진과 회화가 변증법적으로 종합되어 사진이면서 동시에 회화인 상태가 됩니다. 평론가 진중권은 리히터의 작품을 사진과 회화가 상호 부정하여 사진도 아니고 회화도 아닌 상태라고 논평합니다. 필자는 리히터의 화풍을 '2단계 이상한 고리'를 가지는 역설적인 작품 세계로 이해하기 때문에 소개해보았습니다.

황금비와 소실점을 추구하는 초현실주의 미술

초현실주의 화가 달리의 1949년 작품 〈레다 아토미카(Leda Atomica)〉를 봅시다. 스파르타 왕비인 레다는 제우스가 백조의 모습으로 변신해 구애하자 마음이 동

달리, 〈레다 아토미카〉, 61.1×45.3cm, 1949년, 바르셀로나 달리극장박물관

달리, 〈최후의 만찬〉, 267×166.7cm, 1955년, 워싱턴 국립미술관

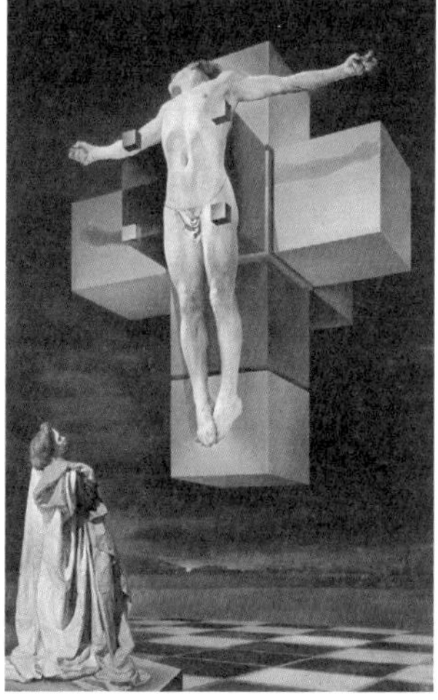

달리, 〈십자가의 처형〉, 194.5×124cm, 1945년, 뉴욕 메트로폴리탄미술관

하여 결국에는 헬렌을 낳았답니다. 달리는 레다를 'intra atomic'이라는 물리학 이론을 차용해 묘사했지요. 그녀는 백조를 만지지도 않고 이상한 계단식 탁자도 밟지 않고 있습니다. 탁자도 땅에 닿지 않고 땅도 바다에 닿지 않고 있지요. 이른바 'nothing touches'의 intra atomic 물리학 이론에 입각해 그린 것입니다. 현대 물리학의 이론에 입각해 그렸음에도 불구하고, 주목할 점은 피타고라스학파의 5각형 별의 구도를 엄격하게 지킨 것입니다.

이뿐만이 아닙니다. 달리의 〈최후의 만찬〉은 초현실주의 범주에 속하지만 다각형 방을 연장하면 그림처럼 화폭 밖에서 소실점이 만납니다. 고대 그리스 이래 서구인이 오늘날까지 추구하는 황금비와 소실점을 보면 유클리드기하학의 정신은 서구의 고유 정신이라는 사실을 재확인할 수 있습니다.

달리는 예수 그리스도가 제자들에게 자신이 당할 참혹한 십자가 처형을 이야기하는 순간 동시에 알몸으로 부활하는 모습을 재현합니다. 즉, 〈최후의 만찬〉

스탠리 스펜서, 〈최후의 만찬〉, 91.5×122cm, 1920, 스탠리 스펜서 갤러리

과 〈십자가 처형〉에서 4차원적으로 3차원적인 한계를 뛰어넘는 시도를 한 것입니다. 달리는 예수 그리스도에게 못질한 못은 3차원의 정육면체로, 십자가는 4차원의 정육면체인 하이퍼큐브(hyper-cube)로 묘사하고 있습니다.

그다음에 나오는 만화 같은 그림은 좀 생뚱맞지요? 영국의 화가 스탠리 스펜서(Stanley Spencer, 1891~1959)의 〈최후의 만찬〉입니다. 열두 제자는 모두 똑같은 옷을 입고, 어린애들처럼 다리를 쭉 뻗고 있으며, 등에는 천사의 날개까지 달려 있습니다. 식탁은 특이하게 'ㄷ' 모양이네요. 소실점이 없다는 것을 강조한 듯합니다. 스펜서는 미국 문화의 경박함을 보여주고자 했던 팝아트 계열의 리히텐슈타인의 만화 영상에 영향을 받았고, 대량생산되는 상품의 이미지를 반복적으로 표현하는 앤디 워홀의 사조를 이어받았다고 평가됩니다.

21세기 〈최후의 만찬〉은 지구의 종말?

현존하는 작가 데미안 허스트의 〈최후의 만찬〉*을 봅시다. 만찬의 식탁은 없고 세계 지도가 나오지요? 허스트는 인도를 예수의 나라, 12개국을 제자의 이름을 가진 나라로 표현했어요. 실제로 미국은 7,018개의 핵을 보유한 국가입니다. 2000년이 되기 직전인 1999년에 13개국이 전 세계의 핵을 모두 보유하고 있어, 이 작품은 지구의 멸망이 최후의 만찬이 될지도 모른다는 핵에 대한 경고성 메시지를 보여주고 있습니다. 오싹하게 소름이 끼치는 작품이지요. 그의 작품 〈For the Love of God〉** 은 희한하게도 고대 유적에서 발굴한 미라의 두개골

* https://arthive.com/artists/63584~Damien_Hirst/works/528945~The_last_supper
** http://damienhirst.com/for-the-love-of-god

에 백금을 입히고 다이아몬드를 8,601개나 박은 작품으로 유명하답니다. 왜 비싼 다이아몬드를 해골에 박았을까요? 그의 철학은 이렇습니다. 죽음을 의미하는 해골에 영원과 사치를 상징하는 다이아몬드를 박아서 시각적 거부감을 없애고자 한 작품이라고 합니다. 듣고 보니 그럴듯하지요?

'이중 초상'의 원리는 시각적 착시

우리나라의 떠오르는 화가 김동유(1965~)의 작품은 2006년 홍콩의 미술 경매에서 한국 생존 작가로는 최고가인 3억 2,000만 원에 낙찰된 것으로 유명합니다. 추정가의 25배가 넘는 가격이었답니다. 그는 이중의 얼굴을 그리는 독특한 화가이죠. '이중 초상'이란, 예를 들면 마오쩌둥의 작은 사진을 컴퓨터 화면의 픽셀처럼 생각하고 마릴린 먼로의 얼굴을 그린 것입니다. 이는 아날로그 회

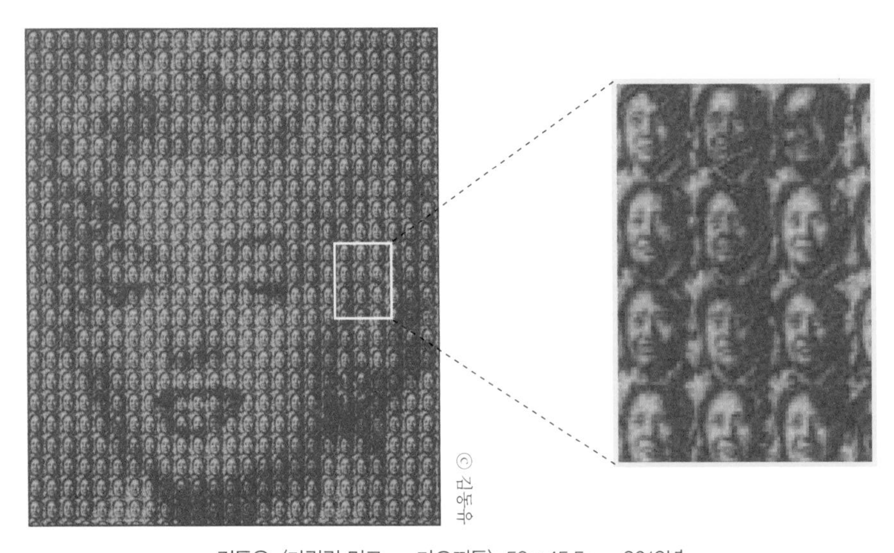

김동유, 〈마릴린 먼로 vs 마오쩌둥〉, 53×45.5cm, 2013년

화로 디지털화를 시도한 것이지요. 그림에 적용되는 원리는 원근법처럼 위치에 따라 달라지는 착시를 이용하는 것이에요. 그의 기법은 작은 픽셀 이미지를 세포처럼 구성해 하나의 전체 이미지를 만들어내는 '픽셀 모자이크 회화'라고도 합니다. 평면에 그려지는 그림을 입체로 만들기 위해 고정된 시점을 파괴한 것으로 거리와 각도에 의해 달리 보이는 인간의 시각적 효과에서 출발한 것입니다. 멀리서 바라보면 섹시의 대명사인 미국의 유명 여배우 마릴린 먼로이지만, 가까이 다가가면 그녀의 모습은 사라지고 중국을 공산주의로 이끈 근엄한 표정의 마오쩌둥이 보입니다.

김동유는 〈마릴린 먼로 vs 마오쩌둥〉 〈김구 vs 이승만〉 〈박정희 vs 김일성〉처럼 상반되거나 상관관계에 있는 역사적 인물과 유명 인물을 대비시킨 팝아트적인 이중 그림으로 유명 화가의 반열에 오릅니다. 가로, 세로 3cm×4cm의 작은 인물 초상들이 작품 크기에 따라 보통 수백 개에서 수천 개가 들어가므로 1m×1.2m 사이즈의 그림 한 점을 완성하기 위해 약 1,000개의 작은 초상화를 일일이 붓으로 그려 넣어야 하는 고된 작업을 해온 것이지요.

서울 한복판에 설치된 초현실적인 공공 조각

대한민국의 수도 서울의 공공 조각으로 주목받고 있는 현존하는 설치 미술가 조나단 보로프스키(Jonathan Borofsky, 1942~)의 작품을 감상해볼까요? 그는 어릴 적 아빠와 함께 읽은 동화책의 기억을 초현실적인 작품 세계의 소재로 활용한 미술가입니다. 광화문 흥국생명 빌딩 앞에 설치된 〈망치질하는 사람〉은 만화와 같은 이미지를 보이는데, 키가 무려 22m, 무게는 50톤에 달하는 거인의 모습입니다. 망치를 든 오른손이 1분 17초에 한 번씩 내리치는 움직이는 조각입니

조나단 보로프스키, 〈망치질하는 사람〉,
높이 22m, 2002년, 서울 흥국생명 빌딩 앞

조나단 보로프스키, 〈하늘을 향해 걷는 사람〉,
높이 30m, 2008년, 서울 귀뚜라미 빌딩 앞

다. 노동의 숭고함과 현대인의 고독을 상징적으로 형상화했다고 하네요. 망치를 든 손은 거칠게 표현되었고 거인의 형상은 검정색 실루엣으로 마치 그림자처럼 보입니다. 망치를 내리치는 오른손은 순간순간 형태가 만들어지는 찰나의 실루엣으로 하나의 작품이 되지만, 동시에 질서정연하게 완성을 향해 나아갑니다. 순간의 실루엣을 함수 $f(x)$라고 하면 $F(x)=\int f(x)$이므로, 필자의 눈에는 미분과 적분의 개념을 형상화한 것처럼 보이는군요. 〈망치질하는 사람〉은 이미 독일의 프랑크푸르트와 베를린, 스위스의 바젤, 미국의 시애틀 등 공공 장소나 빌딩 앞에 설치되었고, 서울의 작품은 일곱 번째라고 합니다.

이번에는 보로프스키의 또 다른 작품 〈하늘을 향해 걷는 사람들〉을 감상합시다. 서울 강서구에 위치한 귀뚜라미 보일러 본사 앞에 설치된 이 작품은 우리 모두의 자화상임을 금세 알 수 있습니다. 75도 기울어진 가파른 스테인리스 스틸 장대 위를 일곱 명의 인물이 걸어 올라갑니다. 남자와 여자, 어른과 아이, 백인과 흑인, 황인까지 실제 크기의 조각입니다. 귀뚜라미 보일러의 창업주 최진민 명예 회장은 젊은이에게 꿈과 희망을 주기 위해 이 작품을 설치했다고 합니다. 일곱 명의 주인공은 가파른 장대를 서커스 하듯 걸어가지 않습니다. 천천히 목표를 향해 걸어가고 있으며, 밑에는 이들을 바라보는 또 다른 세 명의 행인이 조각되어 있지요. 아버지와 아들이 손을 잡고 올려다보고 있고, 모자를 눌러쓴 사람도 있습니다. 실제 행인을 작품 감상에 유인하려는 작가의 의도가 담겨 있습니다. 작가는 어릴 때 읽었던 동화책 〈잭과 콩나무〉의 주인공이 되고자 하는 꿈을 형상화한 것이라고 합니다. 평론가들은 초현실적인 작품이라고 하지만 작품을 바라보는 우리는 매우 현실감이 느껴지는군요.

새로운 기하학의 등장

제1차 세계대전 후 전쟁에서 패한 나라들은 굴욕과 수모에서 벗어나기 위해더욱 강력한 힘을 키워야 한다고 생각합니다. 악이 악을 부른다고, 전후의 좌절을 겪은 지도자 히틀러와 무솔리니는 파시즘의 토양을 만들어나갑니다. 또다시 인간성을 말살시키는 제2차 세계대전이 1939~1945년에 일어났지요. 이때 미국 과학자들이 전쟁을 종결시켰다고 하는데, 컴퓨터와 원자폭탄이 바로 그 비결입니다.

1943년에 만들어진 최초의 진공관 컴퓨터 애니악은 20세기 사회 전반에 혁명을 일으켰지요. 수학에서는 컴퓨터로 실험하는 **프랙탈 기하학**(fractal geometry)이 만들어지고, 미술에서는 **컴퓨터 그래픽**, **비디오 아트**가 선을 보입니다. 프랙탈이란 자기 모습을 닮은 도형이 한없이 계속되는 도형으로, 이론적으로는 무한 반복을 하는 도형인데 실제로는 유한 번밖에 반복할 수 없는 도형이지요. 요즘 초등학교나 중학교의 수학 영재반에서 시어핀스키 삼각형을 많이들 만드는데, 그것이 프랙탈 기하학의 도형입니다. 컴퓨터 화면에 기하 프로그램 GSP(Geometric SkechPad)를 사용해 만들 수도 있고, 또 손으로도 직접 만들 수 있는 도형이지요.

네덜란드 판화가 에셔는 특히 수학의 프랙탈 이론과 테셀레이션을 동시에 드러냈습니다. **테셀레이션**(tessellation)이란 욕실의 타일처럼 똑같은 도형으로 평면을 빈틈없이 채우는 것으로 일명 **타일 붙이기**라고 합니다. 테셀레이션은 현대적인 개념이 아닙니다. 우리 조상들은 절이나 왕궁의 단청과 담장에 테셀레이션 문양을 사용했고, 보자기나 수예품 등에도 테셀레이션 도형을 활용했지요. 본능적으로 인간은 재생과 반복에서 아름다움을 느낀답니다. 에셔는 에스파냐의 알함브라 궁전을 보고서 감동을 받아 평생 테셀레이션 문양으로 다양한 판화 작업을 했지요.

에서의 〈생명의 경로〉*는 두 종류의 물고기가 중심을 향해 한없이 수렴하는 모습을 테셀레이션과 프랙탈 기법으로 구현한 작품입니다. 진한 부분과 연한 부분이 서로 보완하면서 재생과 반복을 통해 **자기닮음(self-similarity)**을 가진 물고기들이 한없이 작아져 한 점으로 수렴하기도 하고, 또 한편으로는 생명이 있는 한 알갱이가 점점 커져서 커다란 물고기로 성장하는 아름다운 형상을 나타내고 있습니다.

그의 작품 세계는 질서 속에서 현실이 긍정되는 동시에 부정되고 있으며, 또 객관화되는 동시에 상대화되고 있습니다. 그의 독특한 이미지는 수학자들이 매우 좋아한답니다.

한국이 낳은 천재 비디오 작가

한국이 낳은 천재 작가 백남준(1932~2006)은 처음에 음악을 공부하기 위해 독일로 가서 존 케이지를 만나고, 1960년대에는 기상천외한 퍼포먼스로 주목받기 시작했습니다. 고국에 와서는 당시에 엄청 비싼 물건인 피아노를 도끼로 때려 부수기도 하고, 좁쌀을 입에 물고서 오선지에 불어버린 뒤에 좁쌀이 붙어 있는 것을 악보 삼아 피아노를 연주한 기인이었지요. 도전적이고 파격적인 실험을 거치면서 백남준은 동양과 서양, 예술과 기술, 질서와 혼돈 사이의 경계를 끊임없이 넘나들면서 양면을 합성했습니다. 21세기의 테크놀로지를 이용한 예술가였지요. 그는 우리나라의 비빔밥 문화가 바로 멀티미디어 시대에 안성맞춤이라고 주장하면서 전자 매체로 제일 덕을 보는 나라는 대한민국이 될 것이라고 예

* https://www.wikiart.org/en/m-c-escher/not_detected_204754 참조.

언(?)했습니다. 그의 말대로 우리나라의 이동 통신 기술은 세계적으로 인정받게 되었고, 인터넷을 통해 시간과 공간의 벽은 점점 허물어져가고 있지요.

백남준은 1984년 1월 1일 아침에 〈굿모닝 오웰〉이란 작품을 선보였습니다. 사실 작품이라기보다는 퍼포먼스였지요. 미국의 뉴욕과 일본의 도쿄에서 동시에 퍼포먼스를 보였는데 우리나라에서도 TV로 시청할 수 있었습니다. 백남준의 퍼포먼스는 20세기 말엽 지구촌에서 시간과 공간의 고정관념이 무너지고 그 경계가 모호해지리라는 것을 미리 보여주었습니다. 조지 오웰의 소설 『1984』를 기념해 제작했지요.

1984년 정월 초하루 아침, 떡국을 먹고 온 가족과 친척이 모인 자리에서 TV를 시청하면서 필자가 받은 신선한 충격과 놀라움은 지금도 생생한 기억으로 남아 있습니다. 백남준은 독일과 미국 등 해외에서 작품 활동을 하면서도 늘 한국적인 정신을 표현하고자 했던 위대한 예술가였습니다.

의자에 표현된 토폴로지

20세기 디자인의 영역에서는 작가들이 별로 의식하지 않은 채 다양하게 토폴로지적인 도형을 만들어내고 있습니다. 밀가루를 반죽해 도톰하고 길게 직사각형으로 만든 뒤에 자연스럽게 구부려놓은 형상의 의자! 어때요? 앉아서 공부하고 싶나요? 아니면 TV를 보고 싶나요? 그것도 아니면 그냥 바라보는 것으로 만족하고 싶나요? 필자는 보는 것만으로 족합니다. 우리나라 아파트의 거실에 놓는다면 어쩐지 격이 안 맞을 것 같아요. 패션쇼에 입고 나오는 모델들의 의상처럼, 실용성보다는 디자인의 혁신을 추구한 작품으로 보입니다. 의자에 대한 고정관념에서 탈피하고 편안함보다는 디자인의 혁명을 시도한 결과이지요. 앞에서도

구부러진 의자

이야기했듯이, 단순화는 추상화이고 토폴로지적인 경향이라고 말할 수 있습니다. 이러한 경향은 비단 미술에서만 나타나는 것은 아닌 듯합니다.

최근에 젊은 여성들 사이에서 유행하고 있는 흐름을 보면 겉옷을 속옷처럼 디자인한 란제리룩이 유행하고 있지요. TV에 등장하는 여성 연예인들의 옷은 필자와 같은 노년의 눈에는 분명히 겉옷이 아닌 속옷이거든요. 요즘은 여름에 속옷이 겉옷처럼 만들어져 바닷가에서 비키니 수영복을 따로 입을 필요 없이 속옷을 입고서 랩 스커트 하나만 두르면 된다고 하네요. 필자는 이 모든 게 토폴로지적인 발상이라고 생각합니다.

성 역할 고정관념에도 토폴로지

『생각의 지도』라는 저서로 유명한 미국의 인지심리학자 니스벳 교수는 이 책에서 동양인과 서양인의 사고방식 차이를 보여줍니다. 니스벳 교수는 동양 문화와 서양 문화를 비교하면서 미래 사회에는 두 문화가 서로 수렴할 것이라고 말합니다. 서양인은 동양의 우수한 점을 닮아가고, 동양인은 서양의 우수한 면을 닮아가므로 두 문화는 서로 수렴할 것이라고 결론을 짓고 있습니다. 이러한 양상은 동양과 서양의 문화뿐만 아니라 여성과 남성의 성 역할 고정관념에서도 나타나고 있습니다.

교육부에서는 2008학년도부터 초·중등 교과서의 내용과 삽화를 수정했습니다. 종래에 우리나라 교과서 삽화에서는, 엄마는 부엌에서 일하는 전업주부의 모습으로, 아빠는 회사에서 일하거나 집에서 신문을 보는 모습으로 나타납니다. 그러나 개정된 교과서에서는 회사에서 일하는 엄마, 집에서 가족과 함께 가사일에 참여하는 아빠의 모습을 볼 수 있습니다. TV에서는 이미 많은 아빠들이 육아 휴직을 하고 아기를 돌본다는 이야기가 자연스레 등장하고 있지요. 새로운 이미지는 앞으로 성 역할에 대한 의식에 많은 영향을 미칠 것으로 기대됩니다. 성 역할 고정관념은 이제 여러 분야에서 변화가 일어나고 있습니다. 여성과 남성의 직업에서, 패션에서, 메이크업에서, 액세서리 영역에서 경계선이 점점 모호해져가고 있지요. 토폴로지적인 반란이 도형에서뿐만 아니라 일상 영역에서 무한히 영향력을 발휘하고 있다고 생각됩니다. 성급한 미래학자들은 신석기시대부터 내려온 부계 사회가 모계 사회로 바뀌는 건 시간문제라고 주장하기도 하지요.

• 제7부 •

동서양의 수학과 미술의 비교

• 제1장 •

동서양의 원근법 차이

수학은 학문의 핵심

제1차 세계대전이 끝난 뒤, 1922년 독일의 역사학자 슈펭글러(O. Spengler, 1880~1936)는 저서 『서구의 몰락』을 발표했습니다. 유럽 지성의 한계를 지적한 책으로 한동안 센세이션을 일으켰지요. 이 책의 제1권 제1장 제목은 「수의 의미에 대하여」랍니다. 역사학자가 수에 대한 이야기로 책을 시작하는 것이 특이하죠? 사실 슈펭글러의 학부 전공은 수학이었답니다. 함부르크에서 수학 교사로 일했지만 나중에 자유롭게 철학과 역사학을 연구하며 명저를 남겼지요. 그는 문명이란 문화가 발전한 것으로 보았는데, 그리스 문화가 문명으로 이행된 시기를 기원전 4세기경으로 생각했습니다. 이 시기는 고대 그리스의 수학인 유클리드기하학이 완성된 때이기도 합니다. 『서구의 몰락』은 서양 문명을 수학의 프리즘으로 관찰하고 비교 분석합니다. 이는 음악, 천문, 산술, 기하를 학문의 기본으로 삼았던 플라톤의 영향을 받은 것입니다. 수학은 학문의 핵심이자 보편 학문이므로 사상과 문화를 비교하기에 가장 적절합니다.

그러면 동양은 어떠했을까요? 동양에서는 무의식적으로 수학을 중요시하면서도 서양과 같은 논리학을 독립시킬 수 없었습니다. 동양인은 서양인과 다른 사유 체계와 문자를 가지고 있었기 때문이지요. 슈펭글러는 유클리드기하학의 주요한 연구는 크기·비례·형태의 관계라고 분석했습니다. 르네상스 회화의 '한 점 투시법'이 시대적으로는 1,000년이 지났지만 유클리드적인 사유 형식에서 벗어나지 않는 고유한 서양 문화임을 주장했어요. 르네상스 정신은 중세 유럽과 달리 시각적 관찰과 실험을 추구하는 정신이라고 이미 앞에서 말했습니다. 르네상스의 시각 시스템으로 비례관계를 보았더니 한 점 투시법은 '거리의 관계'로 바뀐 것뿐이었지요. 르네상스의 투시법은 새로운 기하학의 프리즘으로 연구한 것이 아니라, 고대 그리스의 유클리드기하학의 이론을 좀 더 구체적으로 연구하고 현재적으로 해석한 결과였습니다. E.H. 카(E.H. Carr, 1892~1982)의 말대로 역사란 과거의 사실을 현재의 시각으로 재해석한 것이기 때문이죠. 그 결과 새로운 기하학인 사영기하학을 탄생시켰습니다.

슈펭글러는 서구의 정신을 아폴론적인 그리스·로마 정신과 파우스트적인 정신으로 분류했습니다. 그는 17세기 이후 유럽의 혼인 서구 정신이 19세기에 완성되었다고 파악했어요. 즉, 파우스트적인 정신은 산업혁명 이후 유럽 근대 문화의 정신인 것이지요. 파우스트적인 정신은 먼 지평선에 시선의 초점을 맞추는 극한을 추구하는 정신이고, 현재 속에 정지하고 있는 그리스의 나체 조각상은 아폴론적이라고 설명하고 있습니다. 역학에서 정력학이 아폴론적이라면 갈릴레이의 동력학은 파우스트적이고, 피타고라스의 음계가 아폴론적이라면 음으로 무한 공간을 창출한 바흐의 푸가 양식은 파우스트적이라는 것입니다. 좀 이해가 되나요? 회화에서는 사물의 윤곽을 뚜렷하게 한정시키는 회화가 아폴론적이라면, 빛과 그림자로 공간을 구성한 바로크회화는 파우스트적이라고 설명했습니다.

필자는 르네상스의 '한 점 투시화법'도 서양인이 가지고 있는 특유의 파우스트적인 정신에서 기인한 것이라고 생각합니다. 반면 조선과 중국에는 유클리드 기하학적인 로고스(logos) 정신이 없습니다. 물론 근대적인 무한을 추구하는 파우스트적인 정신도 없고요. 그러므로 서양의 한 점 투시화법이 중국에 전파되었을 때 처음에는 서양 문화에 매료된 청나라 황제와 궁중 화가들에 의해 적극적으로 수용되었으나, 문명의 뿌리인 문화의 혼(정신)이 달랐기 때문에 중국과 조선에 정착하지 못한 것으로 해석됩니다.

그리스의 아폴론적 정신은 그리스 기하학을 완벽한 연역적 체계인 논증기하학으로 발전시켰습니다. 이를 가능케 한 정신적 토대는 플라톤의 이데아 사상과 아리스토텔레스의 논리학이라고 말할 수 있습니다. '완전한 이성의 존재'를 증명하려고 애썼던 그리스인의 정신적 원동력은 육안으로 보이지 않는 '점'에서 출발하여 '선과 면'을 만들어나간 유클리드기하학의 밑바탕이 플라톤의 이데아 사상임을 앞에서 이미 설명했습니다. 왜 그리스인들만 유독 이러한 특유의 정신을 발현할 수 있었을까요? 노예를 부리며 도시민의 삶을 즐기던 폴리스 중심의 사회였기 때문입니다. 그리스의 폴리스는 현재 우리의 중소 도시나 구(區)처럼 작은 단위의 국가였는데, 무려 수백 개가 있었다고 합니다. 수사학과 변증법, 웅변술을 중요하게 여긴 그리스인들은 합리적 사고에 필요한 논리와 증명을 발전시켰습니다.

반면 식민지 개척으로 노예를 손쉽게 얻은 시민들은 자연히 생활에 필요한 실용적인 계산술을 하찮은 것으로 폄하했지요. 자연스레 귀족 계급은 사변적인 철학과 기하학에 가치를 부여하면서 관념적 사색을 즐겼습니다. 그리스 철학의 대표인 플라톤도 기하학을 최고의 지(知)로 여기면서 제왕학(帝王學)으로 부를 정도로 사고 체계는 로고스적이었다고 말할 수 있습니다.

아폴론적 정신이 논증기하학으로

그리스에 아폴론적 정신이 뿌리를 내리는 데 알파벳이 중요한 역할을 했다는 사실을 알아야 합니다. 페니키아의 자음에 그리스의 모음을 조합한 획기적인 알파벳을 창안해 분석적 사고방식을 촉진시킨 그리스인은 최초로 철학과 수학의 학문 체계를 수립할 수 있었습니다. 이와 대조적으로 중국 수학은 토지를 측량하고, 세금을 거두어들이고, 재고 물품을 헤아리고, 부역에 필요한 인구조사를 하는 등 통치에 필요한 현실적인 문제가 중요했습니다. 행정 실무에 필요한 계산술은 굳이 증명의 필요성을 느끼지 못했던 것이지요. 중국 문화의 영향권에 있었던 우리나라도 마찬가지입니다. 합리성과 과학성, 독창성에서 타의 추종을 불허하는 세종 대왕조차 토지를 측량한 목적이 세금을 거두어들이는 것이었답니다. 필자가 어렸을 적, 친정아버지는 술을 한잔 드시고 기분이 좋아져 귀가하시면 늘 '수신제가치국평천하(修身齊家治國平天下)'라는 말씀을 귀에 딱지가 생기도록 되풀이하셨지요. 뜻도 모르고 뇌에 각인된 이 구절은 나중에 알고 보니 고서(古書)인 중국의 『대학(大學)』에 나오는 구절이었어요. '수신제가(修身齊家)'는 먼저 자신의 인격을 닦은 뒤에 집안을 다스리라는 말이고, '치국평천하(治國平天下)'는 정치에 참여해 천하를 태평하게 하라는 말이었습니다. 즉, 모든 학문은 정치를 위해 존재하는 도구로 여기는 것이 중국의 철학이었습니다.

한국을 포함해 동양 수학은 원리를 탐구하고 방법론을 발전시켰습니다. 하지만 유클리드적인 논증이 아니라, 중국의 수학책 『구장산술(九章算術)』의 형식처럼 여러 유형의 문제에서 풀이의 패턴을 인식시켰습니다. 중국 제자백가 가운데 묵자(墨子, B.C. 480~B.C. 390)의 논리 사상은 그리스 엘레아학파의 궤변 같은 명가(名家)의 논쟁으로 논리학을 발전시킨 것도 사실입니다. 하지만 정치, 윤리 등 실천 학문에 최고 가치를 둔 중국의 정신 풍토는 논리만을 추출하여 체계화하는 그리스적인 지적 풍토를 형성시키지는 못했습니다. 조선의 경우, 수학을 연구하는 산학자(지금의 수학자)는 정치에 진입할 수 없었어요. 산학자가 속한 중인 계층은 현실적으로 문과에 응시하기가 어려웠으니까요. 아테네의 청년들이 정치 활동을 위한 웅변술에 필요한 수사학과 변증법, 기하학을 연마한 것과는 매우 대조적이었습니다.

문자는 사유 형식의 핵심

문자는 그것을 사용하는 민족의 정서와 사유 형식의 핵심을 담고 있습니다. 그리스와 중국의 문자를 비교해보겠습니다. 알파벳을 창안한 그리스인이 추상적 사고를 촉진해 기하학적인 논리 정신을 발전시켰다면, 뜻글자인 한자를 창안한 중국인은 사유 형식이 서양과 같을 수 없습니다. 편리하게 26개의 알파벳으로 수많은 개념을 설명할 수 있는 그리스인의 추상적 사고는 귀류법, 연역법, 삼단논법과 같은 형식논리를 발달시킬 수 있었으나, 수많은 개념이 각각의 뜻과 의미를 지닌 중국인의 한자는 숙명적으로 그리스적인 형식논리를 발전시킬 수 없었습니다. 예를 들어봅시다. '田'은 농산물을 재배하는 '밭'이란 뜻인데 '田' 밑에 '力(힘 력)'을 붙이면 남자를 의미하는 '男'이 됩니다. 또 '田' 위에 '水(물 수)'을 붙이면 쌀을 생산할 수 있는 '畓(논 답)'이 되지요. 이는 한자의 구조가 대등한 뜻을 가진 글자를 조합하는 방법에 따라 다른 의미를 가지는 속성이 있다는 것을 의미합니다.

수학에 대한 동양인과 서양인의 사유 형식의 차이는 기하학과 미술 화풍에 그대로 반영됩니다. 화법의 변화는 곧 공간관의 변화이자 기하학의 변화를 의미하기 때문이지요. 서양에서는 13세기부터 치마부에와 조토가 평면적이고 부자연스러운 중세 화풍에서 벗어나 자연스러운 옷 주름과 생동감 있는 동작을 묘사하기 시작했습니다. 뒤이어 두초가 소실점을 도입했고, 기를란다요, 디르크 바우츠, 레오나르도 다빈치, 푸생, 초현실주의 화가 달리에 이르기까지 지속적으로 서양의 화가들은 소실점을 연구하면서 '한 점 투시화법'을 추구합니다. 앞에서 〈최후의 만찬〉이라는 제목을 가진 여러 작품으로 살펴보았습니다. 서양의 투시법은 16세기부터 20세기 초 야수파, 입체파가 등장할 때까지 미술사의 패러다임으로 굳건하게 자리매김한 화풍입니다.

17세기, 서양의 투시화법은 예수회 선교사에 의해 중국에 소개됩니다. 소수 민족인 만주족이 세운 청나라는 중앙 집권적인 안정을 꾀하면서 동시에 중화의 지배자임을 과시하기 위해 회화를 통치의 주요 방편으로 삼습니다. 황제는 사실적인 묘사에 매료되어 서양의 투시화법을 적극적으로 수용했고, 예수회 선교사들은 크리스트교를 전파하기 위해 적극적으로 가르쳤으며, 궁정 화가들은 황실의 보호 아래 150년간 꾸준히 연구하고 회화에 적용했습니다. 민간 화단에서도 중국 전통 회화보다 서양화법을 도입했으며, 조선도 적극적으로 수용했습니다. 그러나 선교사들이 추방되자 서양화법도 금세 사라지고 맙니다. 그 이유는 무엇일까요? 18세기 중엽, 조선에서는 선구자 강세황을 중심으로 투시법의 화풍이 퍼지기 시작합니다. 그러나 조선 시대 최고의 화가로 불리는 김홍도는 강세황의 제자이지만 스승의 화법을 발전시키지 않고 다시 남종화의 화풍으로 되돌아가고 맙니다.

중국의 독특한 투시법

르네상스 화가들에 의해 발아한 '한 점 투시화법'에 따르면, 균질한 유클리드 공간 안에 거리에 따른 화면의 크기는 수학적 비례로 정확하게 들어맞습니다. 이는 시점을 하나로 고정한 다음 빛이 한 점에서 출발하여 멀리 직선으로 퍼져 나간다는 사고방식에서 기인합니다. 한편, 중국의 전통적 투시법으로는 다점 투시법(multi-point perspective)과 평행 투시법(parallel perspective)이 있습니다. 중국 둔황에 있는 8세기 전반 벽화 〈아미타변상도〉는 시점이 상하좌우로 이동하고 여러 개의 소실점이 화면의 중심축에 설치된 가상의 직선을 통과하도록 되어 있는 다점 투시법으로 그려졌습니다. 소실점이 여러 개인 점은 앞에서 감상한 두초의 〈최후의 만찬〉과 다르지 않지요. 소실점의 도입은 동양이 서양보다 500년 이상 앞섰다는 사실을 알 수 있습니다. 그러나 중국의 투시법은 기하학에서 발전한 것이 아닙니다.

17세기 말, 중국의 회화 지침서인 『개자원화전』의 〈회랑곡람궁식〉을 보면 건물의 지붕, 기둥, 벽면, 바닥의 선들이 모두 평행으로 그려졌습니다. 서양의 투시법 원리에서 바라보면 전혀 과학적이지 않습니다. 그러나 건물을 약간 위에서 내려다보는 독특한 이 투시법은 공간의 내부가 보이므로 공간을 표현하는데 효과적인 면도 있습니다. 이러한 평행 투시법은 빛이 무한히 먼 지점에서 출발해 무한히 먼 곳으로 간다는 중국인의 사유 형식에서 기인합니다. 이러한 동서양의 시점 차이는 어디에서 온 것일까요?

빛에 대한 관념은 동양과 서양이 서로 독립적입니다. 르네상스 이후 서양에서는 개인의 자율성을 존중하는 인본주의가 등장하면서, 사물을 바라보는 시점도 바로 나 자신의 눈이었습니다. 서양인은 빛의 근원을 불변하는 절대적인 존재로 인식했고, 관찰자의 시점 또한 움직일 수 없는 절대적인 위치로 생각했습니다. 기하학의 정신이 사라졌던 서양의 중세 회화는 화가의 시점이 고정되어 있지 않은 평면적인 회화였지만, 유클리드기하학의 연구가 부활하는 르네상스 시대에는 그림의 시점이 고정되기 시작했고, 감상자의 시선 역시 고정될 수밖

작자 미상, 〈아미타변상도〉, 8세기 전반, 중국 둔황 제217굴

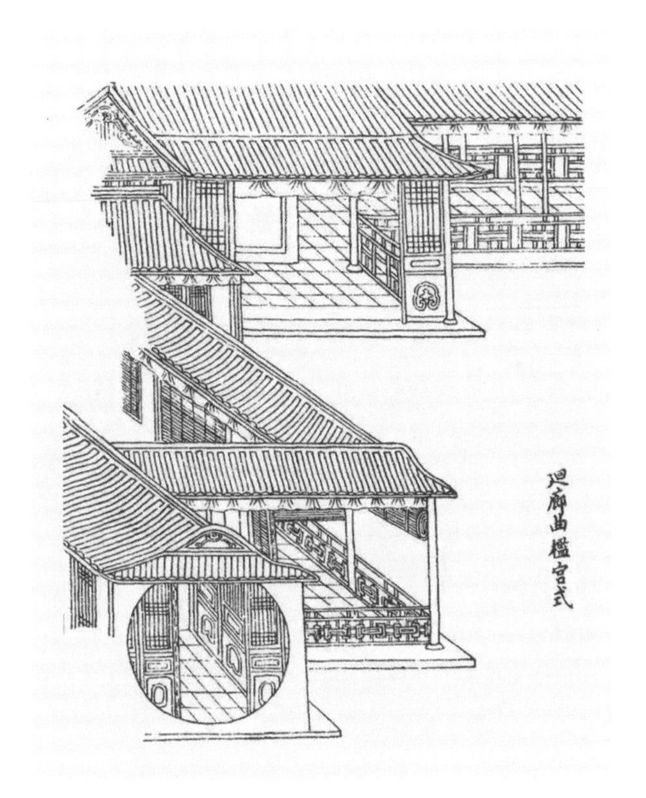

작자 미상, 〈회랑곡람궁식〉, 17세기 말, 『개자원화전』의 「인물옥우보」에 수록

에 없었습니다. 플라톤 철학의 이데아적 관념에 영향을 받은 것입니다.

그러면 동양화에 나타난 동양인의 사유 형식은 어떨까요? 한국, 중국, 일본 등 동양에서는 병풍과 족자에 그림을 그렸습니다. 병풍은 여러 겹으로 포개거나 펼칠 수 있어요. 따라서 서양의 벽화와 다르게 공간 이동이 가능하지요. 또 족자는 돌돌 말면 휴대와 운반과 이동이 편리하고 전시할 공간을 자유자재로 변형시킬 수 있다는 장점이 있지요. 필자는 이러한 서양과 동양의 문화적 차이가 투시법에도 영향을 주었다고 생각합니다. 즉, 동양의 빛은 절대적으로 불변하는 존재가 아니며, 회가의 시선과 감상자의 위치도 유동적이므로 결코 절대적인 것이 아닙니다. 이 세계는 모순이 있다고 이해하는 중국인의 상대주의적인 철학이 그 밑바탕을 이루었다고 말할 수 있지요. '田(밭)'이 '力(힘)'과 만났더니 '男(사내)'이 되었고, '水(물)'를 만났더니 '畓(논)'이 되듯이, 〈회랑곡람궁식〉은 대등한 것을 나열함으로써 중국인 특유의 원근을 표현하는 '평행투시법'이 적용되었다고 볼 수 있습니다.

중국 고유의 삼원법(三遠法)

중국 회화의 완숙기였던 11세기에 북송의 곽희(郭熙, 1023?~1085?)가 거리감을 표현하는 독특한 표현법으로 삼원법(三遠法)을 창안했습니다. '원근'을 표현하는 서양식 화법이 이미 중국에서 유사한 수법으로 이용되고 있었던 것입니다. 송대의 미술가들은 표면적으로 보이는 광대한 자연도 '질서와 통일성을 가지고 운행한다(天行道)'는 송대 유학의 우주관을 가지고 매우 웅장하게 표현합니다. 기하학이 없던 중국 화법의 운명이었지요. 삼원법이란 고원법, 심원법, 평원법을 가리킵니다. 고원법(高遠法)은 산을 올려다보는 데서 생기는 공간의 높이를,

심원법(深遠法)은 산의 골짜기를 내려다볼 때 생기는 공간의 깊이를, 평원법(平遠法)은 산을 멀리서 바라보는 데서 생기는 공간의 넓이를 각각 표현하는 화법입니다. 세 가지 범주로 나뉜 이 특유의 원근법은 중국인이 사물을 직관적으로 바라본 것으로, 기하학적이거나 분석적인 시각이 아닙니다. 중국의 화풍은 조선에 그대로 전해집니다.

김홍도의 〈옥순봉〉은 단양팔경 중 하나인 옥순봉의 높은 절벽을 강조하면서 고원법으로 처리했고, 심사정의 〈파교심매도〉는 매화를 보기 위해 하인을 데리고 깊은 골짜기를 지나가는 장면을 심원법으로 그렸습니다. 최북의 〈표훈사〉는 금강산의 사찰 표훈사를 평원법으로 그린 작품입니다. 1만 2,000개의 봉우리로 된 금강산이지만 비행기에서 내려다보듯이 넓이가 느껴지는 평원법으로 처리했지요. 중국의 영향을 받은 조선에도 동양 고유의 화풍이 있었지만, 18세기에는 예수회 선교사들이 청나라에 전한 서양 투시법을 수용합니다.

김홍도, 〈옥순봉〉, 31.6×26.7cm, 1796년, 호암미술관

심사정, 〈파교심매도〉, 115×50.5cm, 1766년, 국립중앙박물관

최북, 〈표훈사〉, 38.5×57.3cm, 18세기 중반, 개인 소장

중국에 전파된 서양의 투시화법

중국은 명대 말, 강남 지역의 직물 수공업이 발달하여 자본주의의 기초를 이룹니다. 특히 수공업 도시로 경제가 성장한 쑤저우(蘇州)는 신흥 시민 계층이 형성되고 지식인의 활동이 활발해지면서 근대사회의 서막을 준비합니다. 상품을 팔아 이윤을 추구하게 되자 관념적으로 사고하던 중국인들이 현실적으로 변하기 시작합니다. 현실 감각을 일깨우는 가장 민감한 물건은 역시 돈입니다. 중세 말 상공업 발달로 돈이 풍부해진 베네치아와 피렌체를 중심으로 르네상스 운동이 일어나면서 근대적인 자아 개념을 형성했듯이, 중국인 역시 '나'라는 존재를 발견하는 자아의식이 싹트게 됩니다. 이러한 현실적 자아의식을 갖게 된 중국인은 서양의 사실주의 회화가 들어왔을 때 경이로움을 느끼며 적극적으로 수용합니다.

17세기, 이탈리아의 예수회 선교사 마테오 리치(Matteo Ricci, 1552~1610)는 크리스트교를 전파하기 위해 서양의 과학 서적과 그림을 가지고 청나라에 들어갔습니다. 청나라의 황제 만력제(萬曆帝, 재위 1572~1620)는 사실적으로 그려진 성화를 보고 매료되었지요. 거대한 한족을 지배하게 된 소수민족인 만주족의 황제는 중앙 집권제로 탄탄한 권력을 유지하고 중화(中華)의 지배자임을 과시하기 위해 회화를 적극 활용합니다. 국민을 계도하는 데 필요한 각종 기록화를 제작하는 일에 비상한 관심을 쏟았지요. 마테오 리치는 선교사였지만 철저하게 수학을 공부한 수학자이기도 했습니다. 중국의 크리스트교 선교의 목표를 엘리트층으로 설정했으므로 중국과 다른 서양 학문의 논리적 우수성을 입증하기 위해 수학을 연구했지요. 서광계와 공동으로 유클리드의 『원론』을 번역해 『기하원본』을 편찬하기도 했는데, 그 효과가 상당했다고 합니다.

이처럼 크리스트교 선교를 위해 수학을 도구로 삼은 것은 서양인의 사고가

로고스적이었음을 시사합니다. 로고스(logos)란 '말' 또는 '논리'라는 뜻의 단어인데, 크리스트교에서는 '하나님의 말씀'을 의미합니다. 서기 1세기, 그리스인에게 예수의 행적을 증언하기 위해, 제자 요한이 저술한 「요한복음」 1장 1절은 '태초에 말씀이 계시니라'로 시작합니다. 『영어 성경』에는 'In the beginning was the Word'인데 그리스어 원전에는 '말씀'인 'the Word'가 'logos'로 표현되어 있습니다. 논리적인 그리스인의 의식 세계를 엿볼 수 있지요?

황제의 관심과 배려 가운데 청나라 궁정 화가들은 이탈리아 화가이자 선교사였던 낭세녕(Castilione의 중국 이름, 1688~1766)에게 배운 서양의 투시법과 음영법을 중국 전통 회화에 가미하기 시작합니다. 천주교 신부 조반니 게라디니(Giovanni Gherardini, 1778~1861)는 베이징 천주당의 벽화와 천장화를 의뢰받아 그렸고, 서양의 투시화법에 매료된 강희제는 그에게 자신과 두 후궁의 초상화를 그려주길 요청하며 친밀하게 지냈다고 합니다. 황제가 선교사들이 활발하게 활동할 수 있도록 지원한 덕분에 게라디니는 바로크 화가 안드레아 포초(Andrea Pozzo, 1642~1709)의 저서 『투시법』을 번역해 『시학(視學)』으로 출판하기도 했습니다.

강희제 때 수석 화가였던 냉매(冷枚, ?~?)는 특히 인물과 건축물 묘사에 두각을 나타낸 화가였습니다. 그의 〈춘야연도리원도〉는 복숭아꽃과 배꽃이 핀 봄날 저녁, 정원에서 잔치를 하는 모습을 묘사한 그림으로, 전통적인 중국의 삼원법에서 벗어나 서양의 화법을 도입한 것으로 보입니다. 청대 황제들의 관심 속에 서양 투시법은 150년간이나 궁정화가를 통해 적극적으로 수용되어 궁중 회화에 영향을 미쳤습니다. 그럼에도 중국 회화 전반에는 별로 영향을 주지 못합니다. 그렇다면 동양에서 서양의 투시법이 더 이상 발달하지 못한 이유는 무엇일까요?

1759년 예수회 선교사가 추방당하자 서양 투시법은 중국 회화에서 서서히 사라져갔습니다. 중국과 한국에 서양 투시법이 본격적으로 나타나게 된 것은

냉매, 〈춘야연도리원도〉, 18세기 전반, 188.4×95.6cm, 대만 고궁박물원

20세기 초 문화 전반에 서구 과학 문명을 받아들인 시기부터였습니다. 필자는 그 원인을 기하학의 차이라고 해석합니다. 서구인의 유클리드기하에서 사영기하까지의 공간관은 로고스적인 공통점이 있었고, 화법과 상호 긴밀한 영향을 주고받았습니다.

유럽에서 르네상스 운동이 시작되자 1,000년간 잊고 있었던 유클리드의 기하학 『원론』이 다시 연구되면서 유클리드 기하학의 정신이 부활했습니다. 하지만 중국은 150년간이나 서양 회화 교육을 받았지만 동양 기하학에 유클리드적인 로고스 정신이 결여되어 있었기 때문에, 선교사가 추방되자 서양 투시법도 금세 사라진 것으로 보입니다. 투시법이라는 서양 문화를 적극적으로 수용은 했으나 중국 문화 속에 용해되지는 못한 것이지요. 이 사실은 전파된 문화가 타민족에게 쉽게 수용되더라도 수용한 민족의 문명까지는 바꿀 수 없다고 주장한 토인비의 이론으로도 설명됩니다. 결국 동서양의 기하학 차이는 동양인과 서양인의 민족 원형의 차이에서 비롯되었다는 사실을 알 수 있습니다.

조선에 상륙한 서양의 투시법

한국에서는 고구려 소수림왕 때부터 세금을 거두어들이고 토지를 측량하기 위해 수학을 전담하는 부서가 따로 있었고, 통일신라 시대에는 석굴암이나 불국사 같은 건축물이 건축될 정도로 입체기하에 대한 지식이 발달했습니다. 그러나 우리의 전통적 기하학에는 서양과 같은 증명 정신과 논리적인 연구 방법이 없었습니다. 심지어 과학기술을 크게 발전시킨 세종의 통치 기간에도 세금을 부과하는 데 정확한 계산이 아닌 어림셈으로 충분했다고 합니다.

15세기 조선은 학문과 기예를 겸비한 사대부의 관심으로 미술이 비약적으로 발전합니다. 시와 서에, 그림을 삼절(三絶)이라 하며 주요 교양으로 여긴 사대부 문화 때문이었지요. 당시 미술에 영향을 준 시대정신은 사실주의였으나 사대부들은 사물의 단순한 외형 묘사에 만족할 수 없었습니다. 이들은 기(氣)의 변화에 의한 물질세계보다는 천지 만물의 원리를 헤아리는 것, 즉 사의(寫意)의 표현에 관심을 가졌습니다. 그림의 본질은 형태의 겉모습을 그대로 옮기는 것이 아니라 형태의 내면에 있는 정신, 즉 혼을 표현하는 일이라고 생각했습니다. 내면적인 원리인 이(理)를 중요시하는 성리학의 영향으로 이런 생각을 가졌습니다. 또 붓으로 먹물을 화선지에 칠하자마자 즉시 스며드는 수묵화의 특성 때문이기도 했지요. 이처럼 사대부 문인화가들이 내면세계를 표현하려고 했다면, 궁중의 도화서를 중심으로 전문 직업 화가들은 직업의 특성상 그림을 사실적으로 그릴 수밖에 없었습니다.

18세기가 도래하자 드디어 조선에도 이기지(李器之, 1690~1722)와 홍대용(洪大容, 1731~1783)이 서양의 투시화법을 도입합니다. 1636년에 베이징에서 아담 샬(Adam Schall, 1591~1666)로부터 천주상을 받은 영조의 아들 소현세자가 조선으로 귀국했습니다. 소현세자는 청나라가 조선을 침략한 뒤 인질로 잡아간 왕세자이지요. 그는 서양 문물을 접하면서 혁신적인 사고를 가지고 귀국합니다. 이를 위험하게 생각하는 대신들과, 애증 관계였던 영조에 의해 소현세자는 귀국한 지 3개월 만에 원인도 모르게 사망합니다. 1720년 이기지는 조선의 사신으로 중국을 방문하는 아버지 이이명을 따라 베이징의 천주당을 보고 감동을 받아 귀국 후에 『서양화기』를 기록합니다. 이기지는 천주당의 장면을 다음과 같이 묘사합니다.

> 천주당에 들어가 얼굴을 언뜻 보니, 벽에 커다란 감실이 있고 그 안에 구름이 가득하고 구름 속에 대여섯 사람이 서 있어 아른하고 황홀한 것이 신선과 귀신이 환상

으로 변한 것인 줄 알았으나 자세히 본즉 벽에 붙인 그림이었다. 사람의 공이 여기까지 이르렀다고는 말할 수 없었다. ……새나 짐승, 벌레나 물고기는 모두 살아 있는 것과 똑같으며 나비나 벌 따위의 아무리 미세한 것일지라도 모두 수십 종을 종류와 형태, 색채를 모두 구분하여 그렸고……

1765년 홍대용은 베이징을 방문해 천주당을 견학한 뒤에 독일인 할레르슈타인(Hallerstein), 고가이슬(Gogeisl)과 대담했고, 귀국 후에는 서양화의 특징을 다음과 같이 묘사했습니다.

누각과 인물은 모두 훌륭한 채색을 써서 만들었는데 누각은 중간이 비었으며 뾰족하고 움푹함이 서로 알맞았고 인물은 살아 있는 것처럼 둥둥 떠서 움직이고 있었다. 더욱이 원근법에 조예가 깊었는데 냇물과 골짜기의 나타나고 숨은 것이라든지…… 대개 들으니 서양 그림의 묘리는 교묘한 생각이 출중할 뿐 아니라 재할(截割) 비례의 법이 있는데, 오로지 산술에서 나왔다고 했다.

영·정조 시대, 문화가 융성하다

18세기에 서양의 투시법은 중국을 통해 조선에 유입되었습니다. 그럼 먼저 우리 고유의 화풍 진경산수화(眞景山水畵)를 개척한 겸재 정선(鄭敾, 1676~1759)의 작품을 감상합시다. 정선이 금강산을 두 번 다녀온 뒤 1734년에 1만 2,000봉의 금강산을 장대하게 담아낸 〈금강전도〉는 종래의 수법과 차이를 보입니다. 기존에는 조선이나 중국의 산수화에서 하늘은 막연한 공간으로 인식하여 항상 색을 칠하지 않았는데, 〈금강전도〉는 서양화처럼 하늘을 구체적인 공간으로 인식하여 채색을 한 것이 특징입니다. 여기서도 동양인과 서양인의 사유 형식의 차이를 알 수 있습니다. 동양인은 빛의 출발점에도 관심이 없고 빛을 막연히 멀리 가는 것으로 인식해 하늘을 묘사할 때 색을 칠하지 않았습니다.

반면, 극한을 추구하는 서양인은 파우스트적 사고에 의해 유한한 공간과 무한한 공간이 구별되도록 하늘에 색을 칠했다고 생각되는군요. 정선은 활동 시기로 보아 서양화법의 영향을 받았을 것으로 추정됩니다. 이 그림은 마치 드론이 촬영한 것처럼 보입니다. 또한 중국의 산천이 아닌 우리나라의 산천을 사실 그대로 그린 것은 우리 문화에 대한 자부심의 발로였다고 평가됩니다. 영·정조 시대에는 문화가 융성하고 경제적으로 여유로워 사대부들의 금강산 여행이 유행했다고 합니다.

정선의 〈박연폭포〉를 보면 높은 기암절벽에서 콸콸콸 떨어지는 물소리가 들리는 것 같지요? 개성에 있는 박연폭포인데 실제 모습과는 매우 다릅니다. 폭포를 무척 과장되게 묘사했는데 평론가들은 이 작품을 '보는 그림이 아니라 듣는 그림'이라고 말을 하지요. 정선은 폭포의 물소리를 강조하려고 폭포의 길이를 과장했습니다.

김홍도의 스승인 강세황(姜世晃, 1713~1791)은 산수화에 서양화법을 응용했습니다. 1757년 강세황이 개성을 다녀온 뒤 직접 관찰해 매우 사실적으로 묘사한 〈영통동구〉는 종래 조선 화풍과 다른 독특함을 자아내고 있습니다. 수풀이 우거지지 않은 산봉우리는 밋밋하고, 바윗덩어리들은 때굴때굴 굴러서 그림 밖으로 떨어질 것만 같습니다. 투시법이 도입되었을 뿐만 아니라, 서양의 추상화 기법까지 느껴지는 작품입니다. 18세기 중엽의 그림치고는 매우 선구적인 그림으로 평가됩니다.

화가 강희언(姜熙彦, 1710~1784)의 〈북궐조무도〉는 광화문의 대로를 투시법을 도입해 비교적 정확하게 그렸습니다. 조선 시대 최고의 궁정화가 김홍도(金弘道,

정선, 〈금강전도〉, 130.6×94.1cm,
1734년, 호암미술관

정선, 〈박연폭포〉, 119.4×51.9cm,
1750년경, 개인 소장

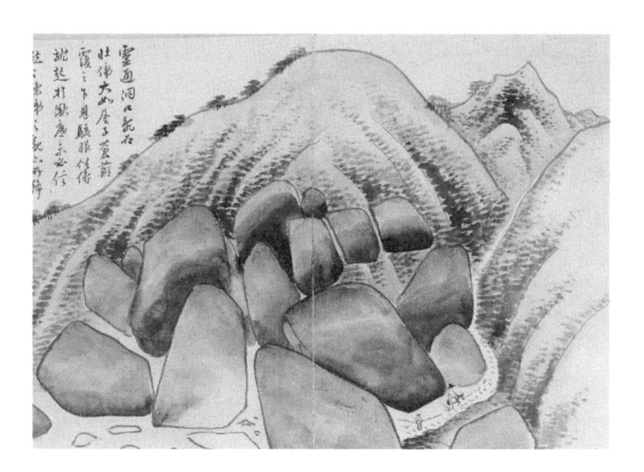

강세황, 〈영통동구도〉, 32.8×53.4cm, 1757년, 국립중앙박물관

강희언, 〈북궐조무도〉, 26.5×21.5cm, 18세기 후반, 개인 소장

1745~1806)도 어린 시절 스승 강세황의 영향을 받았으나, 말년의 작품 〈총석정도〉를 보면 서양화 기법은 사라지고 남종화 기법으로 되돌아가고 맙니다.

한편, 왕궁의 중요한 행사를 기록하는 기록화는 서양의 투시법이 부분적으로만 적용될 뿐 여전히 평행 투시법으로 그려졌습니다. 1760년에 김홍도가 그린 작품으로 추정되는 〈연행도〉의 제7폭인 '조양문'을 보면 치성(雉城: 성 위에 낮게 쌓은 담)과 아치형 옹성(甕城: 성문을 보호하고자 바깥쪽에 반원형으로 쌓은 성)의 내부에는 명암을 주었으나 대로와 집들은 평행 투시법으로 표현했습니다. 행렬을 파노라마식으로 전개하려면 평행 투시법이 편리했기 때문이지요. 직관적인 원근 표현을 좋아하는 심성이 그대로 남아 있는 것입니다. 이렇게 서양의 한 점 투시법은 정착하지 못하다가 중국에 국비 유학생으로 파견된 이들이 서양식 제도법을 배우고 돌아와서야 비로소 정착합니다. 1902년 〈어첩봉안도〉를 보면 임금의 의자인 어좌를 중심으로 소실점을 의식한 듯이 그렸지만, 소실점은 그림 바깥에 있고 아직 인물들의 크기가 수학적 비례에 맞지 않습니다.

왜 조선과 중국에서는 서양의 투시법이 자리매김하지 못했을까요? 미술사학자 이성미 교수는 서양화법이 조선에서 근본적으로 회화관을 바꿀 만한 원동력이 되지 못한 이유를 두 가지로 봅니다. 첫째는 유구한 역사를 가진 회화의 전통에서 쉽게 이탈할 수 없었기 때문이고, 둘째는 실학이 대두되었을 때 자아의식과 현실감이 증폭되어 서양화의 사실적 표현법을 쉽게 수용했지만 한편으로는 실학이 가진 양면성 때문이라고 분석했습니다. 다시 말하면 겉에 보이는 외형을 묘사하는 것도 중요하지만, 기(氣)에 의한 만물의 원리를 표현하는 것이 더 중요하다고 생각했기 때문입니다.

중국을 통해 새로운 사조를 받아들여 서양의 투시법을 수용했으나, 다른 한편으로는 자신들의 고유 화법에서 좀 더 진실한 표현 방법, 즉 사의(寫意)를 찾으려는 방향으로 되돌아간 것이라고 해석한 것입니다. 이에 첨언하여 필자는

김홍도, 〈총석정도〉, 27.3×23.2cm, 1795년, 개인 소장

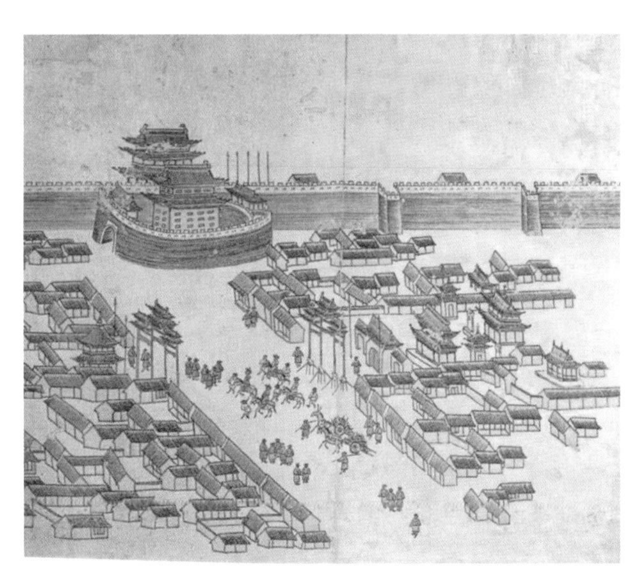

김홍도 추정, 〈연행도 중 '조양문'〉, 34.4×44.7cm, 1760년, 숭실대 한국기독교박물관

작자 미상, 〈어첩봉안도〉, 162.3×59.8cm, 1902년, 국립고궁박물관

동양의 정신에는 서양의 유클리드적인 로고스 정신과 파우스트적인 정신이 부재했기 때문이라고 해석합니다.

'美의 수학과 수학의 美는 이미 나눌 수 없다'고 주장하는 슈펭글러는, 르네상스 회화의 엄밀한 예술은 수학이며 파우스트적인 예술과 아폴론적인 예술이 완전히 나타난 것이라고 주장합니다. 이를 입증하는 사례들이 여럿 있지요. '독일 르네상스 회화의 완성자'로 평가받는 화가 뒤러는 투시법을 수학적으로 엄밀하게 연구한 것으로 유명합니다. 그는 『컴퍼스와 자를 사용한 측정 방법』과 『인체 비례론』을 저술했는데, 컴퍼스와 눈금 없는 자로는 정확한 작도가 불가능한 정7각형을 눈금 있는 자를 사용해 근사 작도법을 창안한 것입니다. 뿐만 아니라 정9각형, 정11각형 등 16가지 정다각형의 작도법을 젊은 예술가와 수공업자를 위해 임종하기 전에 기술할 정도로 열정을 가졌지요. 그는 '모든 회화의 기초는 기하학'이라는 신념을 가진 예술가이자 수학자였답니다. 또한 데자르그(Desargue, 1593~1662)는 투시법 연구를 시작으로 사영기하학의 이론 체계를 정립했으며, 몽주(Monge, 1746~1818)는 건축에 필요한 화법기하학(Descriptive Geometry)을 발전시켰지요.

중국 수학에는 유클리드적인 공간관, 특히 비례와 서양 투시법의 관계가 무시되어 있었습니다. 사영기하와 투시법에 관한 연구도 없었고, 기하와 화법의 관계에도 소극적이었습니다. 그러므로 예수회 선교사에 의해 소개된 투시법이 일시적으로만 적용되고 나중에 소멸된 것은 중국의 미술 사조와 관계없는 고립적인 사건입니다. 회화는 민족성과 문화 의식이 직접 표출되는 분야입니다. 독립적인 화법으로서 투시법은 타 문화권에 쉽게 이식될 수 있었지만, 마치 꽃병의 뿌리 없는 꽃과 같이 일시적인 생명력만 지녔을 뿐이었지요. 서양의 투시법은 새로운 화법으로 전파되었지만, 문화의 토양이 달랐으므로 중국과 조선에 정착하지 못한 것으로 해석됩니다.

• 제2장 •

추상화의 경로가 다른 동서양의 회화

동양과 서양의 자화상은 어떻게 다른가?

조선 시대는 초상화의 시대라고 말할 수 있을 정도로 수많은 초상화가 그려졌습니다. 우리나라의 경우 자화상은 고려 시대에도 있었다고 하지만, 대표적인 자화상으로는 조선 시대 강세황과 윤두서의 작품을 꼽습니다. 강세황의 〈자화상〉은 옥색 도포를 입고 꼿꼿하게 앉아 있는 노학자의 고고하고 근엄한 자태가 일품입니다. 도포(道袍)란 조선의 사대부 남성들이 외출할 때 입는 겉옷으로 옥색과 흰색이 있는데, 옥색은 주로 경사스러운 날에 입고 평소에는 흰색을 입었다고 해요. 그런데 이 자화상을 자세히 관찰하면 어색한 부분이 보여요. 머리에는 벼슬아치가 관복을 입을 때 쓰는 검은색 오사모(烏紗帽)를 쓰고 있어요. 머리의 오사모와 웃옷의 도포가 어울리지 않는 것이지요. 요즘 식으로 말하면, 머리에는 군인 장교 모자를 쓰고 몸에는 양복 정장을 입은 격이지요.

강세황은 일흔이 된 자신을 깊게 패인 눈, 주름 있는 이마, 오목한 뺨, 하얗고 긴 수염을 가진 단아한 모습으로 그렸습니다. 고달팠던 삶의 흔적이 아로새겨진 얼굴이지요. 벼슬길에 오르지 못한 그는 먼저 부인을 잃고 네 아들을 보살펴야 했던 가난한 양반이었지만, 끝까지 문인과 예술가로서 자존심을 버리지 않고 자연을 즐기며 학문의 깊이를 더해갔습니다. 또 마음은 산림(자연)에 있으나 이름은 조정(행정부)에 있다고 스스로를 칭찬하는 글을 썼다고 합니다. 환갑이 넘어 말단 공무원인 영릉참봉(참봉: 종9품)에 제수되면서 마지막에는 서울시장 격인 한성부 판윤까지 올랐습니다. 강세황의 〈자화상〉은 이중적인 자의식의 표현이라고 말할 수 있습니다. 외롭고 힘들었던 야인의 생활, 말년에 가까스로 성취한 관인으로서의 영광, 거부할 수 없는 운명에 대한 탄식 등을 오사모와 도포의 부조화로 내면의 고뇌를 표출한 일종의 자서전이나 마찬가지입니다.

한편, 윤두서의 〈자화상〉은 좀 특이합니다. 조선 시대 초상화는 진실한 표현이 큰 미덕이었다고 합니다. 외모를 닮게 묘사하면서도 인물의 내면까지 드러나도록 그리는 것을 전신(傳神)이라 일컫습니다. 실제 눈에 보이는 그대로 그리는 사실적인 묘사가 아니었습니다. 윤두서는 내면의 정신을 강렬하게 표현하기 위해 안면은 약간 측면이면서도 눈은 정면을 응시하고 있고, 코는 약간 측면이지만 입은 정면입니다. 적절하게 변형하여 개성 있는 인물을 진실하게 표현하는 수법은 조선 시대 얼굴을 표현하는 전형이 되었다고 합니다. 윤두서의 〈자화상〉에서 눈은 감상자가 부담스러울 정도로 강렬하고, 머리 윗부분이 생략되어 탕건은 보이지 않고, 눈썹의 꼬리 부분은 치켜 올라가 있고, 턱수염은 아래로 잘 빗겨져 있으며, 볼은 두툼하게 살이 올라 있고, 굳게 다문 입술은 윤두서의 옹골차고 강한 기개를 보여줍니다. 탕건과 옷이 생략되고 얼굴만 클로즈업되니까 오히려 긴장감이 더 고조된 자화상으로 다가옵니다. 게다가 한 올 한 올 셀 수 있을 정도로 세밀하게 그려진 수염은 서양의 세밀화와는 또 다른 독특한 매력을 풍깁니다.

자, 이제는 17세기 바로크미술의 대가 렘브란트의 〈자화상〉을 살펴볼까요? 네덜란드 최고의 화가 렘브란트는 못생기고 추한 자신의 얼굴을 더욱 사실적으

강세황, 〈자화상〉, 88.7×51cm,
1782년, 국립중앙박물관

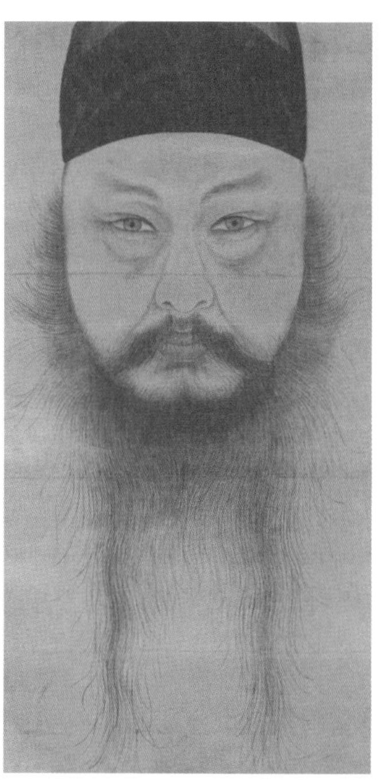

윤두서, 〈자화상〉, 38.5×20.5cm,
17세기 후반, 고산윤선도유물전시관

렘브람트, 〈자화상〉, 114.3×94cm,
1665~1669년, 런던 켄우드하우스

로 그렸습니다. '자리가 사람을 만든다'는 말이 있지요? 높은 관직에 오르거나 성공한 사람들은 그 업적과 직위 때문에 실제보다 외모가 더 좋아 보인다는 뜻입니다. 아내와 자식을 다 잃고 1656년 파산선고를 한 뒤 4년 후에 그린 자화상입니다. 재산도 없고 가족도 다 잃은 막다른 골목에서 팔레트를 들고 자신의 모습을 조금도 꾸밈없이 표현했어요. 못생긴 얼굴이지만 거울에 비친 자신의 모습을 날카로운 눈빛으로 바라보면서 침착하게 그린 자화상입니다.

옛말에 '양반은 죽어도 곁불은 쬐지 않는다'는 속담이 있답니다. 아무리 추워도 남의 불을 얻어 쪼이는 것은 치사하고 자존심 상한다는 말이지요. 그만큼 강세황과 윤두서의 〈자화상〉은 조선 사대부의 강한 자존심이 의도적으로 표현된 작품입니다. 이와 대조적으로 렘브란트의 〈자화상〉은 파산까지 한 자신의 모습을 적나라하게 표현하고 있어 우리네 성향과는 사뭇 다르게 느껴집니다.

역동적인 조선의 풍속화

17세기 바로크미술은 동작의 찰나를 절묘하게 묘사하고 빛과 그림자를 극명하게 대비시켜 매우 역동적인 화풍이었다는 사실을 앞에서 설명했습니다. 최초의 여성 화가 젠틸렌스키, 최고의 종교화가 루벤스, 반 다이크, 빛의 화가 렘브란트, 순간의 화가 할스가 바로 바로크미술을 대표하는 화가들이지요. 18세기 로코코미술은 화려하면서도 퇴폐적이지만, 프라고나르의 〈그네〉처럼 순간의 동작을 표현한 것은 당시 미적분학이 발생한 시대정신의 표출임을 앞에서 설명했습니다. 이제 조선의 18세기 풍속화를 통해 서민의 삶이 어떻게 묘사되었는지 살펴봅시다.

조영석의 〈편자 박기〉는 말에게 편자를 박는 장면을 아주 리얼하게 묘사하고 있습니다. 짐승인 말도 마치 인간처럼 아픈 순간을 견디느라 발버둥치고 있습니다. 오른쪽 남자는 우는 아기를 달래듯이 나뭇가지로 말을 어르고 있고, 왼쪽 남자는 재빨리 편자를 박으려고 애쓰고 있습니다. 순간의 장면을 잘 포착한 것이지요. 이 작품은 조선 시대 풍속화의 정수라고 합니다. 김홍도의 〈기와 이기〉도 기와를 이는 일꾼들의 모습이 매우 사실적으로 표현되어 있습니다. 어떤 이는 지붕 위에 올릴 기와를 끈으로 묶고, 어떤 이는 지붕 위에서 던지고, 어떤 이는 마당에서 대패질하고, 오른쪽에 양반은 기다란 막대를 들고 감독하는 순간을 서양의 바로크미술이나 로코코미술 못지않게 매우 잘 포착하고 있지요.

김득신의 〈야묘도추〉는 이보다 더욱 역동적이랍니다. 고양이가 병아리를 낚아채려고 물고 달아나자 어미 닭이 혼비백산하여 고양이를 쫓고, 주인은 담뱃

조영석, 〈편자 박기〉, 28.7×19.9cm, 18세기 중반, 국립중앙박물관

김홍도, 〈기와 이기〉, 27×22.7cm, 18세기 후반, 국립중앙박물관

김득신, 〈야묘도추〉, 22.4×27cm, 19세기 전반, 간송미술관

작자 미상, 〈모화관친림시재도〉, 1760년, 버클리 대학 동아시아도서관

대를 물고 있다가 기다란 담뱃대로 고양이를 혼내주려고 상투관이 벗겨지도록 급하게 버선발로 마당으로 뛰어내리고, 마루에서 뛰어나오는 안주인은 속곳이 보이도록 맨발로 뛰어내립니다. 사람과 동물의 연쇄적인 순간 동작을 매우 리얼하게 묘사한 작품으로, 서양의 바로크미술보다 오히려 역동성이 더한 것으로 생각됩니다. 당시 한국과 중국 수학에 무한소나 무한대의 개념이 없었는데도, 이처럼 바로크적 정신이 동양 회화에 그대로 표현되고 있었습니다. 이러한 현상을 어떻게 설명할 수 있을까요?

『준첩계천』에 실린 〈모화관친림시재도〉는 조선 시대 영조가 장마를 대비해 바닥을 파서 개천의 흐름을 원활하게 하려는 작업 광경을 왕궁의 도화서에서 그림으로 남긴 기록화입니다. 아마 개천은 한양의 청계천이겠지요. 앞에서 이야기한 것처럼 서양적 투시법이 없는 그림입니다. 인물들은 거리에 관계없이 똑같은 크기로 그려지고, 오른쪽 위의 기와도 평행한 모습이지만 단지 울타리의 모습이 투시법을 약간 도입한 것처럼 보입니다.

동양화에도 서양의 점묘화법이 적용되었다?

서양 수학의 추상화(化)는 1883년 발표된 칸토어의 집합론에서 비롯되었다는 사실을 앞에서 설명했습니다. 이는 유럽 사회가 고대 그리스 이래 추구한 '자율성'과 '요소 환원주의'에 의한 것이었습니다. 미술에서는 같은 시기에 쇠라와 시냐크의 '점묘화법'이 등장했다는 사실도 앞에서 살펴보았습니다. 때마침 1837년 루이 다게르에 의해 사진술이 발명되어 사진이 회화의 역할을 대신하게 되자, 화가들은 표면의 세계가 아닌 내면의 세계로 눈을 돌릴 수밖에 없었어요. 회화가 추상의 세계로 나간 것은 시대적인 필연이었지요. 1930년대가 되자 종래에

ⓒ 간송미술문화재단

김수철, 〈송계한담도〉, 33.1×44cm, 19세기 중반, 간송미술관 문제시했던 도형의 각과 평행성, 면적을 문제 삼지 않는 새로운 시각의 위상기하학이 등장하고, 같은 맥락에서 회화에서는 피카소와 마티스라는 두 거인이 등장합니다. 불필요한 것을 모두 제거하고 가장 기본적인 요소만 남겨놓는 위상기하학과 추상화(畵)는 모두 같은 시대정신의 산물임을 앞에서 보았습니다.

칸토어가 집합론을 발표한 해에 쇠라는 그림을 선으로 이어 그리지 않고 점을 찍어서 표현했습니다. 좀 더 밝은 색을 표현하기 위해 순색과 원색의 작은 점을 찍으면 감상자의 망막에서 두 색이 혼합되는 원리를 이용한 것이었지요. 그림의 요소를 점으로 본 것과 수학의 대상을 원소로 본 것은 모두 요소 환원주의적 사고방식이라는 사실을 이미 설명했습니다.

그런데 19세기 김수철의 작품 〈송계한담도〉에서는 종래 동양화 수법인 피마준(皮麻皴: 동양화에서 흙이 많은 산을 그릴 때 같은 방향으로 길게 선을 긋는 준법)이나 부벽준(釜壁皴: 도끼로 찍은 듯한 자국을 남겨 표현하는 준법)과는 다른 파격적인 준법을 썼습니다. 김수철은 그림의 대상을 일정한 단위로 분해해 툭툭 붓을 찍었지요. 그는 신조형파의 대표적인 미술가였어요. 서양의 점묘화법과 같은 시대정신을 표출하고 있는데, 알려진 바와 같이 동양 사상에는 그리스의 요소 환원주의 사상도 없었고, 중국 수학과 조선 산학에는 집합론도 없었지요. 서양은 수학과 미술이 같은 시대정신을 보이는데, 동양 미술의 현상은 어떻게 설명할 수 있을까요?

동양의 감필법

중국의 선승 화가 양해의 작품 〈이백행음도〉는 이태백이 시를 읊으면서 걸어가는 장면을 그린 것입니다. 프랑스에서 1940년에 그린 마티스의 〈나부〉와 비교

양해, 〈이백행음도〉,
80.8×30.4cm, 13세기 초반,
도쿄 국립박물관

김명국, 〈달마도〉,
83×57cm, 17세기 중반, 국립중앙박물관

하면, 동양 미술에서 추상의 개념은 700년이나 앞섰다는 것을 알 수 있지요. 중국에서는 일찍이 불필요한 세부를 생략하면서 간결하게 묘사하는 기법을 감필법(減筆法)이라고 했습니다. 이 기법은 주로 인물화에 사용했는데, 조선 시대 김명국의 〈달마도〉 역시 감필법으로 그린 작품이지요. 서양 회화에서 세밀한 것을 생략하고 단순하게 그린 추상화는 1930년대 등장한 수학의 위상기하학과 같은 맥락으로 동일한 시대정신의 표현이라고 필자는 주장해왔습니다. 그렇다면 동양 수학에는 위상기하학의 개념이 없었는데도 회화에서 이러한 감필법이 서양보다 앞서 나타나게 된 이유는 무엇일까요? 미술사학자들은 무소유를 표방하면서 절제와 단순함을 강조한 중국 선종(禪宗)의 영향이라고 분석합니다.

8세기 중엽, 일본의 〈마포보살상〉을 감상해봅시다. 구름 위에 앉아 있는 보살을 삼베 위에 먹으로 그린 불교회화입니다. 손의 포즈와 기다란 옷자락, 아래에 있는 구름이 입체감을 강하게 느끼게 합니다. 동양화에서는 음영을 넣지 않고도 필선만으로 입체감을 효과적으로 나타내곤 했지요. 이 역시 필선이 다른 것보다 많이 생략된 것으로 감필법의 전신으로 여겨집니다. 중국 양해의 작품이 12세기~13세기 초에 등장했므로 일본의 〈마포보살상〉은 양해보다 300~400년 더 앞섰지요. 지금까지 중국, 일본, 한국의 회화를 분석해볼 때 동양 수학에 위상기하학의 개념이 없었는데도 이러한 추상의 개념이 그림에 표현된 것은 필자가 그동안 주장한 '시대정신'이나 토마스 쿤의 '패러다임'으로는 설명되지 않습니다.

수학사에서 혁명적인 새 이론이 등장할 때마다 거의 평행하게 미술사의 화풍도 변화되었습니다. 서양 문화의 뿌리인 수학의 프리즘으로 미술의 역사를 분석했을 때, 필자는 16세기 르네상스 회화의 소실점과 사영기하학의 무한원점, 17, 18세기의 미분적분학과 바로크·로코코미술, 19세기 이후 집합론과 미술의 점묘화법, 위상기하학과 입체파, 추상화의 발전은 같은 시대정신이라고 주장했습니다. 그러나 좀 더 자세히 분석해보면, 르네상스 회화에 도입하기 시작한 '소실점'은 유클리드기하학에서 벗어나고자 적극적으로 무한의 개념을 도입한 수학자들에 의해 사영기하학을 탄생하게 했고, 뉴턴과 라이프니츠의 무한대·무한소의 개념은 미분적분학의 창안으로 과학혁명을 주도했으며, 미분적 사고방식은 바로크·로코코 회화에 표현되었습니다.

19세기 칸토어의 집합론은 고대 그리스인이 추구하던 '요소 환원주의'가 표현된 무한적 사고방식인데 화가 쇠라와 시냑에 의해 점묘화법으로 발현되었지요. 이 같은 시대정신은 토마스 쿤의 패러다임 이론으로 설명하기에는 적절하

작자 미상, 일본 8세기, 〈마포보살상〉, 133×138.5cm, 8세기 중반, 나라 도다이지 쇼소인

지 않습니다. 쿤의 패러다임 이론은 수학과 과학에 국한되고 사회·문화적 배경에는 거의 관심이 없기 때문이죠. 그러므로 필자는 패러다임을 넘어서는 개념, 즉 '범패러다임'으로 설명하고자 합니다.

중국, 한국, 일본 등 동양의 회화를 보면 17, 18세기에는 미분적분학이 없었음에도 불구하고 바로크적으로 순간의 동작을 잘 묘사하고 있고, 위상기하학의 개념이 소개되기 전 700년을 앞서 20세기 마티스의 그림처럼 감필법이 출현했습니다. 동양의 수학과 미술도 쿤의 이론으로 설명되지 않는다는 것이지요. 수학이 미술에 직접적인 영향을 준 것도 아니고, 미술가가 의식적으로 수학에 영향을 준 것도 아닙니다. 그러나 수학과 미술의 변혁에서 새로운 시대정신의 태동을 직감할 수 있습니다.

패러다임을 넘어서는 범패러다임

패러다임(paradigm) 이론은 미국의 과학철학자 토마스 쿤(T. S. Kuhn, 1922~1996)이 『과학혁명의 구조』에서 처음 소개합니다. 서양 과학사는 패러다임 이론으로 발전의 구조를 적절하게 분석할 수 있습니다. 수학사의 경우도 오리엔트 수학, 고대 그리스 수학, 중세 유럽 수학, 르네상스 수학, 근대 수학, 그리고 현대 수학 등으로 범주를 나눌 수 있으며, 이는 각기 독특한 특징을 지닌 패러다임으로 분류됩니다. 각 범주의 특징을 덧붙여 말하면, 실용적인 셈과 방정식론, 논증적인 기하학, 수도원 중심의 수학, 상업에 필요한 계산 중심의 수학, 뉴턴과 라이프니츠에 의한 무한소·무한대의 미분적분학, 집합론에 의한 추상화된 구조주의 수학 등으로 변혁을 일으키며 발전했지요. 이러한 변혁의 과정마다 수학의 대상이 바뀌었습니다. 처음에는 도형의 형태를 수학의 대상으로 삼았으나 나중에는 수·양·함수 등 추상적인 실체를 대상으로 삼았으며, 현대 수학에서는 좀 더 추상적인 대상 사이의 관계, 즉 연산, 패턴, 구조를 다루고 있습니다.

수학의 대상이 바뀌면 자연히 수학적 방법론도 바뀌게 마련입니다. 르네상스 운동을 겪은 유럽의 17세기는 종래 진리로 믿었던 그리스의 논증기하학으로는 도저히 해결할 수 없는 시대였습니다. 새로운 것에 대한 욕구가 증폭되니 새로운 방법론을 찾게 되었지요. 따라서 그리스 기하학과 대수학이 결합된 새로운 패러다임의 해석기하학이 데카르트와 페르마에 의해 등장합니다. 해석기하학을 발판으로 무한소와 무한대의 개념은 뉴턴과 라이프니츠에 의해 미분적분학을 창안하게 했고, 마침내 근대 과학을 촉진하여 산업혁명을 일으킵니다. 19세기에 유럽 사회는 자율성을 주장했는데, 고대 그리스의 요소 환원주의가 새롭게 구체화된 것이 칸토어의 집합론이었습니다. 이처럼 기존 상식이 무너지면서 종래의 문화가 위기에 처할 때마다 서양 수학사에는 늘 혁명적인 이론을 제시하는 천재가 등장했습니다. 이러한 현상은 확실히 패러다임의 변환이며 과학혁명의 틀에서 이루어지는 것입니다.

쿤의 이론에서 '패러다임'이란 학문 발전의 구조를 설명하는 것으로 과학자 집단의 문제 설정과 연구 방향, 형식과 모델, 존재 이유 등을 내포하는 개념입니다. 한편, 일본의 나카야마 시케루(中山茂)는 저서 『역사로서의 학문』에서 패러다임이란 '고전적 문헌의 경전(經典)으로 학문이 나아갈 길을 보여주고, 지적 집단의 전문적인 활동을 정당화해주는 것'이라고 부연하고 있습니다.

서양의 수학과 미술이 같은 시대정신을 표출하고 있지만, 자세히 살펴보면 수학에서 무한대와 무한소의 등장은 학문의 내부에서 가히 혁명적인 것이었으나, 미술에서는 혁명적인 것이 없었습니다. 집합론의 등장 역시 혁명적이었지만, 추상화의 경향이 미술의 내부적인 혁명은 아니었습니다. 단지 사회적으로 사진술이 발명되고 광학의 영향을 힘입어 추상으로 나아갔던 것입니다. 그러므로 서양에서 수학과 미술의 역사는 같은 시대정신을 표현하고 있지만 토마스 쿤의 패러다임 이론은 두 장르의 시대정신을 표현하기에는 부적절하므로, 김용운의 '범패러다임' 이론을 차용합니다. 특히 동양의 과학은 칸트(I. Kant, 1724~1804)처럼 이성의 적용 범위에 관하여 비판한 적이 없었으며, 종교, 과학, 수학, 역사, 철학 등 모든 학문을 하나의 시각에서 연구해왔습니다.

1994년 김용운 박사는 한국과 일본의 수학사를 비교·연구하면서 패러다임 개념이 일반적인 문화 사조에 폭넓게 적용하기에는 부적절하다는 점을 지적하고서, '범패러다임(pan-paradigm)'이라는 개념을 구상했습니다. 그는 사회적 요청인 시대정신으로 문화 요소들 사이에 조화와 균형이 깨질 때 문화 전체를 통합시키려는 정신을 범패러다임이라고 정의했습니다. 즉, 애덤 스미스(Adam Smith)의 '보이지 않는 손', 헤겔(Hegel)의 '이성의 간계(奸計)'와 같은 것이 작용하여 전반적으로 조화로운 문화가 형성되는 것이지요. 다시 말하면, 여러 문화의 뿌리에는 반드시 민족의 '집단 무의식'과 '시대적 요청'이 상호작용하면서 존재하는데, 이 두 요인이 상승 작용을 하여 여러 분야에서 공통된 가치관과 지배 원리 등을 형성하면서 문화 활동을 추진하는 현상이 범패러다임인 것입니다.

더욱이 문화는 한결같이 범패러다임에 의해 형성되는데, 범패러다임 속에 민족의 원형이 관통하는 사례로 한국과 일본의 '민족 원형론'을 제기했습니다. 집단 무의식이 같은 한국과 일본이 문화에서 다른 양상을 보이는 것은 범패러다임이 다르기 때문이라고 지적합니다. 19세기 말 유럽의 사상가들이 사용한 시대사조는 집단 무의식을 무시한 것이었지만, 범패러다임은 집단 무의식을 전제로 하는 것이어서 시대사조와의 차별성을 주장했습니다.

그러므로 범패러다임의 이론으로 보면, 서양인의 문화를 관통하는 특유의 민족 원형이 있으며 각 시대별로 고대 그리스, 중세 유럽, 르네상스, 근대, 현대의 수학과 미술이 같은 시대정신을 표출한 것은 각 시대마다 범패러다임이 다르기 때문이라고 분석됩니다. 즉, 필자의 연구 결과인 '사영기하학과 르네상스 미술' '17, 18세기의 미분적분학과 바로크·로코코미술' '현대 수학과 현대 미술의 추상성'은 모두 패러다임이 아닌 범패러다임인 것이지요.

필자는 서양 문화에서 수학과 미술의 역사가 범패러다임인 것과, 나아가 동양 문화와 서양 문화의 범패러다임이 다른 것은 동양인과 서양인의 민족 원형이 다르기 때문이라는 사실을 미국의 인지심리학자 리처드 니스벳의 연구에서 인용합니다.

니스벳 교수는 『생각의 지도』에서 동양인과 서양인의 민족 원형의 차이를 생태 환경과 경제적 차이라고 주장합니다. 상공업과 도시국가, 공화정 중심의 고대 그리스와 농업 및 혈연 중심의 고대 중국은 사회구조의 차이를 초래했고, 사회의 구조적 차이는 사회적 규범과 육아 방식의 차이를 만들었습니다. 이는 우주의 본질에 대한 이해의 차이를 낳았으며, 다시 지각과 인식론의 차이를 가져왔다고 분석했습니다.

그러므로 서양에서 수학과 미술을 포함한 모든 문화 현상을 동시에 바라보면 범패러다임으로 설명되고, 또 수학과 미술의 역사라는 범주에서 서양과 동양을 비교할 때도 범패러다임의 차이로 설명됩니다.

참고문헌

수학 관련 참고문헌

계영희, 『수학과 미술』, 전파과학사, 1984.

계영희, 「미술에 표현된 수학의 무한사상」, 『한국수학사학회지』, 제22권 제2호, 2009.

계영희, 「미적분학과 자연주의 미술」, 『한국수학사학회지』, 제18권 제2호, 2005.

계영희, 「사영기하학과 르네상스 미술」, 『한국수학사학회지』, 제16권 제4호, 2003.

계영희, 「수도원 수학과 중세 미술」, 『한국수학사학회지』, 제16권 제3호, 2003.

계영희, 「수학 이야기」, 『과학과 기술』, Vol.502, 3월호, 2011.

계영희, 「유클리드 기하학과 그리스 미술」, 『한국수학사학회지』, 제16권 제2호, 2003.

계영희·오진경, 「카오스의 관점에서 본 르네상스의 수학과 미술」, 『한국수학사학회지』, 제19권 제2호, 2006.

과학동아 편집실 엮음, 『수학자를 알면 공식이 보인다』, 성우, 2002.

김용운, 『김용운의 수학사』, 살림, 2013.

김용운, 『원형의 유혹』, 한길사, 1995.

김용운, 『한국인과 일본인 2』, 한길사, 1994.

김용운·김용국, 『공간의 역사』, 전파과학사, 1975.

김용운·김용국, 『도형에서 공간으로』, 우성, 1996.

김용운·김용국, 『수학사 대전』, 우성, 1986.

김용운·김용국, 『수학사의 이해』, 우성, 1997.

김용운·김용국, 『수학의 약점』, 우성, 1996.

김용운·김용국, 『중국 수학사』, 민음사, 1996.

김용운·김용국, 『지성의 비극』, 일지사, 1992.

김용운·김용국, 『프랙탈과 카오스의 세계』, 우성, 1998.

김용운·김용국, 『한국 수학사』, 살림Math, 2009.

데블린, 케이스, 허민·오혜영 옮김, 『수학: 양식의 과학』, 경문사, 1994.

만키에비츠, 리처드, 이상원 옮김, 『문명과 수학』, 경문사, 2002.

보이어, 칼 B.·메르츠바흐, 유타 C., 양영오·조윤동 옮김, 『수학의 역사』, 경문사, 2000.

슈나이더, 마이클, 이충호 옮김, 『자연, 예술, 과학의 수학적 원형』, 경문사, 2002.

액젤, 애머, 신현용·승영조 옮김, 『무한의 신비』, 승산, 2002.

액젤, 애머, 한창우 옮김, 『페르마의 마지막 정리』, 경문사, 2003.

오웬, 린 M., 이혜숙 외 옮김, 『수학을 빛낸 여성들』, 경문사, 1998.

윌슨, 로빈, 이경아 옮김, 『우표 속의 수학』, 한승, 2002.

이정례, 『수학의 오솔길』, 경문사, 2004.

후지와라 아사히코, 이면우 옮김, 『천재 수학자들의 영광과 좌절』, 사람과책, 2003.

Ghyka, Matila, *The Geometry of Art and Life*, Dover Pub., 1977.

Hermann. Weyl, *Symmetry*, Princeton Univ. Press, Princeton, 1952.

Kinsey, L. Christine·Moore, Teresa·E., *Symmetry, Shape, and Space*, Key College Pub., 2002.

Kline, Moris, *Mathematical Thought from Ancient to Modern Times*, Oxford University Press, 1972.

Kline, Moris, *Mathematics in Western Culture*, Oxford University Press, 1953.

Kye, Y.H., "Paradigm and Pan-paradigm in Mathematics and Art History", J. of Modern

Education Review, 2013.
Kye, Y.H., "The Spirit of the Age in Mathematics and Art: The Eastern and Western Perspective Painting", J. of Mathematics and System Science 4, 2014.
Ivins, W.M., *Art and Geometry: A Study in Space Intuitions*, Dover Pub., 1964.
Livio, Mario, *The Golden Ratio*, Broadway Books, 2002.
Serra, Michael, *Discovering Geometry*, Key Curriculum Press, 1997.
柳亮, 『黃金分割』, 美術出版社, 1980.
擴地 淸, 『數學文化의 遍歷』, 林北出版株式會社, 1995.

미술 관련 참고문헌

게일, 매슈, 오진경 옮김, 『다다와 초현실주의』, 한길아트, 2001.
곰브리치, E.H., 백승길·이종승 옮김, 『서양미술사』, 예경, 2003.
긴 시로, 박이엽 옮김, 『명화의 수수께끼』, 현암사, 1998.
김홍희, 『백남준: 해프닝, 비디오 아트』, 디자인하우스, 1999.
노성두, 『고전미술과 천 번의 입맞춤』, 동아일보사, 2002.
노성두, 『유혹하는 모나리자』, 한길아트, 2001.
다임링, 바르바라, 이연주 옮김, 『산드로 보티첼리』, 마로니에북스, 2005.
달리, 살바도르, 최지영 옮김, 『달리, 나는 천재다』, 다빈치, 2004.
래미지, 낸시 H.·래미지, 앤드류, 조은정 옮김, 『로마 미술』, 예경, 2004.
바른케, 마르틴, 노성두 옮김, 『정치적 풍경』, 일빛, 1997.
박우찬, 『서양미술사 속에는 서양미술이 있다』, 도서출판 재원, 1998.
박우찬, 『한국미술사 속에는 한국미술이 있다』, 도서출판 재원, 2000.
베케트, 웬디, 김현우 옮김, 『웬디 수녀의 그림으로 읽는 성경 이야기』, 예담, 2002.

브래들리, 피오나, 김금미 옮김, 『초현실주의』, 열화당, 2003.

서울시립미술관, 『피카소』, 한국일보사, 2006.

서울시립미술관, 『르네 마그리트』, 서울시립미술관, 2006.

설리번, 마이클, 한정희 옮김, 『중국미술사』, 예경, 1999.

손철주, 『그림 보는 만큼 보인다』, 생각의나무, 2005.

슈펭글러, 오스발트, 박광순 옮김, 『서구의 몰락 1』, 범우사, 1995.

스트릭랜드, 캐롤, 김호경 옮김, 『클릭 서양미술사』, 예경, 2002.

알베르티, 노성두 옮김, 『알베르티의 회화론』, 사계절, 2002.

에셔, 모우리츠 코르넬리스, 김유경 옮김, 『M. C. 에셔, 무한의 공간』, 다빈치, 2004.

우메다 가즈호, 이영철 옮김, 『이미지로 본 서양미술사』, 시각과언어, 1994.

이성미, 『조선 시대 그림 속의 서양화법』, 대원사, 2000.

이주헌, 『신화 그림으로 읽기』, 학고재, 2000.

이주헌, 『50일간의 유럽 미술관 체험』, 학고재, 2005.

이중희, 『한·중·일의 초기 서양화 도입 비교론』, 얼과알, 2003.

이중희, 「근세 중국에 있어서 서양화법 도입에 대해서 [1]」, 『미술사학연구』, 207, 1995.

임영방, 『이탈리아 르네상스의 인문주의와 미술』, 문학과지성사, 2003.

잰슨, H.W., 김윤수 옮김, 『미술의 역사』, 삼성출판사, 1978.

정장진, 『베누스에서 로댕까지』, BMF, 1998.

조이한·진중권, 『조이한·진중권의 천천히 그림 읽기』, 웅진닷컴, 2002.

지순임, 『산수화의 이해』, 일지사, 1999.

진중권, 『미학 오디세이』, 휴머니스트, 2003.

진중권, 『서양 미술사』, 휴머니스트, 2013.

최승규, 『서양 미술사 100 장면』, 가람기획, 1996.

카밀, 마이클, 김수영 옮김, 『중세의 사랑과 미술』, 예경, 2001.

캐힐, 제임스, 조선미 옮김, 『중국 회화사』, 열화당, 2002.
토인비, A.J., 홍사중 옮김, 『역사의 연구』, 동서문화사, 2007.
한정희·배진달·한동수·주경미, 『동양 미술사 상』, 미진사, 2007.
휴즈, 로버트, 박누리 옮김, 『달리 명작 400선』, 마로니에북스, 2003.
휴즈, 로버트, 박누리 옮김, 『마그리트 명작 400선』, 마로니에북스, 2001.
Bailey, G.A., *Art on the Jesuit Missions in Asia and Latin America*, Univ. of Toronto Press Incorporated, 1999.
J. Paul Getty Museum, *The J. Paul Getty Museum Handbook of the Collections*, Los Angeles, California, 1997.

기타 참고문헌

고종희, 『명화로 읽는 성서』, 한길아트, 2000.
김경묵·우종익·구학서, 『이야기 세계사』, 청아출판사, 2002.
김형석, 『서양철학사』, 가람기획, 2003.
니스벳, 리처드, 최인철 옮김, 『생각의 지도』, 김영사, 2004.
러셀, 버트란트, 이명숙·곽강제 옮김, 『서양의 지혜』, 서광사, 1990.
러셀, 버트란트, 최민홍 옮김, 『서양철학사』, 1982.
문국진, 『명화와 의학의 만남』, 예담, 2002.
박갑영, 『청소년을 위한 서양미술사』, 두리미디어, 2001.
버트하임, 마거릿, 최애리 옮김, 『피타고라스의 바지』, 사이언스북스, 1997.
송영배, 「마테오 리치가 소개한 서양 학문관의 의미」, 『한국실학연구』 17, 2009.
쉴레인, 레오나드, 김진엽 옮김, 『미술과 물리의 만남』, 국제, 1995.
애플게이트, 멜리사 리틀필드, 최용훈 옮김, 『벽화로 보는 이집트 신화』, 해바라기, 2001.

엔티엔, 로베르, 주명철 옮김, 『폼페이 최후의 날』, 시공사, 1995.

히라타 유타카, 이면우 옮김, 『과학 문명의 역사』, 서해문집, 1997.

작자 미상, 김숙연·김상수 옮김, 『카타콤의 순교자』, 기독교문사, 1975.

지베르, 피에르, 김주경 옮김, 『성경』, 시공사, 2001.

쿤, 토마스, 김명자 옮김, 『과학혁명의 구조』, 정음사, 1984.

타트, 조르주, 안정미 옮김, 『십자군 전쟁』, 시공사, 1988.

하우저, 아르놀트, 백낙청·염무웅·반성완 옮김, 『문학과 예술의 사회사』, 창비, 2004.

호프스태터, 더글라스, 박여성 옮김, 『괴델, 에셔, 바흐 상』, 까치, 1999.

홍성표, 『서양 중세사회와 여성』, 느티나무, 1999.

Shapin, Steven, *The Scientific Revolution*, Chicago University Press, 1996.

계영희 교수의 명화와 함께 떠나는 수학사 여행

펴낸날 초 판 1쇄 2006년 11월 29일
초 판 10쇄 2016년 9월 13일
개정판 1쇄 2019년 2월 7일
개정판 2쇄 2022년 12월 13일

지은이 계영희
펴낸이 심만수
펴낸곳 (주)살림출판사
출판등록 1989년 11월 1일 제9-210호

주소 경기도 파주시 광인사길 30
전화 031-955-1350 팩스 031-624-1356
홈페이지 http://www.sallimbooks.com
이메일 book@sallimbooks.com

ISBN 978-89-522-4026-2 43410
살림Friends는 (주)살림출판사의 청소년 브랜드입니다.

※ 값은 뒤표지에 있습니다.
※ 잘못 만들어진 책은 구입하신 서점에서 바꾸어 드립니다.